Das variationskraftgeregelte, schwingungsunterstützte Schleifen von gekrümmten Werkzeugstahloberflächen mit gummigebundenen Schleifstiften

Variation Force-Controlled, Vibration-Assisted Grinding of Curved Tool Steel Surfaces with Rubber-Bonded Mounted Points

Von der Fakultät für Maschinenwesen
der Rheinisch-Westfälischen Technischen Hochschule Aachen
zur Erlangung des akademischen Grades eines
Doktors der Ingenieurwissenschaften
genehmigte Dissertation

vorgelegt von

Sebastian Hähnel

Berichter/in:

Univ.-Prof. Dr.-Ing. Thomas Bergs
Univ.-Prof. Dr.-Ing. Robert Schmitt

Tag der mündlichen Prüfung: 24. April 2024

ERGEBNISSE AUS DER PRODUKTIONSTECHNIK

Sebastian Hähnel

Das variationskraftgeregelte, schwingungsunterstützte Schleifen von gekrümmten Werkzeugstahloberflächen mit gummigebundenen Schleifstiften

Herausgeber:
Prof. Dr.-Ing. T. Bergs
Prof. Dr.-Ing. Dipl.-Wirt. Ing. G. Schuh
Prof. Dr.-Ing. C. Brecher
Prof. Dr.-Ing. R. H. Schmitt

Band 19/2024

WZL | RWTH AACHEN UNIVERSITY

Fraunhofer IPT

Bibliografische Information der Deutschen Nationalbibliothek
Die Deutsche Nationalbibliothek verzeichnet diese Publikation in der Deutschen Nationalbibliografie; detaillierte bibliografische Daten sind im Internet über https://portal.dnb.de abrufbar.

Sebastian Hähnel:

Das variationskraftgeregelte, schwingungsunterstützte Schleifen von gekrümmten Werkzeugstahloberflächen mit gummigebundenen Schleifstiften

1. Auflage, 2024

Gedruckt auf holz- und säurefreiem Papier, 100% chlorfrei gebleicht.

Wissenschaftsverlag des Instituts für Industriekommunikation und Fachmedien an der RWTH Aachen
Steinbachstr. 25, 52074 Aachen
Internet: www.apprimus-verlag.de, E-Mail: info@apprimus-verlag.de

Druck: CPI Druckdienstleistungen GmbH, Ferdinand-Jühlke-Straße 7 I 99095 Erfurt

ISBN 978-3-98555-225-2

D 82 (Diss. RWTH Aachen University, 2024)

für meine Familie

»Phantasie ist wichtiger als Wissen, denn Wissen ist begrenzt«
Albert Einstein

Vorwort und Danksagung

Preface and Acknowledgement

Die vorliegende Dissertation entstand im Verlauf meiner Tätigkeit als Projekt- und Gruppenleiter am Fraunhofer-Institut für Produktionstechnologie IPT in Aachen.

Zu höchstem Dank verpflichtet fühle ich mich Herrn Prof. Dr.-Ing. Thomas Bergs MBA, Direktoriumsmitglied des Fraunhofer-Instituts für Produktionstechnologie IPT im Bereich Prozesstechnologie und Inhaber des Lehrstuhls für Technologie der Fertigungsverfahren am Werkzeugmaschinenlabor WZL der RWTH Aachen, der sich für die Betreuung dieser Arbeit bereit erklärt hat. Vielen Dank für die wohlwollende Unterstützung und den fachlichen Rat.

In gleicher Weise bedanke ich mich bei Herr Prof. Dr.-Ing. Robert Schmitt, Leiter des Lehrstuhls für Informations-, Qualitäts- und Sensorsysteme in der Produktion des Werkzeugmaschinenlabors WZL an der RWTH Aachen, für die Übernahme der Mitberichterschaft.

Ebenso möchte ich meinen Kolleginnen und Kollegen des Fraunhofer IPT und WZL für die kooperative und inspirierende Zusammenarbeit danken. Ganz besonderer Dank gilt hierbei meinem direkten Vorgesetzten Dr.-Ing. Tim Grunwald für seine vollumfängliche Unterstützung.

Während meiner Tätigkeit als wissenschaftlicher Mitarbeiter und Gruppenleiter am Fraunhofer IPT und Werkzeugmaschinenlabor WZL der RWTH Aachen wurde ich zudem tatkräftig durch meine Kolleginnen und Kollegen unterstützt. Ganz besonderer Dank gilt hierbei meinen studentischen Mitarbeitern und Technikern.

An erster Stelle bedanke ich mich bei Jörn Harling für seine umfängliche und tatkräftige Unterstützung. Ebenfalls bedanke ich mich bei Sascha Hoff und Matthäus Birkle für ihre Unterstützung in den Bereichen der Systementwicklung und Modellbildung. Des Weiteren danke ich den Fraunhofer-Technikern René Kaulhausen und Pascal Gärtner für die umfassende Unterstützung im Rahmen der Umsetzung meiner Versuche.

Für die kritische Durchsicht meiner Arbeit bzw. Auszügen bedanke ich mich bei Dr.-Ing. Tim Grunwald, Prof. Dr-Ing. Michael Protogerakis, Dr.-Ing. Mareike Solf und meiner Lektorin Frau Simone Peist.

Des Weiteren möchte ich mich noch bei meinen Freunden Dr.-Ing. Arne Kretschmer, Dr.-Ing. Tobias Brune, Bernhard Steenken, Olaf Sieben, Mischa Viehöver, Prof. Dr.-Ing. Michael Protogerakis, Elias Refghi, Iker Benninghaus, Felix Mayser, Tuna Yenen und Rolf Vente für Ihre Hilfe und Unterstützung in allen Belangen bedanken. Ebenso bedanke ich mich bei Dr.-Ing. Moritz Wollbrink, Robert Michels, Cornelia Rojacher, Maurice Herben, Udo Schneider, Dr.-Ing. Paul Vogel, Dr.-Ing. Tim Grunwald, Leonie Krebs, Carolin Hamm, Dr.-Ing. Ramon Kreutzer, Prof. Dr.-Ing. Kristian Arntz, Dr.-Ing. Thomas Schwarberg und vielen weiteren Kollegen für die schönen Stunden abseits des Arbeitsalltags und die ereignisreichen IPT-Skifahrten. Weiter danke ich auch Dr.-Ing. Paul Zeller für die schönen gemeinsamen Tennismatches und Golfrunden nach der Arbeit. Weiter danke ich explizit nochmal Dr.-Ing. Tim Grunwald und Dr.-Ing. Christoph Baum sowie i. A. dem Fraunhofer IPT für die tolle Unterstützung im Rahmen meiner Ausgründung und Selbstständigkeit.

Mein besonderer Dank gebührt meiner Familie. Ohne die liebevolle Erziehung meiner Eltern und offene Art meiner Familie, würde ich heute nicht an dieser Stelle stehen.

Mein größter Dank gebührt meiner lieben Nina. Danke für deine liebevolle Unterstützung.

Zusammenfassung

Summary

Die Branche des Werkzeug- und Formenbaus ist eine der Kernbranchen der deutschen Industrie und ein Wegbegleiter etablierter Wirtschaftssektoren und zukünftiger Schlüsseltechnologien. Mit einem Auftragsvolumen von circa 11,5 Milliarden Euro werden Werkzeuge und Formen zur Herstellung von Erzeugnissen für Automotive-, Luftfahrt- und Optikkomponenten sowie weitere Branchen produziert. Seitens der zu fertigenden Produkte besteht ein kontinuierlicher Trend ansteigender Qualitätsherausforderungen und durch die Globalisierung ein internationaler Wettbewerb, welcher mit einem signifikanten Lohn- und Kostendruck auf produzierende Unternehmen einhergeht. Um diesen Trends zu begegnen und die nationale Industrielandschaft zu stärken sowie die ökonomisch-ökologische Ermöglichung einer resilienten Fertigungslandschaft zu realisieren, wird ein hoher Automatisierungsgrad angestrebt.

Die Feinbearbeitung, d. h. das Entfernen von Vorbearbeitungsspuren und Einstellen einer definierten Bauteiloberflächengüte mittels spanender oder abtragender Verfahren, ist der letzte Bearbeitungsschritt bei der Herstellung von Werkzeugen und Formen. Dieser Schritt wird bis heute in bis zu 95% aller Erzeugnisse händisch, durch eigens für diese Tätigkeit qualifizierte Fachkräfte, ausgeführt. Die Bearbeitung kann bis zu 30% der Gesamtbauteilfertigungskosten ausmachen und zeichnet sich durch eine anstrengende und monotone Tätigkeit aus. Die Fachkraft ist hierbei unnötigen Gefahren durch Schleifstaubbelastung mitunter potenziell gesundheitsschädlicher Werkstoffe ausgesetzt.

Zur Automatisierung dieses Prozesses wurden bereits intensive Bestrebungen unternommen, welche zu Teilerfolgen geführt haben. Eine maschinelle Bearbeitung von gekrümmten Werkzeugstahloberflächen ist aufgrund einer mangelnden Anpassungsfähigkeit, kleinen Bauräumen, geringen Zerspan- oder Abtragsraten, sowie verfahrensbedingter Einschränkungen jedoch weiter nicht möglich.

Das kraftgeregelte Schleifen ist ein Automatisierungsansatz, welcher sich durch niedrige Investitionskosten, flexible Anwendbarkeit in Werkzeugmaschinen und mit Robotern sowie eine potenziell hohe Zerspanleistung auszeichnet. Der Stand der Technik forciert einen Feinbearbeitungsprozess, bei der mithilfe einer Prozessregelung eine konstante, definierte Prozesskraft des Werkzeugs auf das Werkstück eingestellt wird. Eine Änderung der Kontaktzone im Werkzeugeingriff wird nicht berücksichtigt. Dies kann zu einem inhomogenen Schleifprofil führen, sodass eine vollständige Prozessautomatisierung nicht durchgeführt werden kann. Darüber hinaus werden durch den Prozess und das Werkzeug bedingte Spuren auf dem Bauteil erzeugt, welche nach wie vor händisch entfernt werden müssen.

Ziel dieser Arbeit ist es daher, ein neuartiges Verfahren zu entwickeln, welches eine Kontaktzonenänderung im Wirkspalt des Werkzeuges und Werkstückes mithilfe eines variationskraft- und bahnabstandsgeregelten Schleifprozesses berücksichtigt. Mithilfe einer zonalen Anpresskraftänderung durch einen Variationskraftregelungsprozess und Bahnabstandsanpassung soll eine konstante Pressung im Schneideneingriff und damit eine homogene Schleifprofiltiefe auf gekrümmten Oberflächen erreicht werden. Darüber hinaus soll dem Prozess eine Schwingungsunterstützung überlagert werden, sodass durch die Oszillation das Auftreten kinematisch induzierter Bearbeitungsspuren vermieden wird. Schlussendlich mündet die Arbeit in der Entwicklung und Qualifizierung eines variationskraftgeregelten, schwingungsunterstützten Schleifsystems. Das System bündelt beide Ansätze hybride und ermöglicht eine Bearbeitung von gekrümmten Oberflächen.

Summary

The tool and die industry is one of the core sectors of the German industry and a companion of established economic sectors and future key technologies. With an order volume of approximately 11.5 billion euros, tools and molds are produced for the manufacture of products for automotive, aerospace, and optical components and other industries. The products to be manufactured are subject to a continuous trend of increasing quality challenges and, due to globalization, international competition, which is accompanied by significant wage and cost pressure on manufacturing companies. To counter these trends and to strengthen the national industrial landscape, as well as to realize the economic-ecological enabling of a resilient manufacturing landscape, a high degree of automation is strived for.

Finishing, ergo the removal of pre-machining marks and setting of a defined component surface quality by means of machining or ablation processes, is the final processing step in the manufacture of tools and molds. This step is still carried out manually in up to 95% of all products, by specialists specially qualified for this activity. Machining can take up to 30% of the total component production costs and is characterized by a strenuous and monotonous activity. The skilled worker is exposed to unnecessary hazards from grinding dust, which can be potentially harmful to health.

Intensive efforts have already been made to automate this process, which have led to partial success. However, the machining of curved tool steel surfaces is still not possible due to a lack of adaptability, small installation spaces, low metal removal rates and process-related limitations.

Force-controlled grinding is an automation approach that is characterized by low investment costs, flexible applicability in machine tools and with robots, and potentially high metal removal rates. The state of the art promotes constant force controlled fine machining, in which a constant, defined process force of the tool is set on the workpiece with the aid of process control. Thus, a change in the contact zone is not considered in the tool engagement. This can lead to an inhomogeneous grinding profile, so that complete process automation cannot be implemented. In addition, as with milling, kinematic traces are created on the component due to the process and the tool, which still must be removed manually.

The aim of this work is therefore to develop a novel process that considers a contact zone changes effective gap of the tool and workpiece by means of a variation force and path distance-controlled grinding process. With the help of a zonal contact force change by means of a variation force control process and path distance adjustment, a constant pressure in the cutting engagement and thus a homogeneous grinding profile depth on curved surfaces is to be achieved. In addition, an oscillation excitation is to be added to the process so that the occurrence of kinematically induced machining marks is minimized or even avoided by the oscillation. Finally, the work culminates in the development and qualification of a variation-force-controlled, vibration-assisted grinding system. The system combines both approaches in a hybrid way and enables the machining of curved surfaces.

Inhaltsverzeichnis

Table of Content

Formelzeichen und Abkürzungsverzeichnis

Formula Symbols and Abbreviations

Großbuchstaben

$A_{Elastomer}$	mm^2	Querschnittsfläche der Elastomerelemente
A_{Kolben}	mm^2	Kolbenfläche
A_{Kon}	mm^2	Kontaktfläche
A_{mess}	mm^2	Messfläche
A_{osz}	mm	Schwingungsamplitude
A_{planar}	mm^2	Fläche der ebenen Hilfsebene
A_{Rws}	mm^2	Kontaktzone im Eingriff mit R_{WS}
B	mm	Scheibenbreite
C	1	empirische Konstante zur Berechnung von E_{Druck}
$D_{wkz,A}$	mm	Außendurchmesser des Werkzeugs
$D_{wkz,I}$	mm	Innendurchmesser des Werkzeugs
E	Pa	Elastizitätsmodul
E*	Pa	kombinierter Elastizitätsmodul
E_{Druck}	$N \cdot m^{-2}$	Druckelastizitätsmodul
$E_{rs,i}$	1	Hilfsebene
$E_{x^*y^*}$	1	Hilfsebene
$\widehat{F}$	N	Kraftamplitude
$\widehat{F_F}$	N	übertragende Kraftamplitude
F_N	N	Normalkraft
F'_N	N	spezifische Normalkraft
$F_{N,planar}$	N	Normalkraft auf planarer Ebene
F_T	N	Tangentialkraft
F_y	N	Horizontalkraft
F_z	N	Vertikalkraft
H_A	Shore-A	Härte
H_D	Shore-D	Bindungshärte
K	$m^2 \cdot N^{-1}$	empirische Konstante der PRESTON-Hypothese
L_{Kon}	mm	Kontaktzonenlänge
M	1	Menge
$\mathbb{N}$	1	Menge aller natürlichen Zahlen

P	1	Hilfspunkt
Q'_w	$mm^3 \cdot min^{-1}$	bezogenes Zeitspanvolumen
R	mm	Radius
R^*	mm	äquivalenter Krümmungsradius
R^2	1	Bestimmtheitsmaß
Ra	µm	arithmetischer Mittenrauwert
$R_{n_{rot}}$	1	Rotationsmatrix um die Achse n_{rot}
Rq	µm	quadratischer Mittenrauwert
Rt	µm	maximale Rautiefe
R_t	µm	kinematische / theoretischen Rautiefe
$R_{wkz,A}$	mm	Außenradius des Werkzeugs
$R_{wkz,I}$	mm	Innenradius des Werkzeugs
$R_{wkz,m}$	mm	mittlerer Radius des Werkzeugs
R_{WS}	mm	Krümmungsradius
Rz	µm	gemittelte Rautiefe
R_z	1	Rotationsmatrix um die Achse z
Sa	µm	arithmetischer Mittenrauwert (flächig)
Sq	µm	quadratischer Mittenrauwert (flächig)
Sz	µm	maximale Höhe
T_y	1	Translationsmatrix in y-Richtung

Kleinbuchstaben

a	1	Rotationsachse der x-Raumkoordinate
a_f	mm	Werkzeugbahnabstand
$a_p(R_{ws} = \infty)$	mm	empirisch abgeleiteter Referenzwerkzeugbahnabstand
$a_p(R_{ws})$	mm	Werkzeugbahnabstand für Werkzeugradius R_{ws}
a_{Kon}	mm	halbe Breite der Kontaktfläche
a_p	mm	Bahnabstand
$a_{p,planar}$	mm	optimale Schrittweite
$b_{Elastomer}$	mm	Breite des Elastomerelements
b_{Kon}	mm	Kontaktbreite
$\overline{b_{Kon}}$	mm	gemittelte Kontaktbreite
$b_{Kon,mod}$	mm	modellbasierte Kontaktbreite

$b_{s,\,eff}$	mm	effektiver Werkzeugeingriff
c	1	Rotationsachse der z-Raumkoordinate
c_{dyn}	$N\cdot m^{-1}$	dynamische Federkonstante
c_{Feder}	$N\cdot m^{-1}$	Federkonstante
d	1	Differenzialinkrement
d_d	$kg\cdot m^2\cdot s^{-1}$	Dämpfungskonstante
$d_{Elastomer}$	mm	Dicke der Elastomerelemente
f_0	Hz	Eigenfrequenz
f_a	mm	axialer Vorschub
f_{hub}	Hz	Pendelhubfrequenz
f_{osz}	Hz	Oszillationsfrequenz
g_{Rws}	1	Gewichtungsfaktor
h	mm	Hilfsgröße
$h_{Elastomer}$	mm	Höhe des Elastomerelements
i	1	Laufvariable
k	mm	Hilfsgröße
k_4	1	Übertragungsfaktor
l	mm	Hilfsstrecke, Hilfsgröße
$\overrightarrow{l_{abs}}$	1	Bewegungsvektor der kombinierten Bewegung
$\overrightarrow{l_{abs,rot}}$	1	Bewegungsvektor der kombinierten und gekippten Bewegung
$\vec{l_f}$	1	Bewegungsvektor des Vorschubs
$\overrightarrow{l_{osz,abs}}$	1	Bewegungsvektor der kombinierten Oszillationsbewegung
$\vec{l_S}$	1	Bewegungsvektor der Kornbewegung
$\overrightarrow{l_{s,rot}}$	1	Bewegungsvektor der gedrehten Kornbewegung
$\vec{l_v}$	1	Bewegungsvektor der Oszillationsbewegung
m	1	Laufvariable
m^*	kg	mitschwingende Masse der Elastomerelemente
$m_{Schwing}$	kg	schwingende Masse
n	1	Anzahl
n_{rot}	1	Rotationsachse
n_s	min^{-1}	Spindeldrehzahl
p_{Kon}	$N\cdot m^{-2}$	Anpressdruck in der Kontaktzone

$\overline{p_{Kon}}$	Pa	mittlerer Anpressdruck der Kontaktzone
$p_{Kon}(x)$	$N \cdot m^{-2}$	Druckprofil
$p_{Kon,max}$	$N \cdot m^{-2}$	maximaler Kontaktdruck
r_s	mm	Schleifradius
t	s	Zeit
t_A	s	Zeitdauer abgehobenes Korn
t_E	s	Zeitdauer Korneingriff
t_h	s	Verweilzeit
u	mm^2	Hilfsgröße
$\vec{v_c}$	$m \cdot s^{-1}$	Schnittgeschwindigkeit
$\vec{v_f}$	$mm \cdot min^{-1}$	Werkzeug-/Werkstückvorschub
v_K	$m \cdot s^{-1}$	Korngeschwindigkeit
w	mm	Hilfsgröße
x	1	Raumkoordinate (Abszisse)
$x_{Absolut}$	mm	Absolutgenauigkeit
x_{Basis}	1	Raumkoordinate des Basis-Koordinatensystems
$x_{Eingriff}$	mm	Punkt des Eingriffs der Schleifscheibe
x_{osz}	mm	Oszillationsbewegung bzw. Schwingungsamplitude
x_{TCP}	1	Raumkoordinate des Werkzeug-Koordinatensystems
$x_{Übergang}$	mm	Punkt des Übergangs der Werkstückradien
$\Delta x_{Wiederhol}$	mm	Wiederholgenauigkeit
x_{Welt}	1	Raumkoordinate des Welt-Koordinatensystems
y	1	Raumkoordinate (Ordinate)
z	1	Raumkoordinate
z_a	mm	Schleifprofiltiefe
$\overline{z_a}$	µm	gemittelte Schleifprofiltiefe
Δz_a	µm	relative Abweichung der Schleifprofiltiefe
$z_{a,soll}$	mm	angestrebte Schleifprofiltiefe
z_{hub}	mm	Pendelhubbewegung

Griechische Großbuchstaben

Δ	1	Differenz
ϕ	°	Hilfswinkel

Griechische Kleinbuchstaben

α	°	Voreilwinkel
α^*	°	Abrichtwinkel
β	°	Werkzeuganstellwinkel bzw. Neigungswinkel
β^*	°	Hilfswinkel
γ	°	Überlagerungswinkel
δ	°	Drehwinkel um die Rotationsachse n_{rot}
η	1	Frequenzverhältnis
$\eta_{Verlust}$	1	Verlustfaktor
ϑ	1	Dämpfungsgrad
ν	1	Poissonzahl / Querkontraktionszahl
τ	°	Spanwinkel
ξ	rad	Hilfswinkel
π	1	Kreiszahl
σ	rad	Hilfswinkel
$\vec{\omega}$	$rad \cdot s^{-1}$	Winkelgeschwindigkeit

Chemische Elementsymbole

C	Kohlenstoff
CO_2	Kohlenstoffdioxid
Cr	Chrom
Mn	Mangan
Mo	Molybdän
Si	Silizium
V	Vanadium

Abkürzungen

arctan	Arkustangens
bzw.	beziehungsweise
CAD	engl. »Computer-Aided Design«; rechnerunterstütztes Konstruieren
CAM	engl. »Computer-Aided Manufacturing«; rechnerunterstützte Fertigung
cBN	Kubisches Bornitrid
CFK	Carbonfaserverstärkter Kunststoff

CNC	engl. »Computerized Numerical Control«; rechnergestützte numerische Steuerung
Co. KG	Compagnie Kommanditgesellschaft
cos	Kosinus-Funktion
cot	Kotangens
COVID-19	engl. »coronavirus disease 2019«; Coronavirus-Krankheit-2019
d. h.	das heißt
DIN	Deutsches Institut für Normung
DAQ	engl. »Data Acquisition«; Datenerhebung
EF	Erfüllungsgrad
EN	Europäische Norm
EU	Europäische Union
FEPA	engl. »Federation of European Producers of Abrasives«; Verband der europäischen Hersteller von Schleifmitteln
FF	Forschungsfragen
FV	Fokusvariationsverfahren
ggf.	gegebenenfalls
GmbH	Gesellschaft mit beschränkter Haftung
HSC	engl. »High Speed Cutting«; Hochgeschwindigkeitszerspanung
HSK	Hohlschaftkegel
i. d. R.	in der Regel
iCTS	engl. »intelligent Compliant Tooling System«; anpassungsfähiges, nachgiebiges Werkzeugsystem
IPT	Institut für Produktionstechnologie
ISO	Internationale Organisation für Normung
KSS	Kühlschmierstoffe
M	engl. »Miscellaneous function«, Eingabebefehl für verschiedene Funktionen
MMS	Minimalmengenschmierung
MRR	Materialabtragsrate
NC	engl. »Numerical Control«; numerische Steuerung
NK	Normalkorund
PC	Personal Computer
REM	Rasterelektronenmikroskop

RTM	engl. »Resin Transfer Molding«;Spritzpressverfahren zur Herstellung faserverstärkter Bauteile
sin	Sinus-Funktion
STEM	Transmissionselektronenmikroskopie
tan	Tangens-Funktion
TCP	engl. »Tool Center Point«; Arbeitspunkt des Werkzeugs
TW	Teilnutzwert
USB	engl. »Universal Serial Bus«; Bit-serielles Übertragungssystem
VDMA	Verband Deutscher Maschinen- und Anlagenbauer
VHM	Vollhartmetall
WLI	Weißlichtinterferometer

1 Einleitung

Introduction

Schleifen ist ein Feinbearbeitungsverfahren zur Endbearbeitung von Bauteilen. Der Prozess wird im Anschluss an vorgeschaltete, formgebende Fertigungsverfahren (z. B. Fräsen oder Erodieren) ausgeführt [TIMM90]. Eine der Kernbranchen des Schleifens ist der Werkzeug- und Formenbau. Die Branche stellt einen der wichtigsten Wirtschaftszweige in Deutschland dar. Nach Berechnungen des Verbands Deutscher Maschinen- und Anlagenbauer VDMA wurden im Jahr 2018 Präzisionswerkzeuge mit einem Produktionswert von circa 11,5 Mrd. Euro bei einem Umsatzwachstum von ungefähr 8% zum Vorjahr hergestellt. Hiervon entfallen circa 50% auf den Werkzeugbau, wobei Hohlformwerkzeuge für Ur- oder Umformverfahren Haupterzeugnisse sind. Anwendungsfelder der Branche sind in **Abbildung 1-1** dargestellt. [ALFR20; BOOS17]

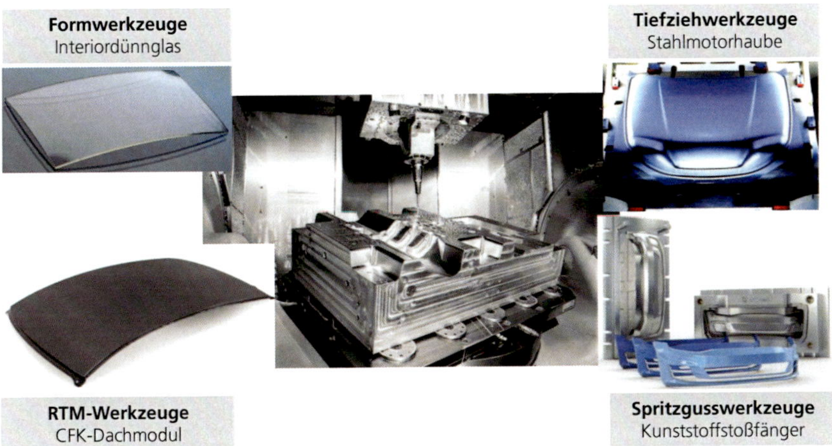

Abbildung 1-1: Anwendungsfelder von Werkzeugstählen [BÖHL16; DEUT14]

Application fields of tool steels

Der Werkzeug- und Formenbau sieht sich einem globalisierten Markt ausgesetzt, der zum einen ein zunehmendes Wachstum verzeichnet und zum anderen kürzere Lieferzeiten bei steigender Form- und Oberflächenqualität verlangt. Daraus resultiert ein steigender Aufwand in der Fertigung der Werkzeuge bei einer international konkurrierenden Lohn- und Fertigungskostensituation. [BOOS17]

Zusätzlich zum bereits bestehenden internationalen Wettbewerb, sehen sich die Unternehmen neuen Herausforderungen in der Produktion konfrontiert. So sind Themen wie Ressourceneffizienz sowie eine umweltschonende, individualisierte Produktion längst fester Bestandteil strategischer Planungen. Diese Maßnahmen dienen mitunter zur Eindämmung der globalen Auswirkungen des Klimawandels. Eine Resilienz der Unternehmen als ein durch die Corona-Pandemie verstärkter Trend und eine damit einhergehende flexiblere sowie autarkere Produktion befeuern darüber hinaus den technologischen Wandel hin zu effizienteren Lieferketten. EU-Regularien in Form von Zertifikaten zur Reduzierung des CO_2-Fußabdrucks sind ein wesentlicher, treibender Faktor für einen industriellen Wandel zu einer Industrielandschaft, welche Ökologie und Ökonomie effizient vereint. [BERG20]

Folglich besteht ein signifikanter Kostendruck auf die Industrie, welchem durch eine weitere Technologisierung (z. B. durch Automatisierung) begegnet werden kann. In der Branche des Werkzeug- und Formenbaus ist in der gesamten Prozesskette zur Herstellung von Formwerkzeugen die Feinbearbeitung der einzige bis dato zumeist nicht automatisierte Fertigungsschritt. So werden heute noch über 90% der Formwerkzeuge manuell feinbearbeitet. Das Arbeitsergebnis der Feinbearbeitung ist aufgrund der manuellen und meist individuellen Bearbeitungsstrategie Qualitätsschwankungen ausgesetzt. Der manuelle Prozess weist zudem eine eingeschränkte Reproduzierbarkeit auf. Dies wirkt sich insgesamt negativ auf die Bauteilqualität aus und ist oppositiv zu dem Trend beständig steigender Anforderungen an die Werkzeugqualität. [DRIE18; TÖNS02]

Nach einem formgebenden Fertigungsschritt, welcher zumeist durch spanende CNC-Fräs-/ Drehbearbeitung ausgeführt wird, erfolgt die Feinbearbeitung durch Schleifen und Polieren. Wesentliche Anforderung der Oberflächengüte an die Feinbearbeitung ist das Erstellen eines homogenen Schliffbilds. Dies wird zum Stand der Technik durch eine händische, kraftgeführte Schleifprozedur erreicht. Hierbei führt der Handwerker ein Schleifwerkzeug mit einer definierten Anpresskraft über das Bauteil. Der Schleifprofiltiefe kann beim kraftgeführten Schleifen während des Prozesses durch die Verweilzeit und den Anpressdruck des Werkzeugs beeinflusst werden. Eine Änderung der Anpresskraft bei gleichbleibender Wirkfläche im Schneideneingriff zwischen Werkzeug und Werkstück wirkt sich unmittelbar auf die erreichte Schleifprofiltiefe aus. [TIMM90; TÜCK12]

Eine sich ändernde Kontaktzone zwischen Werkzeug und Werkstück tritt bei variierend gekrümmten Oberflächenkonturen auf. Die Änderung wird durch eine kontinuierliche Kraftanpassung intuitiv durch den Facharbeiter kompensiert. So wird eine konstante Schleifprofiltiefe erreicht. Kantenbereiche mit kleinen Radien werden aufgrund einer kleinen Wirkfläche zwischen Werkzeug und Werkstück mit geringen Kräften bearbeitet. Ebene Bereiche weisen eine große Auflagefläche des Werkzeugs auf. Sie erfordern eine höhere Anpresskraft, um einen gleichen Anpressdruck in der Wirkfläche zu erreichen. Bestehende Automatisierungsansätze erlauben eine konstantkraftgeregelte Feinbearbeitung mit z.B. axial-nachgiebigen Systemen. Die Systematik berücksichtigt jedoch nicht eine Anpassung der Kraft bei sich ändernden geometrischen Eingriffsverhältnissen der Wirkfläche zwischen Werkzeug und Werkstück [DRIE18; TÜCK12].

Eine weitere Herausforderung in der Automatisierung solcher Prozesse besteht durch die maschinen- bzw. roboterbasiert ausgeführte Prozesskinematik. Hierbei werden durch den Schleifprozess bedingte Bearbeitungsspuren erzeugt. Schwingungsunterstützte Verfahren haben das Potenzial, das Auftreten von Schleifspuren zu vermeiden [BLEI16; HÄHN19; HÖCH22].

Werkzeugkonturbereiche, Formabweichungen sowie durch den Automatisierungsprozess entstandene Bearbeitungsspuren müssen aus den genannten Gründen weiterhin in zeit- und kostenintensiven manuellen Folgeschritten nachbearbeitet bzw. entfernt werden [GRAN15; TÖNS01].

Ziel dieser Arbeit ist es daher, ein zerspanendes Fertigungsverfahren zu entwickeln, dass der Herstellung einer geschliffenen Werkzeugoberfläche dient. Das Verfahren soll eine Anpassungsfähigkeit an einen sich durch gekrümmte Bauteile ändernde Kontaktzone im Schneideneingriff aufweisen und kinematisch bedingte Bearbeitungsspuren minimieren oder gar verhindern.

Dazu wird ein hybrides, variationskraftgeregeltes, schwingungsunterstütztes, zonales Verfahren für das Schleifen mit elastischen Schleifstiften entwickelt. Eine variierende Anpresskraft während der Schleifbearbeitung von gekrümmten Oberflächen dient der Einstellung einer konstanten Pressung zwischen Werkzeug und Werkstück. Mit der Schwingungsunterstützung soll durch Oszillation eine Überlagerung der konventionellen Schleifkinematik mit einer zusätzlichen, niederfrequent-oszillierenden (< 100 Hz) Wirkbewegung bei relativ großen Amplituden (ca. 0,5 - 3 mm) erreicht werden. Die Überlagerungsbewegung wird einachsig und werkstück- sowie werkzeuggeführt realisiert.

Zunächst erfolgt die Entwicklung eines beschreibenden Zerspanungsmodells für das variationskraftgeregelte Schleifen, sowie dessen Implementierung in eine Applikation zur Anwendung der Prozesssystematik. Neben der Modellierung und der Entwicklung einer Methodik und Applikation, erfolgt die technologische Weiterentwicklung und Einbindung zur Umsetzung des Prozesses.

Zur Vermeidung von Mischeffekten werden der Einfluss einer Schwingungsunterstützung und das Kraftmodell durch Prozessuntersuchungen analysiert, validiert und qualifiziert. Für Grundlagenuntersuchungen werden Schwingungen werkstückseitig angeregt. Hierfür wird ein eigens entwickelter Versuchsaufbau verwendet. Im Rahmen der Überführung auf gekrümmte Flächen erfolgt eine werkzeugseitige Schwingungsunterstützung. Hierbei werden die Anpassungssystematik für gekrümmte Werkzeugoberflächen und Schwingungsunterstützung durch eine Systementwicklung zusammengeführt. Der Gesamtprozess wird anhand von Prozessuntersuchungen an einer variierend gekrümmten Bauteilkontur untersucht.

Fokus der Analysemethodik sind Oberflächentextur und -topografie im Kontext der Erreichbarkeit eines einheitlichen Schliffbilds. Weiter werden grundlegende Effekte der Schwingungsunterstützung und der modellbasierten Anpassungsregelung auf z. B. die Oberflächenrauheit und Schleifprofiltiefe untersucht. Ziel der Variationskraftregelung ist die Erreichung einer konstanten Schleifprofiltiefe. Zur Prozessbewertung wird die Profiltiefe an verschiedenen Krümmungsbereichen gemessen und einer konventionellen Bearbeitung gegenübergestellt.

Introduction

Grinding is a fine machining process for finishing components. The process is carried out following upstream, shaping manufacturing processes (e. g. milling or eroding) [TIMM90]. One of the core industries of grinding is tool and die making. The industry represents one of the most important economic sectors in Germany. According to calculations by the German Engineering Federation VDMA, precision tools with a production value of circa 11.5 billion euros were manufactured in 2018, with a sales growth of approximately 8% compared to the previous year. Toolmaking accounts for approximately 50% of this, with hollow molds for primary or forming processes being the main products. Application fields of the industry are shown in **Figure 1-1**. [ALFR20; BOOS17]

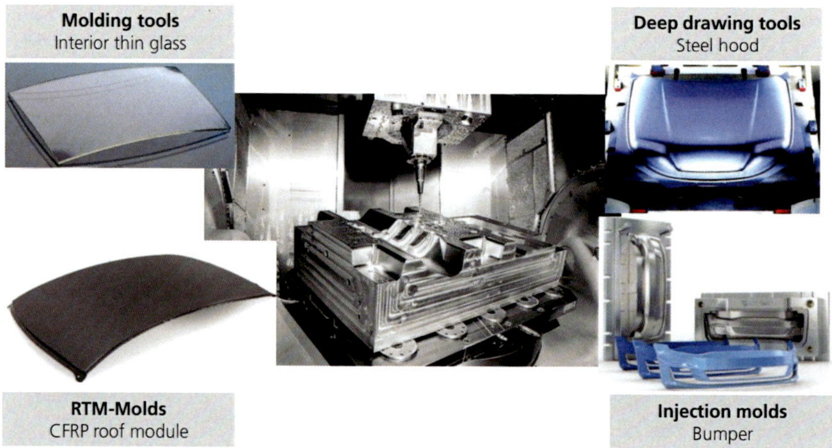

Figure 1-1: Application fields of tool steels [BÖHL16; DEUT14]

The tool and die industry is facing a globalized market, which on the one hand is experiencing increasing growth and on the other hand demands shorter delivery times with increasing mold and surface quality. This results in an increasing effort to produce the tools with an internationally competitive wage and production cost situation. [BOOS17]

In addition to the existing international competition, companies are facing new challenges in production. For example, topics such as resource efficiency and environmentally friendly and individualized production have long been an integral part of strategic planning, which sometimes serve as measures to mitigate the global effects of climate change. Corporate resilience, a trend reinforced by the Corona pandemic, and the associated more flexible and in some cases more self-sufficient production are also fueling the technological shift towards more efficient supply chains. EU regulations in the form of carbon footprint reduction certificates are a key driving factor for an industrial transformation towards an industrial landscape that efficiently combines ecology and economy. [BERG20]

Consequently, there is significant cost pressure on the industry, which can be countered by further technologization, e. g. through automation. In the tool and die industry, fine machining is the only production step in the entire process chain for the manufacture of molds that has not been automated to date. Today, more than 90% of the molds are still precision machined manually. Due to the manual and mostly individual machining strategy, the work result of precision machining is subject to quality fluctuations and has a limited reproducibility. This has an overall negative effect on the component quality and is opposed to the trend of constantly increasing demands on tool quality. [DRIE18; TÖNS02]

After a shaping production step, which is mostly carried out by CNC milling/turning, the finishing is done by grinding and polishing. An essential requirement of the surface quality of the fine machining is the creation of a homogeneous micrograph. At the state of the art, this is achieved by a manual, power-guided grinding procedure. In this process, the craftsman guides a grinding tool over the component with a defined contact force. The material removal rate during polishing or the stock removal rate during force-guided grinding can be influenced during the process by the dwell time and the contact pressure of the tool. A change in the contact pressure with a constant effective area in the cutting engagement between the tool and the workpiece has a direct effect on the grinding profile depth achieved. [TIMM90; TÜCK12]

A changing contact zone between tool and workpiece occurs with varying curved surface contours. The change is intuitively compensated by the skilled worker through a continuous force adjustment. In this way, a constant grinding profile depth is achieved. Edge areas with small radii are machined with low forces due to a small effective area between tool and workpiece. Flat areas have a large contact surface of the tool. They require a higher contact force to achieve the same contact pressure in the effective area. Existing automation approaches allow constant force controlled fine machining with e. g. axial compliant systems. However, the system does not consider an adjustment of the force in case of changing geo-metric engagement ratios of the effective surface between tool and workpiece [DRIE18; TÜCK12].

Another challenge in the automation of such processes is the machine- or robot-based process kinematics. In this case, machining marks caused by the grinding process are generated. Vibration-assisted processes have the potential to avoid the occurrence of grinding marks [BLEI16; HÄHN19; HÖCH22].

Complex contour areas, shape deviations as well as machining traces created by the automation process still must be reworked or removed in time-consuming and cost-intensive manual subsequent steps for the reasons mentioned [GRAN15; TÖNS01].

Therefore, the aim of this work is to develop a machining process to produce a ground tool surface. The process should be adaptable to a changing contact zone in the cutting-edge engagement due to curved components and minimize or even prevent kinematically caused machining marks.

For this purpose, a hybrid, variation-force-controlled, vibration-assisted, zonal process for grinding with elastic mounted points is being developed. A varying contact force, during grinding of curved surfaces, is used to set a constant pressure between tool and workpiece. The oscillation excitation is intended to achieve a superimposition of the conventional grinding kinematics with an additional, low-frequency oscillating (< 100 Hz) effective movement at relatively large amplitudes (approx. 0.5 - 3 mm). The superimposed movement is realized uniaxially and workpiece- as well as tool-guided.

First, a descriptive machining model for variable force-controlled grinding is developed and implemented in an application for the application of the process system. In addition to the modeling and the development of a methodology and application, the technological development and integration for the implementation of the process is carried out.

To avoid mixing effects, the influence of a vibration excitation and the force model are analyzed, validated, and qualified by process investigations. For basic investigations, vibrations are excited on the workpiece side. A specially developed experimental setup is used for this purpose. In the context of the transfer to curved surfaces, vibration excitation is performed on the tool side. Here, adaptation systems for curved tool surfaces and vibration support are combined by a system development. The overall process is inve stigated by means of process tests on a variably curved component contour.

The focus of the analysis methodology is on surface texture and topography in the context of the achievability of a uniform grinding pattern as well as fundamental effects of vibration excitation and model-based matching control on e. g. surface roughness and grinding pro-filtration depth. The aim of the variation force control is to achieve a constant grinding profile depth. For process evaluation, the profile depth is measured at different curvature areas and compared with conventional machining.

2 Stand der Erkenntnisse

State of the Art

Das variationskraftgeregelte, schwingungsunterstützte Schleifen ist ein Prozess, welcher als Fertigungsverfahren zur Entfernung von Frässpuren von Werkzeugstahloberflächen eingesetzt werden soll. Verfahrensziel ist das Erreichen einer homogenen Schleifprofiltiefe auf variierend gekrümmten Oberflächen. Zudem soll gleichzeitig das Auftreten kinematisch induzierter Schleifspuren reduziert bzw. vermieden werden. Um dies zu erreichen, werden ein Schwingungsunterstützungsprozess mit einem modellbasierten Kraftregelungsansatz kombiniert.

Entsprechend werden die Grundlagen des Einsatzes und der Feinbearbeitung von Werkzeugstählen aufgearbeitet und auf das Schleifen vertieft. Ein Hauptaugenmerk liegt auf den Herausforderungen der Automatisierung der Schleifbearbeitung. Ferner wird der aktuelle Stand von bestehenden Kraftregelungsansätzen und deren Modellgrundlagen sowie von Schwingungsunterstützungsverfahren eruiert. Da sich das neuartige Verfahren aus eben diesen Bausteinen zusammensetzt, werden die in diesem Zusammenhang stehenden Wissensgrundlagen in diesem Kapitel bereitgestellt.

2.1 Einsatz von Werkzeugstählen

Application of tool steels

Werkzeugstähle werden hauptsächlich im Werkzeug- und Formenbau als Werkstoff verwendet. Sie unterteilen sich in unlegierte und legierte Stähle [KLOC17a]. In Abhängigkeit ihres Einsatzzweckes sind Werkzeugstähle in die Anwendungsgruppen der Kaltarbeitsstähle, Warmarbeitsstähle und Schnellarbeitsstähle unterteilt [BÖHL16]. In **Tabelle 2-1** ist eine Übersicht der Anwendungsgruppen zu den jeweiligen Einsatzgebieten der Stähle gegeben.

Tabelle 2-1: Einteilung von Werkzeugstählen mit Anwendungen in der Branche des Werkzeug- und Formenbau [BÖHL16]

Classification of tool steels with applications in the field tool and die making industry

Stahlwerkstoff	Anwendungsbereich
Kaltarbeitsstähle	Stanztechnik, Ziehwerkzeuge, Tiefziehwerkzeuge, Prägewerkzeuge, Fließpresswerkzeuge
Warmarbeitsstähle	Spritzgießwerkzeuge, Schmiedewerkzeuge, Druckgussformwerkzeugeinsätze, Warmpresswerkzeuge, Strangpresswerkzeuge, Extrusionswerkzeuge Blasformen
Schnellarbeitsstähle	Schneidwerkzeuge, Stanzwerkzeuge, Kaltmassivumformwerkzeuge, Prägewerkzeuge

Kaltarbeitsstähle bieten eine hohe Ausgangshärte, die bei Temperaturen oberhalb von 200 °C schnell abfällt. Warmarbeitsstähle weisen eine geringere Ausgangshärte auf, welche jedoch über eine Temperatur von bis zu 600 °C erhalten bleibt. Schnellarbeitsstähle weisen eine hohe Ausgangshärte und Temperaturbeständigkeit auf und finden vornehmlich Anwendung als spanende Werkzeug. [BÖHL16; KLOC17a]

2.1.1 Aufbau von Formwerkzeugen

Structure of molds

In **Abbildung 2-1** sind der schematische Aufbau eines Hohlformwerkzeuges für das Tiefziehen (a) und das Spritzgießen (a) dargestellt. Beim Tiefziehen wird das Werkstück (z.B. Stahl- oder Aluminiumblech) zwischen Matrize und Stempel geführt, mit einem Blechhalter mechanisch fixiert und anschließend durch Zuführung eines Stempels umgeformt.

Eine wesentliche Randbedingung im Einsatz von Tiefziehwerkzeugen ist deren Tribologie, konkret das Tribosystem bestehend aus Werkzeug und Werkstück, sowie die Umgebungsmedien Luft und Schmierstoff. Ausgehend vom Systemgedanken wirkt die Summe aller Einflüsse, das sogenannte Beanspruchungskollektiv auf das Tribosystem, welches sich vordergründig aus den wirkenden Prozesskräften, Temperaturen und Gleitgeschwindigkeiten zusammensetzt. Das Verhalten des Tribosystems wird wiederrum durch systeminterne Einflüsse geprägt, welche dessen Systemstruktur wesentlich beeinflussen. Dies sind im Wesentlichen der Werkstoff, die Randhärte, die Maß- und Formhaltigkeit der Makrogeometrie sowie auftretende Eigenspannungen, lokale Lastspannungen und nicht zuletzt die Mikrogeometrie in Form von Oberflächenrauheit und -defekten. Basierend auf den Systemeigenschaften sind als Systemausgangsgrößen der Werkzeugverschleiß, die Reibung in Form von Reibungsleistung sowie die Wärmeentstehung zu nennen. [KLOC17b; TRAU16]

Reibung und Verschleiß sind abhängig von der Struktur des Werkzeugsystems und werden durch die Oberflächentopografie und auch Schmierung der Reibpartner beeinflusst [KLOC17b].

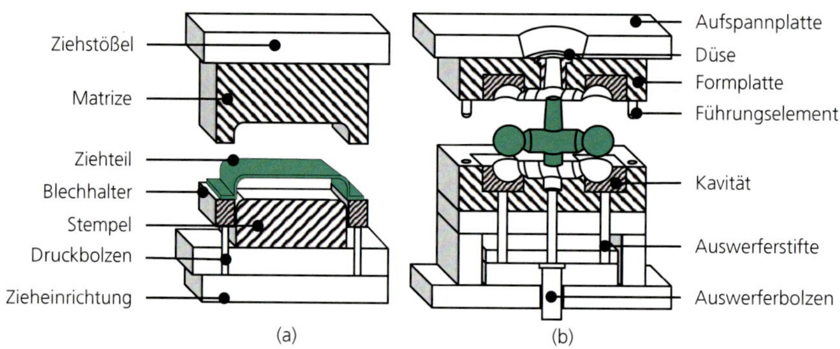

Abbildung 2-1: Schematisch dargestellter Gesamtaufbau eines Tiefzieh- (a) und Spritzgießwerkzeuges (b) [WAGN15]

Schematic diagram of the overall structure of a deep drawing die (a) and an injection mold (b)

Das in Abbildung 2-1 (b) dargestellte Spritzgießwerkzeug besteht aus Formteilen, die eine Kavität erzeugen. In diese wird im geschlossenen Zustand über eine Angussbuchse der flüssige Kunststoff geleitet und kühlt innerhalb der Kavität ab. Nach einer definierten Abkühlzeit öffnet das Werkzeug und das urgeformte Kunststoffbauteil wird mithilfe von Auswerferstiften ausgegeben. Ein leichtes Ablösen des Bauteils ist wichtig, um Beschädigungen zu vermeiden. Auch hier beeinflusst die Oberflächentopografie die Entformbarkeit des Werkstücks aus der Kavität in wesentlichem Maße. [TÜCK12; WAGN15]

2.1.2 Prozesskette zur Herstellung von Formwerkzeugen

Process chain for the production of molding tools

Die Herstellung von Hohlformwerkzeugen im Werkzeug- und Formenbau setzt sich aus einer Reihe von Prozess- und Fertigungsschritten zusammen, die im Folgendem beschrieben werden.

In **Abbildung 2-2** ist die etablierte Fertigungsabfolge als »Manueller Ansatz« dargestellt und dem Stand teilautomatisierter, vereinzelt eingesetzter Feinbearbeitungsverfahren »Teilautomatisierter Ansatz« gegenübergestellt [HÄHN19].

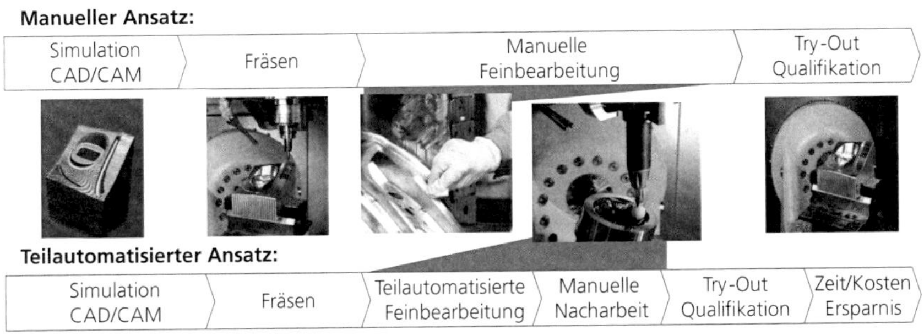

Abbildung 2-2: Chronologische Abfolge und Gegenüberstellung der manuellen und teilautomatisierten Feinbearbeitung in der Prozesskette zur Herstellung von Formwerkzeugen [HÄHN19]
Chronological sequences and comparison of manual and semi-automated fine machining in the process chain for the production of molds

Simulation CAD/CAM

Zu Beginn der Entwicklung werden die Werkzeuge mittels computergestützter Systeme (CAD) als 3D-Modelle entworfen. Auf Basis der erstellten Modelle wird dann eine virtuelle Bahnplanung (CAM) in Form einer Offline-Programmierung durchgeführt. Nach Erstellen der Werkzeugbahnen wird eine Simulation des Fräsprozesses durchgeführt. Diese dient dazu, die abgefahrenen Werkzeugwege auf Korrektheit und Kollision zu prüfen. Abschließender Bestandteil der CAM-Programmierung ist das Konvertierten des virtuellen Datensatzes in NC-Datensätze. Diese werden abschließend in das Fertigungssystem geladen werden. [TIMM90; TÜCK12]

Der Fräsprozess

Das Fräsen dient der Erzeugung der Werkstückkontur und wird in der Industrie vollständig automatisiert durchgeführt. Dadurch werden eine hohe Bauteilreproduzierbarkeit und Prozessstabilität erreicht. Die Fräsbearbeitung kann in die Bearbeitungsschritte »Schruppen« und »Schlichten« unterteilt werden. Der Schruppprozess zeichnet sich durch hohe Zeitspanvolumina aus, wobei ein Aufmaß zur finalen Bauteilkontur berücksichtigt wird. Das verbleibende Aufmaß wird im Anschluss mit einen Schlichtfräsprozess entfernt, dessen Anforderungen wiederum eine hohe Maßgenauigkeit und Oberflächengüte darstellen. Das Schlichten wird i. d. R. durch eine Hochgeschwindigkeitszerspanung (»HSC-Fräsen«) realisiert. Neben dem Fräsen wird auch das Erodieren als trennendes Verfahren eingesetzt. [FALL96; TÜCK12]

Die manuelle Feinbearbeitung

Der Fräs- oder Erodierprozess hinterlässt auf der Werkstückoberfläche Bearbeitungsspuren. Diese entstehen insbesondere nach dem Fräsen durch die Kinematik der Prozessführung und der Geometrie des Werkzeugs. Mithilfe eines sich anschließenden Schleifprozesses werden die nach dem Fräsen verbliebenen Bearbeitungspuren entfernt und eine definierte Oberflächengüte erstellt. Abhängig von Formwerkzeugtyp und den Kundenanforderungen wird die zu erreichende Oberflächengüte durch Schleifen aber auch Honen bis hin zur Hochglanzpolitur mittels Polierwerkzeugen erreicht. Die Werkzeuge variieren von einfachen Ziehsteinen bis hin zu elektrisch oder pneumatisch angetriebenen Systemen. Mithilfe einer strategischen Handführung (siehe Kapitel 2.3.3) der Feinbearbeitungswerkzeuge können manuell gezielt Strukturen wie z. B. eine »Strichpolitur« oder ein »Kreuzschliff« eingebracht oder im Rahmen einer »Hochglanzpolitur« weitestgehend vermieden werden. [ARGM97; BOHN18; TÜCK12]

Die teilautomatisierte Feinbearbeitung

Auf wissenschaftlicher und industrieller Ebene wurden Anstrengungen unternommen, um die Feinbearbeitung im Werkzeug- und Formenbau zu automatisieren. Trotzdem liegt der Anteil der Automatisierung im Werkzeug- und Formenbau bei lediglich circa 10% [WANG19]. Mit Sondermaschinen und Robotern konnten im Bereich der Fertigung großer Werkzeuge, z. B. Tiefziehwerkzeuge in der Automobilindustrie und rotationssymmetrischen Formen Erfolge einer Teilautomatisierung erzielt werden [GROE08; SEVA92; STRE21].

Die Automatisierungsansätze gliedern sich analog zur manuellen Prozedur nach dem Fräs- oder Erodierschritt ein. Sie zielen darauf ab, den Anteil der manuellen Feinbearbeitung zu reduzieren und die Reproduzierbarkeit sowie Wirtschaftlichkeit zu erhöhen [DENK03; TÖNS02].

Aktuelle Ansätze basieren analog zum Fräsprozess auf einer CAD/CAM-Bahnprogrammierung. Der Schritt der teilautomatisierten Feinbearbeitung ist zumeist auf Bauteile geringer Komplexität limitiert. Bauteilflächen mit anspruchsvoller Gestalt in Form von variierenden Krümmungen, Kanten und gezielt einzustellende Oberflächen (z. B. Kreuzschliff, Abformpolitur) erfordern zumeist eine manuelle Nachbearbeitung. [ANDR12; KLOC14; URBA09]

Bauteilqualifikation durch Tuschieren und Erprobung

Als abschließender Schritt zur Herstellung eines Formwerkzeugs wird das Werkzeug in einem sogenannten »Try-Out«-Prozess auf seinen Gegenpart eingepasst. Dieser Fertigungsschritt dient dazu unerwünschte Unregelmäßigkeiten auf der Oberfläche anzugleichen. Toleranzabweichungen entstehen durch die Vorprozesse (Fräsen, sich lösende Eigenspannungen etc.). Die Abstimmung der Form wird in einer Testpresse durchgeführt. Durch Auftragen von Tuschierfarbe und einem anschließenden Aneinanderpressen der Werkzeuge werden Druckstellen auf der Form sichtbar und können manuell abgetragen werden. Der Vorgang wird iterativ ausgeführt, bis keine Druckstellen auf der Oberfläche mehr zu erkennen sind. Abschließend werden Testbauteile mit Hilfe dieser Werkzeuge um- bzw. urformend hergestellt und auf Fehlstellen untersucht. Die identifizierten Fehlstellen werden dann im Bereich der Form aufgesucht und durch lokale Nacharbeit entfernt. [TRAU15; WAGN15]

2.1.3 Technische Randbedingungen von Formwerkzeugen

Technical boundary conditions of molding tools

Hinsichtlich ihres Einsatzzwecks lassen sich Hohlformwerkzeuge für die Serienfertigung in Spritz- und Druckgießwerkzeuge, Schmiedegesenke, Hinterschäum- und Tiefziehwerkzeuge unterteilen. Bedingt durch die Vielfalt der Werkzeuge variieren sowohl die gestalterische Komplexität, Werkzeuggröße, Werkstoffauslegung, Anforderungen an die Oberflächengüte als auch die Prozesskette der Herstellung. Formwerkzeuge bzw. Hohlformwerkzeuge sind als Werkzeuge definiert, welche die zu erzeugenden Formteile als Gegenform enthalten und diese durch ein- oder mehrstufige Fertigungsverfahren erzeugen. Wesentliche Fertigungsverfahren sind das Ur- und Umformen sowie Trennen und Fügen. [EVER98, S. 26, S. 148; TIMM90]

Geometrie von Hohlformwerkzeugen

In **Abbildung 2-3** sind schematisch die grundlegenden Werkzeugtypen (a) in Relation zur Formflächengröße sowie der größenanteiligen Fertigung (b) dargestellt. Hierbei zählen Tiefziehwerkzeuge und Kunststoffspritzgießwerkzeuge für Großteile mit Formflächengrößen von circa 1 - 2 m^2 zu den größten Werkzeugen für die Serienproduktion [TIMM90].

Ein exemplarisches Anwendungsfeld für diese Werkzeugtypen, sind Außenhautbauteile für die Automotive-Industrie. So werden für Kraftfahrzeuge Blechkomponenten wie das Dach, die Motorhaube, die Heckklappe und der Kotflügel mithilfe des Tiefziehens hergestellt, wobei Kunststoffkomponenten wie Front- oder Heckschürze mittels Spritzgießen erzeugt werden [WAGN15].

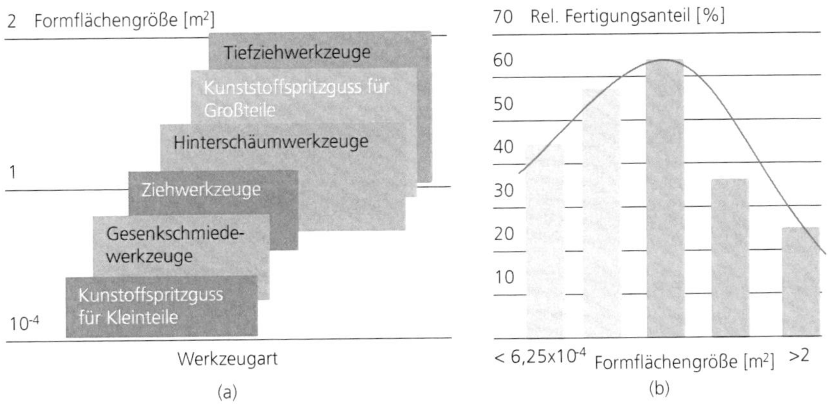

Abbildung 2-3: Formflächengröße in Abhängigkeit des Werkzeugtyps (a) sowie deren prozentualer, größenabhängiger Fertigungsanteil (b) [TIMM90]

Mold surface size as a function of the mold type (a) and its percentage, size-dependent manufacturing share (b)

In Abhängigkeit der Werkzeugart variieren auch Werkzeugkomplexität und -krümmung [TIMM90]. In **Abbildung 2-4** sind die wesentlichen Arten von Werkzeugkrümmungen unterteilt. So kann zwischen konvexen Krümmungen mit positiven Radiusvorzeichen und konkaven Krümmungen mit negativem Vorzeichen bis hin zu Freiformflächen unterteilt werden [DRIE18]. Je größer der Radius, desto flacher ist eine Krümmung und je kleiner der Radius, desto stärker die Krümmung.

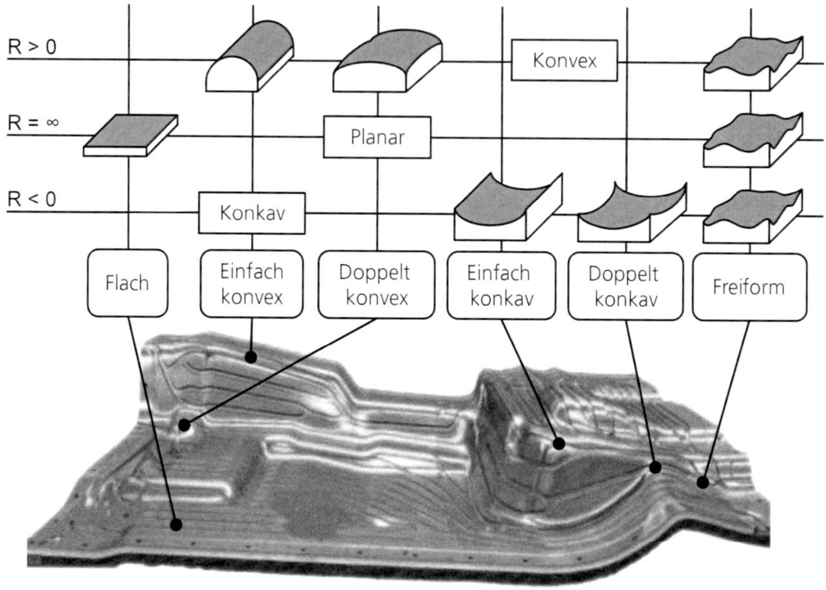

Abbildung 2-4: Krümmungsarten und deren Beschreibung am Beispiel eines Formwerkzeugs [DRIE18; FRAU15]
Types of curvature and their description using the example of a molding tool

In **Abbildung 2-5** ist der Oberflächenanteil in Abhängigkeit zur Art (a) und des Radius (b) der Oberflächenkrümmung dargestellt.

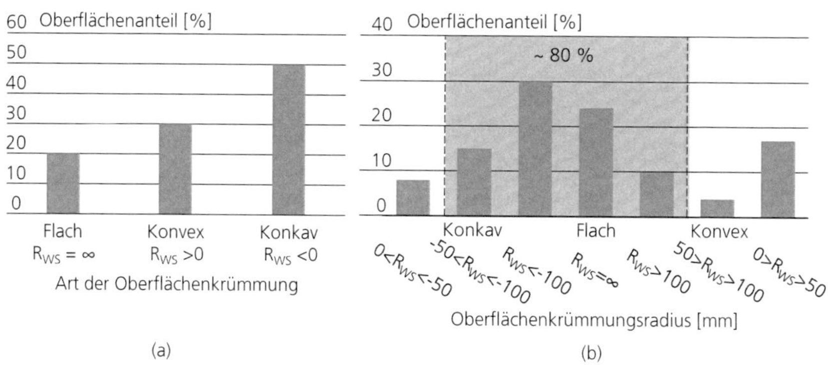

Abbildung 2-5: Oberflächenkrümmungsarten und Krümmungsradien von Formwerkzeugen [DRIE18]
Surface curvature types and radii of curvature of molding tools

Die grundlegende Beobachtung ist, dass eine Häufung konkaver und konvexer im Vergleich zu flachen Flächenanteilen besteht. Ein wesentlicher Anteil der auftretenden konkaven Krümmungen weist mittlere bis große Radien auf, wohingegen im Bereich konvexer Radien ein hoher Relativanteil mit R_{ws} < 50 mm auf kleine Radien entfällt. Mit einem Anteil von circa 70 - 80% ist ein Großteil der vorkommenden Krümmungen flach oder auf große (R_{ws} ~ 100 mm) – sowohl konvexe als auch konkave Radien bzw. Krümmungen beschränkt. Ein Anteil von 20 - 40% der Werkzeugfläche entfallen auf mittlere und kleine konkave und konvexe Radienbereiche. Zudem wurde in der Studie festgestellt, dass in einer Reihe von 25 analysierten Formwerkzeugen der Anteil an Freiformflächen mit circa 2% gering ausfällt, der Rest entfällt auf ein- oder mehrfach gekrümmte Radienbereiche und ebene Flächen. [DRIE18]

Anforderungen an die Werkzeuggestalt und -oberfläche

Im Werkzeugbau werden hohe Anforderungen an die Form- und Maßhaltigkeit sowie Oberflächengüte gestellt. Über die DIN 4760, ein Ordnungssystem zur Klassifizierung von Gestaltabweichungen, ist eine Unterteilung vorgenommen [DIN82]. Die Gestaltabweichungen teilen sich in Abweichungen 1. bis 4. Ordnung auf (siehe **Tabelle 2-2**) und werden anhand der Art und möglichen Entstehungsursache unterschieden. Zu jeder Abweichung sind Beispiele benannt.

Allen Ordnungen der Gestaltabweichungen ist gemein, dass sich deren Aggregation zu der Ist-Oberfläche ausbildet. Die Ist-Oberfläche ist in diesem Kontext als das messtechnisch-erfasste, angenäherte Abbild der realen Oberfläche eines Formelements zu betrachten. [DIN82]

Tabelle 2-2: **Ordnungssystem von Gestaltabweichungen nach DIN 4760 [DIN82; KREI18]**
Classification system of geometrical deviations

Gestaltabweichung	Beispiele für die Art der Abweichung	Beispiele für die Entstehungsursache
1. Ordnung: Formabweichung 	Geradheits-, Ebenheits-, Rundheits Abweichungen	• Fehler in den Führungen der Werkzeugmaschine • Durchbiegung der Maschine oder des Werkstücks • Falsche Einspannung des Werkstücks
2. Ordnung: Welligkeit 	Wellen	• Außermittige Einspannung • Form- und Laufabweichungen eines Fräsers • Schwingungen der Werkzeugmaschine oder des Werkzeugs
3. Ordnung: Rauheit 	Rillen	• Form der Werkzeugschneide • Vorschub oder Zustellung des Werkzeugs
4. Ordnung: Rauheit 	Riefen Schuppen Kuppen	• Vorgang der Spanbildung (Reißspan, Scherspan, Aufbauschneide)
Gestaltabweichungen 1. bis 4. Ordnung Überlagern sich zu der Ist-Oberfläche		<u>Beispiel:</u> 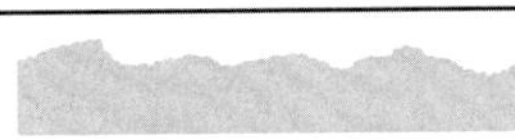

Kenngrößen zur Beschreibung des Oberflächenprofils und -rauheit

Die zwei- und dreidimensionale Rauheit von Oberflächen wird mithilfe taktiler Tastschnitt- und optischer Messverfahren bestimmt. Im Wesentlichen sind für zweidimensionale Tastmessungen folgende Kennwerte relevant [DIN10; DIN90]:

- die arithmetische Rauheit *Ra*
- die gemittelte Rautiefe *Rz*
- die maximale Rautiefe *Rt*

Zur 3D-topografischen Auswertungen werden u. a. folgende Kennwerte eingesetzt [DIN12]:

- Die mittlere arithmetische Höhe *Sa*
- Die mittlere quadratische Höhe *Sq*
- Die maximale Höhe *Sz*

Einteilung gängiger Oberflächenqualitäten

Die Anforderungen an die Werkzeugoberfläche sind wegen der vielfältigen Anwendungen von Formwerkzeugen unterschiedlich. Während das Tiefziehen von Blechen aufgrund eines auftretenden Belastungskollektivs hohe Anforderungen an die Belastungsfähigkeit der Werkstoffe gepaart mit tribologisch reibungsminimiert ausgelegten Oberflächen stellt, steht im Spritzguss eine gute Entformbarkeit bei hoher Oberflächengüte im Vordergrund. Die jeweiligen Anforderungen erfordern individuelle Oberflächennachbearbeitungsprozeduren, um die erwünschte Oberflächengüte zu erreichen. Die angestrebten Oberflächengüten bewegen sich in den folgenden Bandbreiten [KÖNI21; TIMM90; TÜCK12]:

- Umformwerkzeuge: Ra = 0,5 - 1,5 µm, $Rz \leq$ 3 µm
- Spritzgießwerkzeuge: Ra = 0,005 - 0,1 µm, $Rz \leq$ 0,2 µm

Im Allgemeinen kann in der Feinbearbeitung im Werkzeug- und Formenbau zwischen drei erzielten Oberflächengüten unterschieden werden [BÖHL16; GOOS17; TIMM90]:

- Strichpolitur, Rz = 0,7 - 4 µm
- Glanzpolitur, Rz = 0,1 - 2 µm
- Hochglanzpolitur, Rz = 0,05 - 0,2 µm

Die **Strichpolitur** bzw. **»Entformungspolitur«** wird mit Ziehsteinen, Schleiffeilen oder Schleifleinen der Körnung nach FEPA-Standard F120 - F320 bzw. P240 - P800 ausgeführt. Sie wird angewendet, um durch Vorprozesse (Frässtrukturen, Funkenerosionsstrukuren) induzierte Unebenheiten und Hinterschneidungen zu entfernen und eine formtreue, funktionale Oberfläche zur klemmfreien Entformung von Werkzeugen beim Spritz- oder Druckgießen zu gewährleisten [BÖHL16]. Die Strichpolitur weist eine gerichtete Textur auf, welche sich »strichförmig« entlang der Werkzeugrichtung ausprägt. Des Weiteren dient die Strichpolitur als Oberflächenvorbereitung für sich anschließende Polier- und Veredelungsverfahren (Nitrieren, Narben). Basierend auf den wirkenden Zerspanmechanismen stellt die Strichpolitur einen Schleifvorgang dar, da in der Regel mit gebundenem Abrasivkorn nachgearbeitet wird. Es werden Rauheiten von Ra = 0,1 - 0,4 µm und Rz = 0,7 - 3,2 µm erreicht [BÖHL16].

Die **Glanzpolitur** wird oftmals mit Polierfilz und Diamantpaste mit einer finalen Korngröße von 3 - 6 µm durchgeführt. Vordergründiges Ziel ist die Erstellung einer glänzenden Oberfläche mit einem homogenen visuellen Eindruck. Gerichtete Strukturen sind nicht erkennbar. Die Makrogestalt ist in Bezug auf Ebenheit, scharfe Kanten und Winkeligkeit zweitrangig. Repräsentative Bauteile sind Spritz- und Druckgusssichtteile für Haushaltsartikel und Klarsichtteile. Typische Oberflächenrauheiten sind $Ra \sim$ 20 - 30 nm. [BÖHL16; TÜCK12]

Die **Hochglanzpolitur** wird mit Polierfilz, -tuch und Paste und einer finalen Diamantkorngröße von circa eins bis sechs ausgeführt. Sie stellt höchste Anforderungen sowohl an Glanz als auch an die

Maß- und Formhaltigkeit des Werkzeugs. Ziel ist es, eine spiegelnde Oberfläche zu erzeugen, welche frei von visuell wahrnehmbaren Strukturen ist. Typische Oberflächenrauheiten sind 6 - 20 nm. Anwendungen sind z. B. Presswerkzeuge für optische Produkte (Kontaktlinsen etc.). [REBE09; WALK04]

2.2 Das Feinbearbeitungsverfahren Schleifen

The finishing process grinding

Das Schleifen ist ein Feinbearbeitungsverfahren bei dem mit unbestimmter Werkzeugschneide Material zerspant wird. Die Zerspanung erfolgt durch in den Werkstoff eingreifende Schleifkörner. Dem Begriff »Feinbearbeitung« werden Verfahren zugeordnet, welche zu einer Verbesserung der Oberflächengüte und Maßgenauigkeit von Bauteilen eingesetzt werden. Im Werkzeugbau werden vornehmlich die Verfahren Schleifen, Läppen, Honen und Polieren genutzt. [KLOC17a]

Das übergeordnete Ziel der Feinbearbeitung ist es, die durch den Fräs- oder Erodierprozess induzierten Bearbeitungsspuren zu entfernen und eine definierte, den Anforderungen an das Werkzeug entsprechende Oberflächengüte einzustellen [HUIS02; TIMM90]. Des Weiteren wird die Feinbearbeitung zur Korrektur auftretender Formfehler eingesetzt. [MEYE98; TIMM90]

2.2.1 Aufgabe des Schleifens

Task of grinding

Die Aufgaben der Feinbearbeitung können stichpunktartig wie folgt zusammengefasst werden [TIMM90; TÜCK12]:

1. Entfernen der Fräszeiligkeit / Oxidschicht
2. Korrektur von Formfehlern und Defekten
3. Einstellen der geforderten Oberflächengüte und -textur

Das Schleifen wird hauptsächlich aufgrund einer hohen Zerspanleistung für das Entfernen der Fräszeiligkeit sowie die Korrektur von Formfehlern bzw. Defekten (z. B. Übergänge) eingesetzt. Die Sollkontur muss hierbei bestmöglich erhalten werden, so dass dem Handwerker ein hohes Feingefühl abverlangt wird. Eingesetzte Werkzeuge sind Schleifleinen für stark gekrümmte und Ziehsteine für schwach gekrümmte Bereiche des Formwerkzeugs. Die Schleifbearbeitungszeit und aufgebrachte Anpresskraft in Kombination mit der Bearbeitungsstrategie sind entscheidend für ein gleichmäßiges Schliffbild. Elektrisch und pneumatisch betriebene Handwerkzeuge mit Schleiftellern, -Stiften und Ziehsteinen kommen ebenfalls zum Einsatz. Bedingt durch eine schlechte Einstellbarkeit des Abtrages ist der Einsatz von Handwerkzeugen lediglich auf das grobe Entfernen der Frässpuren limitiert. [HAMM98; TIMM90; TÜCK12]

Prozessabfolge in der Feinbearbeitung

Die Prozessabfolge der Feinbearbeitung (**Abbildung 2-6**) von Formwerkzeugen richtet sich nach der zu erreichenden Oberflächengüte und ist abhängig von Formwerkzeugtyp und Einsatzzweck des Werkzeugs. Für Umformwerkzeuge besteht sie im Wesentlichen aus Schleifprozessen, Spritzgießwerkzeuge werden mit Qualitäten bis hin zur Hochglanzpolitur erstellt [TÜCK12]. Den dargestellten Rauheitswerten sind genormte Rauheitskennzahlen (N1-8) und zur Erreichung dieser entsprechende Feinbearbeitungsverfahren zugeordnet [DIN02]. Die Schleif- und Poliermittel sind nach der FEPA-Norm klassifiziert [KLOC17a].

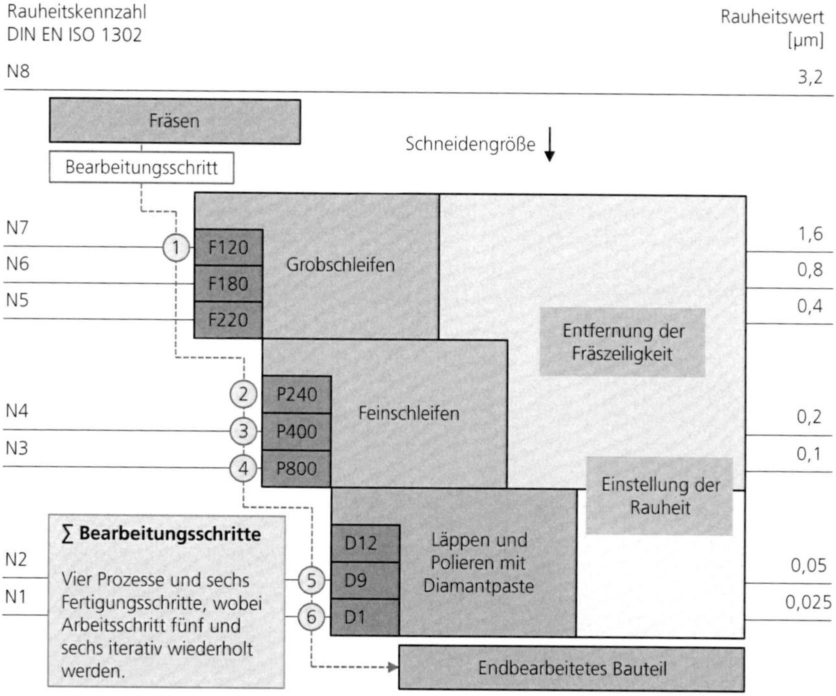

Abbildung 2-6: Prozessabfolge des Schleifens im Kontext der Feinbearbeitung [BOTZ09; DRIE18; HAMM98; TIMM90; VOES18]
Process sequence of grinding in the context of fine machining

Die manuelle Feinbearbeitung unterscheidet hierbei den Schleifprozess in das Grob- und Feinschleifen. Von Bedeutung sind eine vollständige Entfernung der Fräszeiligkeit und das Nivellieren der Übergänge bereits nach dem Grobschleifen. Das Feinschleifen fokussiert mehr die Einstellung der Referenzrauheit als die Korrektur von Formabweichungen. [TIMM90]

Eine nicht hinreichende Schleifprofiltiefe beim Grobschleifen wird erst bei späteren Feinschleifprozessen sichtbar. So kann eine falsche Prozessausführung am Anfang zu aufwendigen Nacharbeiten führen, da i. d. R. eine iterative Bearbeitung erfolgt. So geht der Feinbearbeiter schrittweise von einer groben auf eine feine Körnung. [HAMM98; TIMM90]

Die Verfahren sind in Abhängigkeit der Kornschneidengröße eingeteilt. Bei Anforderungen im Glanz- bzw. Hochglanzbereich wird das Polieren und Läppen mit Diamantpaste mit kleiner werdender Schneidengröße bei steigenden Rauheitsanforderungen eingesetzt. Der Fokus des Polierens und Läppens liegt aufgrund des verfahrensbedingten, niedrigen Materialabtrags weniger in der Fräszeiligkeitsentfernung als in der Einstellung einer definierten Rauheit bis in den Nanometerbereich. [DRIE18; SUZU05; TÜCK11]

Kinematische Rauheit nach dem Fräsen und Schleifen

In **Abbildung 2-7** sind ein Fräser im Eingriff auf einem Formwerkzeug (a) und schematisch die durch das Fräsen induzierte kinematische Rauheit (b) mit ihren wesentlichen Einflussfaktoren dargestellt.

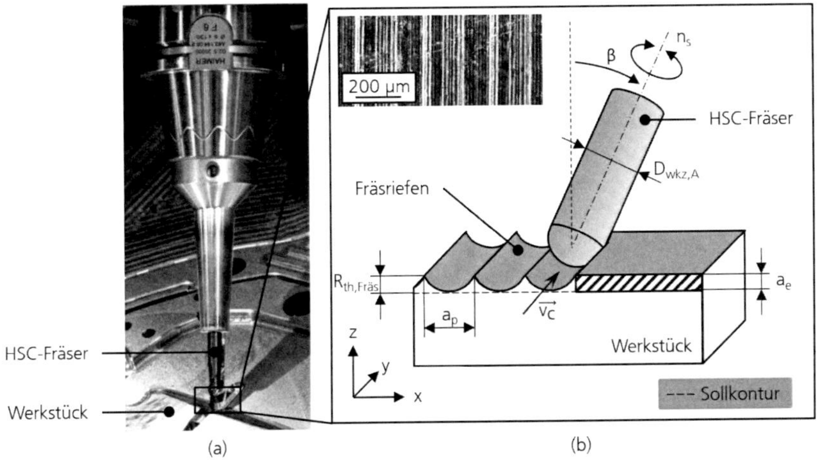

Abbildung 2-7: Schematische Darstellung der kinematisch induzierten Fräszeiligeit [FALL00]
Schematic representation of the kinematic milling structure

Kinematische Rauheit tritt in Form von Frässpuren bzw. -riefen während der Zerspanung auf der Bauteiloberfläche auf. Wesentliche Einflussfaktoren sind hierbei Werkzeuggeometrie und -durchmesser $D_{wkz,A}$, der Werkzeuganstellwinkel β, die Spindeldrehzahl n_s, sowie die Zustellung a_e, der Bahnabstand a_p und der Werkzeugvorschub v_f. Durch die genannten Prozessstellgrößen resultiert die kinematische Rautiefe $R_{t,Fräs}$, welche für das Fräsen mit Kugelkopffräsern, für ebene Flächen mithilfe des Werkzeugdurchmessers $D_{wkz,A}$ und des Bahnabstands a_p wie folgt angenähert werden kann [FALL00]:

$$R_{t,Fräs} = \frac{D_{wkz,A}}{2} - \sqrt{\frac{D_{wkz,A}^2 + a_p^2}{4}} \qquad \text{Gl. 2-1}$$

Die Näherungsformel ermöglicht eine Prüfung der theoretischen Rautiefe $R_{t,Fräs}$, welche sich wiederum in Analogie zur gemessenen, mittleren Rautiefe Rz setzen lässt. Über einen Abschätzungsfaktor von 0,1 - 0,125 lässt sich die arithmetische Rauheit Ra auf Basis der theoretischen Rautiefe, unter Vernachlässigung auftretender Einflüsse des Zerspanungsvorgangs, abschätzen [BOTZ09].

Die Einschätzung der theoretischen bzw. maximalen Rautiefe ist für die Auslegung des Feinbearbeitungsprozesses elementar, da auf der Basis einer Messung bzw. des Abschätzens die Feinbearbeitungsstrategie gewählt wird. In Abhängigkeit der Ausprägung der Fräsrillen wird die Ausgangskorngröße des Schleifmittels festgelegt. Entscheidend für eine wirtschaftliche Fertigung ist ein ausgewogenes Verhältnis zwischen Aufwand und Nutzen. Ein feines Fräsbild reduziert Kosten in der Nachbearbeitung. Dies kann jedoch aufgrund kleiner Zeilenabstände unwirtschaftlich in Relation zur Soll-Oberflächengüte sein. [BOTZ09; GRAN15; TÜCK12]

Beim Schleifen entsteht ebenfalls ein Teil der Oberflächenstruktur durch eine als kinematische oder geometrische Rauheit bezeichnete Komponente [VOGT17]. Diese kann durch die Werkzeugform sowie die Bearbeitungsstrategie und Prozessparameter beeinflusst werden. Auch das Eindringen der Körner in die Werkzeugoberfläche erzeugt kinematische Bearbeitungsspuren [KLOC17a].

2.2.2 Grundlagen des Schleifens

Basics of grinding

In **Abbildung 2-8** ist das Schleifen im Vergleich zu einer Vielzahl für den Werkzeug- und Formenbau relevanter Feinbearbeitungsverfahren eingeordnet. Das Schleifen kann zu den Verfahren mit der höchsten Zerspan- bzw. Abtragsleistung verortet werden [TIMM90].

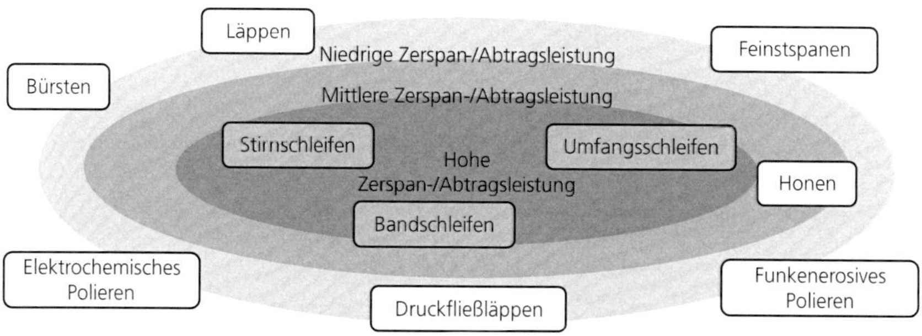

Abbildung 2-8: Einteilung von Feinbearbeitungsverfahren in Bezug auf die Abtragleistung [TIMM90]
Classification of common fine machining processes with regard to the removal performance

Hierzu zählen das Bandschleifen, Stirnschleifen und Umfangsschleifen. Ein Feinbearbeitungsverfahren mit mittlerer Zerspanleistung ist das Honen, welches vornehmlich zum Einglätten von Rauheitsspitzen zur Erstellung technischer Oberflächen verwendet wird. Verfahren mit geringer Zerspanleistung sind das funkenerosive Polieren, Druckfließläppen, Feinstspanen, elektrochemische Polieren sowie Bürsten, die zum finalen Polierfinish eingesetzt werden. [TIMM90]

Wesentliche Einflussgrößen beim Schleifen

Die Zerspanleistung ist wiederum von verfahrensspezifischen Einflussgrößen abhängig. Die wesentlichen Einflussgrößen für das Schleifen können wie folgt stichpunktartig zusammengefasst werden [GRUB91; TIMM90; WANG09; ZHAN02]:

1. Stirnschleifen: Schnittgeschwindigkeit, Vorschub, Zustellung/Anpresskraft, Korngröße
2. Umfangsschleifen: Schnittgeschwindigkeit, Zustellung/Anpresskraft, Korngröße
3. Bandschleifen: Schnittgeschwindigkeit, Anpresskraft, Korngröße

Bei weggesteuerten Schleifprozessen wird die Schleifprofiltiefe über die Zustellung eingestellt. Beim kraftgeführten Schleifen beeinflusst die applizierte Anpresskraft bzw. der Druck in der Kontaktzone zwischen Werkzeug und Werkstück die Schleifprofiltiefe [GEHR93; TIMM90; TÜCK12].

In **Abbildung 2-9** ist der Einfluss der Anpresskraft und Spindeldrehzahl auf die Schleifprofiltiefe bei einem kraftgeführten Schleifprozess dargestellt. Die Schleifprofiltiefe z_a korreliert positiv mit der Anpresskraft F_N. Randbedingung der Versuche war, dass die Kontaktzone zwischen Werkzeug und Werkstück bei einer Kraftänderung unverändert bleibt, so dass die Anpresskraft proportional mit der

Flächenpressung zu- und abnimmt. Die Kraftabhängigkeit der Schleifprofiltiefe nimmt bei gröberem Schleifkorn zu. [TÜCK12]

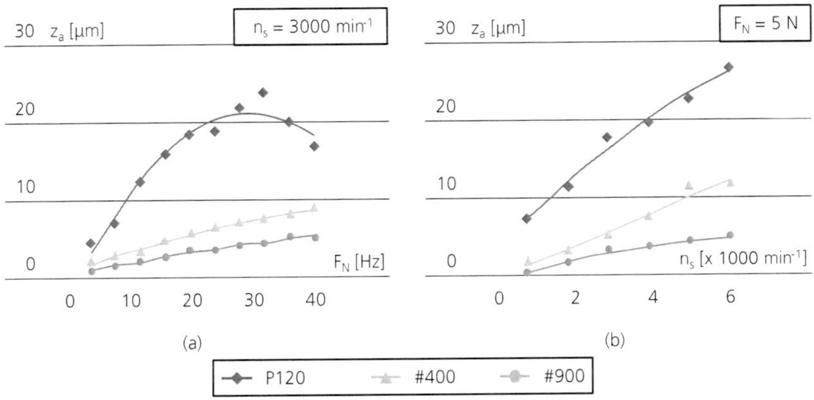

Abbildung 2-9: Einfluss der Anpresskraft und Spindeldrehzahl auf die Schleifprofiltiefe [TIMM90; TÜCK12]
Influence of contact force and spindle speed on the grinding profile depth

Die eingestellte Spindeldrehzahl n_s weist ebenfalls einen linearen Anstieg hin zu einer höheren Schleifprofiltiefe auf, wobei auch hier eine kleinere Korngröße zu einer höheren Schleifprofiltiefe führt [TÜCK12].

Wirkprinzipien im Schneideneingriff

Die Feinbearbeitungsverfahren unterliegen zudem im Schneideneingriff verschiedenen Wirkprinzipien (siehe **Abbildung 2-10**), die sich in energiegebunden, kraftgebunden, bahngebunden und raumgebunden aufteilen [KLOC17a].

Das Schleifen ist ein Verfahren mit gebundenem Korn und hauptsächlich als bahngebunden zu identifizieren, da die Eingriffsbahn der Werkzeugschneide bzw. des Korns in einer von der Werkzeug- und Prozesskinematik abhängigen Bahn über die Werkstückoberfläche geführt wird. Eine Ausnahme stellen jedoch gummigebundene Werkzeuge dar, welche sowohl einem bahn- als auch kraftgebundenen Wirkprinzip unterliegen. Dies ist darin begründet, dass das in der Gummibindung eingebettete Korn zwar starr gehalten wird, jedoch eine Grenzanpresskraft benötigt, um aus der Gummibindung hervor gedrückt zu werden und einen effektiven Schneideneingriff zu erreichen. Als energiegebundenes Verfahren ist exemplarisch das Strahlspanen zu nennen. Kraftgebundene Verfahren werden durch das Gleit- und Strömungsschleifen repräsentiert, das Läppen ist ein raumgebundenes Verfahren. [KLOC17a]

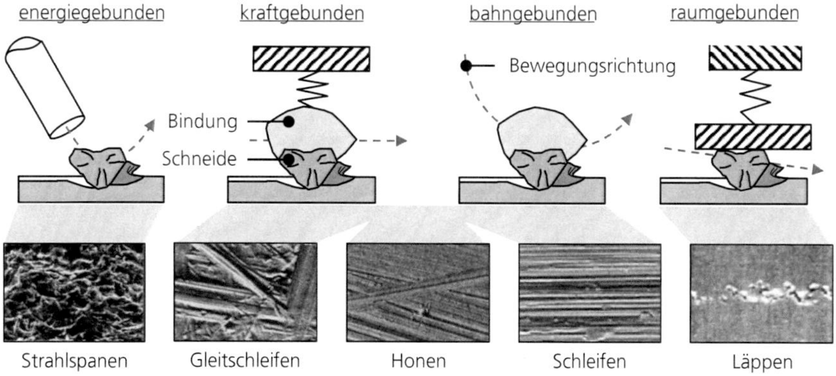

Abbildung 2-10: Wirkprinzipien der Feinbearbeitung [KLOC17a]
Operating principles of fine machining

Spanbildung beim Schleifen

In **Abbildung 2-11** ist der Spanbildungsmechanismus des Schleifens dargestellt. Das Schleifkorn dringt, fixiert in einem Bindungsmedium, auf einer definierten Eindringbahn mit der Schnittgeschwindigkeit $\vec{v_c}$ in die Oberfläche ein. Beim Penetrieren der Oberfläche wirken sowohl Tangential- als auch Normalkräfte (F_T, F_N) auf die Werkzeugschneide und -bindung sowie das Werkstück. Der Verlauf des Schneidkorns über die Eindringbahn kann in drei Phasen unterteilt werden. [KLOC17a]

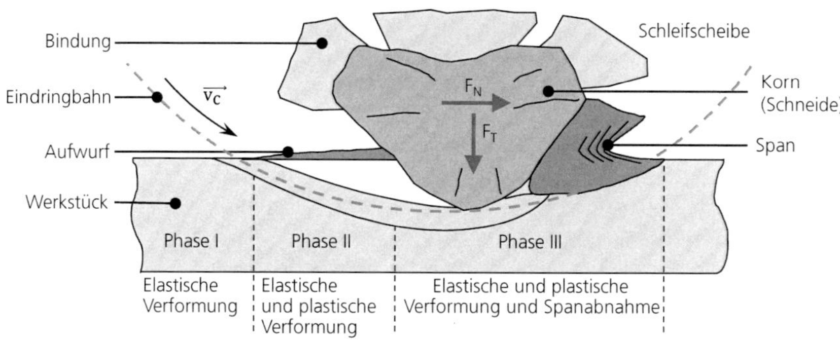

Abbildung 2-11: Phasen der Spanbildung beim Schleifen [KLOC17a]
Phases of chip formation during grinding

In der ersten Phase findet eine elastische Verformung statt, welche in ein Fließen des Werkstückwerkstoffs in einer zweiten Phase übergeht. Zu Anfang äußert sich das Fließen des Werkstoffs in einem Aufwurf, der abhängig vom Schneidwinkel des Korns in einer Spanbildung resultiert. Die Spanbildung erreicht in Phase III ihr Maximum. Abschließend wird der Spahn während dieser bis hin zum Kornaustritt abgeführt. [KLOC17a]

Abrasionsmechanismen in Abhängigkeit von Kraftschwellenwerten beim Schleifen

Neben den Phasen der Spanbildung können für das Schleifen Kraftschwellenwerte (siehe **Abbildung 2-12**) für verschiedene Spanbildungsmechanismen identifiziert werden. Die Spanbildungsmechanismen lassen sich in das Mikrofurchen, Mikropflügen, Mikrospanen-Fließspannen, Mikrospanen und Schälspanen unterteilen. In Abhängigkeit des Spanbildungsmechanismus wird eine charakteristische Oberflächentopografie erzeugt. So weist das Mikrofurchen eine inhomogene Struktur bei niedriger Rauheit auf, wohingegen das Mikrospanen und Schälspanen ein Schliffbild mit klarer Struktur bewirkt. Die spezifische Normalkraft F'_N hat neben der Änderung des bezogenen Zeitspanvolumens Q'_w einen Einfluss auf das Erscheinungsbild der Oberfläche. [MART92]

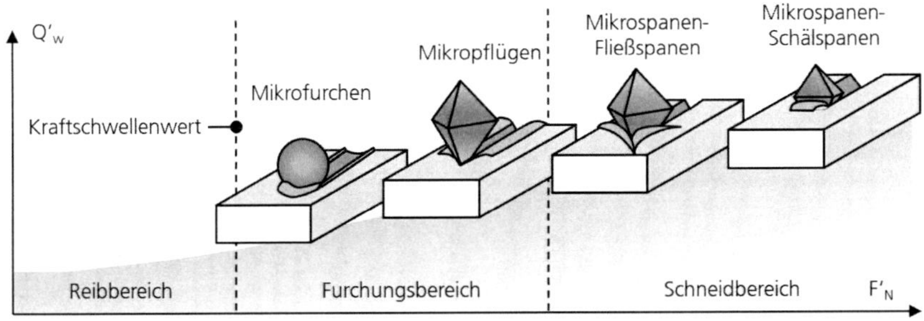

Abbildung 2-12: Verschiedene Spanbildungsmechanismen in Abhängigkeit spezifischer, auf das Werkzeug wirkender Normalkraftschwellenwerte [HAHN75; MART92]
Various chip formation mechanisms depending on specific normal force thresholds acting on the tool

Kinematik am Beispiel eines halbkugelförmigen Schleifstifts

In **Abbildung 2-13** ist die Kinematik eines kraftgeführten Schleifprozesses mit halbkugelförmigen Schleifstift im Arbeitseingriff auf einem Werkstück dargestellt.

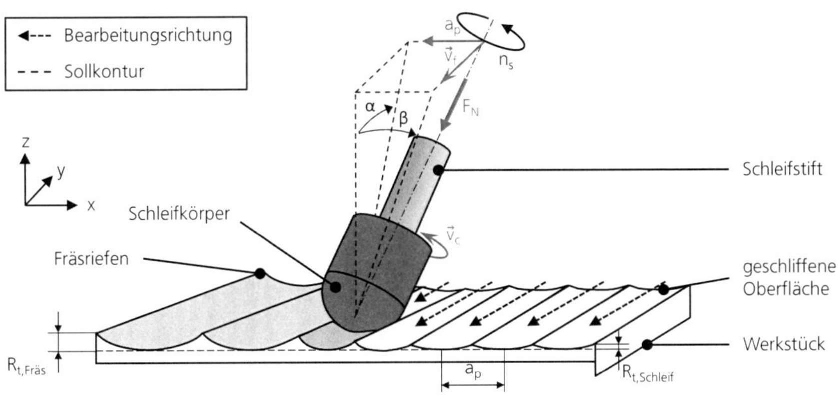

Abbildung 2-13: Kinematik des kraftgeführten Schleifens mit einem halbkugelförmigen Schleifstift [DRIE18; FALL00]
Kinematics of force-guided grinding with a hemispherical mounted point

Die Kornbewegung des Schleifkörpers wird durch die Werkzeuganpresskraft F_N, den Werkzeugbahnabstand a_p, die Richtung der Werkzeugschnittgeschwindigkeit $\vec{v}_c$ in Relation zum Werkzeugvorschub $\vec{v}_f$ sowie die Werkzeugorientierung in Abhängigkeit der Anstellwinkel α und β beeinflusst. Die Kornschnittgeschwindigkeit $\vec{v}_c$ ist abhängig von der Drezhahl n_s und der Orientierung des Werkzeugs. Der Verlauf der Schnittgeschwindigkeit ist vergleichbar mit dem Schnittgeschwindigkeitsverlauf eines kugelförmigen Fräsers [FALL00]. Die kinematische Rauheit nach dem Fräsen ist als $R_{t,Fräs}$ dargestellt. Die kinematische Rauheit nach dem Schleifen ist als $R_{t,Schleif}$ skizziert.

Die relative Kornbewegungsrichtung im Eingriff kann in, entgegen und quer zur Werkzeugvorschubrichtung orientiert sein. In Abhängigkeit der Orientierung können verschiedene Schleifmodi vorliegen. Das Gleichlaufschleifen beschreibt den Schleifmodus, bei der die Vektoren der Werkzeugschnittgeschwindigkeit als auch des Werkzeugvorschubs parallel in dieselbe Orientierung weisen. Das Gegenlaufschleifen beschreibt parallel-oppositiv angeordnete Richtungsvektoren. [KLOC17a]

Aufbau von Schleifwerkzeugen

In **Abbildung 2-14** ist eine schematische Darstellung des Wirkspalts eines Schleifprozesses im Korneingriff dargestellt. Abrasivmedien bei Schleifprozessen sind zumeist Korund, Siliziumcarbid, kubisches Bornitrid sowie Diamantkorn. Das Kornmaterial wird unter Einbezug technischer und wirtschaftlicher Randbedingungen eingesetzt. Man kann prinzipiell zwischen herkömmlichen Kornwerkstoffen (Korund, Siliziumcarbid) und superharten Kornwerkstoffen (Diamant, cBN) unterscheiden. Superharte Kornwerkstoffe wie Diamant werden zum Schleifen von Keramiken und schwer zerspanbaren Nickelbasislegierungen verwendet. Sie zeichnen sich durch hohe bis sehr hohe Werkzeugstandzeiten aus. Aufgrund einer i. d. R. konvexen Form des Korns dominiert ein negativer Spanwinkel γ im Werkzeugeingriff. [KLOC17a; MALK08a]

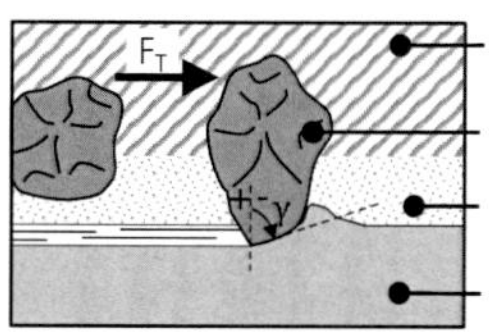

Abbildung 2-14: Schematische Darstellung des Wirkspalts eines Schleifwerkzeuges im Werkzeugeingriff [GRUN21; KLOC17a]

Schematic representation of the effective gap of a grinding tool in tool engagement

Kornbindungen unterscheiden sich in Härte und Porosität und beeinflussen die Kühl-/Schmier-eigenschaften sowie die Zerspanleistung. Die Kornarten und-größen werden nach nationalen und internationalen Standards kategorisiert. Eine härtere Bindung weist i. d. R. höhere Haltekräfte als eine weiche Bindung auf (v. a. Tangentialhaltekräfte F_T), so dass die Zerspanleistung härterer Bindungen oftmals höher ist [KLOC17a; MALK08b].

Bei den Bindungsarten ist zwischen ein- und mehrlagig gebundenen Schleifwerkzeugen zu unterscheiden. Als einlagige Bindungen sind beispielhaft galvanische Bindungen zu nennen, mehrlagige Bindungen sind in Form von gesinterten, keramischen oder metallischen Bindungen vertreten. Als weitere mehrlagige Bindungen sind gummibasierte sowie Kunststoff- und Kunstharzbindungen zu nennen. [KLOC17a; MALK08b]

Bewegungsabläufe und Bahnführung

Während des Feinbearbeitungsvorgangs führt die Fachkraft ein eingeschultes Bewegungsmuster mit wiederkehrenden Bewegungen aus, das auf verschiedene Funktionen abzielt. Zum einen soll eine Beeinträchtigung der Formhaltigkeit durch unerwünschte Abtragsspitzen vermieden werden und zum anderen soll die Handführung eine gezielte homogene bzw. auch inhomogene Topografie erzeugen. Eine Reihe von Bewegungsmustern wurde bereits wissenschaftlich untersucht und ist in **Abbildung 2-15** schematisch dargestellt. Die Muster unterteilen sich in ein »Z-Raster«, ein spiralförmiges, ein »Sägezahn«- bzw. »Wippenmuster« und ein randomisiertes Muster [BOHN18]. Das »Sägezahn«- Muster wurde als zusätzliche, oszillierende Bewegung identifiziert. Die Muster können sich zu »Mixpfaden« überlagern und in verschiedenen Orientierungen auftauchen. Einsatzzweck der Muster ist das Erreichen eines homogenen Schliffbilds bei einem möglichst konstanten flächenbezogenen Abtrag. [BOHN18]

Eine Analyse der Pfadüberdeckung der manuellen Bahnführung hat eine inhomogene Bearbeitungsabfolge ergeben, die jedoch durch gezielte lokale Anpresskraftregelung das Gesamtergebnis positiv zu einem homogenen Abtragsprofil beeinflusst [BÖHL16; BOHN18].

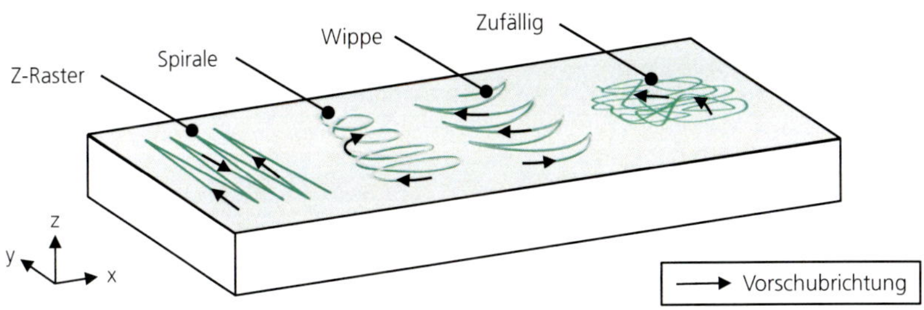

Abbildung 2-15: Bewegungsmuster der manuellen Werkzeugbahnführung [BOHN18]
Types of manual tool path guidance

Darüber hinaus wird in der Feinbearbeitung der Kreuzschliff als Mixpfad angewendet. Das bedeutet, dass die Bewegungsmuster in 0°-, 45°- und 90°-Orientierung zur Oberfläche überlagert werden. Hierdurch werden die Formgenauigkeit verbessert, der Materialabtrag erhöht und Bearbeitungsfehler besser identifiziert. [BOTZ09]

Bahnführungsstrategien in der automatisierten Feinbearbeitung

Bahnführungsstrategien der automatisierten Feinbearbeitung orientieren sich im Wesentlichen an den Strategien der manuellen Bahnführung. Eine Zusammenfassung der wesentlichen Bahnstrategien ist in **Abbildung 2-16** dargestellt. Neben den klassischen Raster- und Spiralbahnführungen sind nahezu stochastisch verteilte, auf Algorithmen basierende Zufallsbahnen, die sogenannten HILBERT-Kurven, PEANO-Bahnen und Pseudo-Random-Bahnen zu nennen [BOHN18; DRIE15; DRIE18; KLOC14; TÜCK12].

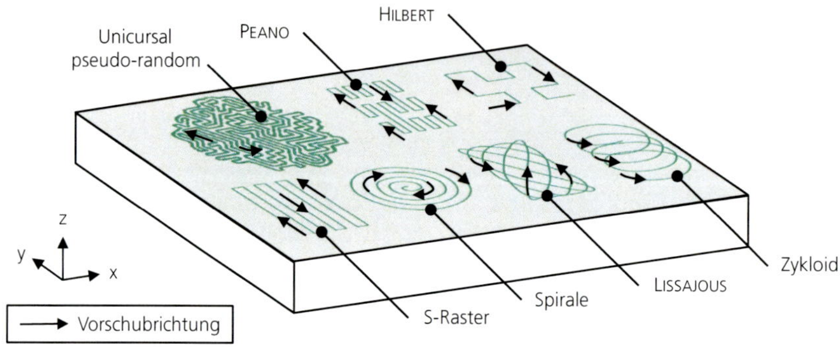

Abbildung 2-16: Werkzeugbahnstrategien in der automatisierten Feinbearbeitung [DRIE18]
Tool path strategies in automated precision machining

Diese Art der Bahnführung adressiert die Reduktion von unerwünschten, durch die Prozesskinematik bestehenden Bearbeitungsspuren, welche durch das Ausführen von »S-Raster« bzw. »ZickZack« oder Spiralbahnen entstehen können [DRIE18; DUNN08]. In Analogie zur Fräsbearbeitung und den entstehenden kinematischen Bearbeitungsspuren (siehe Kapitel 2.3.1) können auch durch den Feinbearbeitungsprozess derartige Spuren erzeugt werden [HAMB]. Weitere Anstrengungen zur Reduktion der bei der Rasterbearbeitung auftretenden Bearbeitungsspuren bestehen darin, den klassischen Werkzeugbahnen zusätzliche Werkzeugwege durch eine Kombination verschiedener Bahnführungsstrategien zu hinterlegen. Die Anwendung komplexer Bahnführungsstrategien gestaltet sich in der Praxis als sehr aufwendig und ist mitunter auf Bauteile mit geringer Komplexität limitiert [DONG95; DRIE18; LACH12; PESS09; RYUH06; WENZ06].

2.2.3 Der Einsatz von Schleifstiften für gekrümmte Werkzeugstahloberflächen

The use of mounted points for curved tool steel surfaces

Die Nachbearbeitung komplexer Konturen im Werkzeugbau erfordert den Einsatz von Kombinationen verschiedener Kinematiken, die dem Plan-, Außenrund-, Innenrund- und Freiformschleifen entsprechen. Moderne 5-Achs-Werkzeugmaschinen und Roboter ermöglichen den Einsatz von flexiblen Schleifkinematiken. [KLEI15; MÜHL96]

Schleifstifte werden sowohl händisch zur Nachbearbeitung kleiner, gekrümmter Flächen als auch in Werkzeugmaschinen und mit Robotern eingesetzt. Vorteil der Werkzeuge ist, dass sie eine vergleichbare Geometrie zu Schlichtfräsern (z. B. Kugelkopf, Torus) aufweisen und seitens der NC-Programmierung dem Schlichtfräsen ähnelt. In Kombination mit 5-Achs-Werkzeugmaschinen wird eine flexible Prozesskinematik mit hoher Werkzeugzugänglichkeit erreicht, so dass komplex gekrümmte Werkzeugkonturen automatisiert geschliffen werden können. Neben dem NC-Formschleifen werden Schleifstifte auch in Kombination mit Werkzeughaltern mit aktiver und passiver Kraftregelung eingesetzt [BÖß07; MEYE98; TAWA10a; TÖNS01].

Schleifstifte werden in Rahmen der Bauteilnachbearbeitung in verschiedensten geometrischen Ausführungen, Korn- und Bindungsarten eingesetzt. Zur Nachbearbeitung von geschlichteten Bauteilen aus Werkzeugstahl haben sich gummigebundene Schleifstifte bewährt. So können mit diesen

Schleifstiften Zielrauheiten von Ra < 0,3 µm im Anschluss an die Schlichtfräsbearbeitung erreicht werden. Mit kraftgeregelten Systemen sind Schleifbearbeitungen mit Schleifstiften in Kugelform bzw. mit abgesetztem, stirnseitigem Radius eingehend beschrieben [DRIE15; NAGA03; TÜCK12].

In **Abbildung 2-17** ist die Kinematik eines kraftgeführten Schleifstifts mit stirnseitig abgesetztem Fasenwinkel α^* skizziert. Die Orientierung des Schleifstiftes kann sowohl in einem Voreilwinkel α als auch Kippwinkel β eingestellt werden, wodurch eine hohe kinematische Flexibilität erreicht wird. Die Wirkfläche im Eingriff begrenzt sich dabei auf die Fasenfläche, welche sich aus der Differenz der Durchmesser $D_{wkz,A}$ und $D_{wkz,I}$ ergibt. Zur Vermeidung von Null-Schnittgeschwindigkeiten und Minimierung einer durch Verschleiß bedingten Kontaktzonenänderung kann der Bereich $D_{wkz,I}$ mit einer Innenbohrung versehen werden. [HÄHN18]

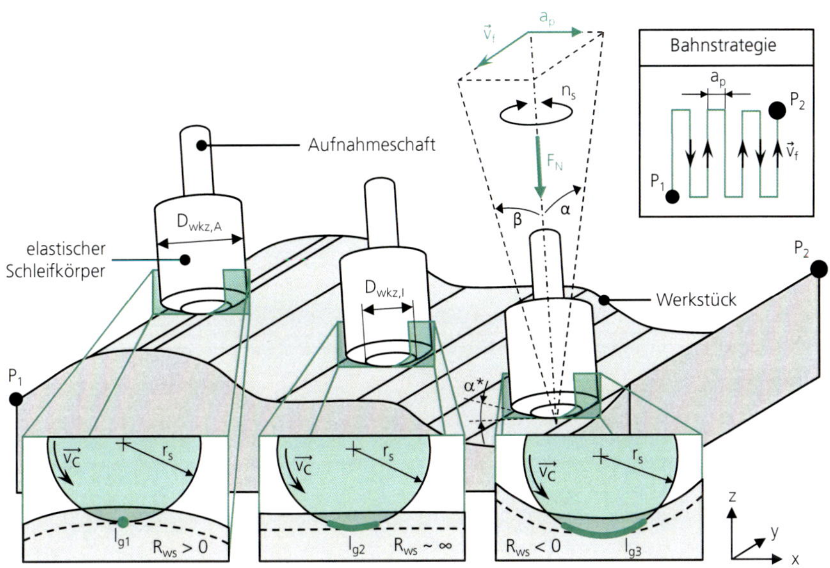

Abbildung 2-17: Flexible Kinematik eines Schleifstifts im Eingriff auf einer variierend gekrümmten Werkzeugkontur mit dargestellter Änderung der Kontaktlänge l_g [HÄHN18; HÄHN19; KLEI15]
Flexible kinematics of a mounted point in engagement on a variably curved tool contour with depicted change in contact length lg

Mit einer 5-Achs-Bearbeitung kann das Werkzeug mit einer Orientierung in Relation zur Werkzeugoberfläche eingestellt werden, so dass die die Werkzeugfase bei sich ändernden Eingriffsverhältnissen jederzeit vollständig im Eingriff ist. Prozessgrenzen durch limitierte Anstellwinkel sind von der Kraftregelung und Werkzeugzugänglichkeit abhängig. Als Bahnstrategie ist beispielhaft eine S-Raster-Strategie dargestellt. Vorteil einer Fasenwirkfläche im Vergleich zu einer sich im Eingriff befindenden Kugelfläche ist, dass idealisiert ein Linienkontakt und kein punktförmiger Kontakt auf der Oberfläche besteht. So ist aufgrund von Werkzeugverschleiß von einer Änderung der Grundkörperform auszugehen, was durch einen linienförmigen Kontakt einer Fasenfläche reduziert bzw. vermieden werden kann.

Kontaktzonenänderung im Werkzeugeingriff auf gekrümmten Oberflächen

Schematisch dargestellt ist eine sich bei variierender Krümmung ändernde Kontaktlänge l_g des Schleifstiftes. So besteht bei einer konvexen Werkstückkrümmung mit $R_{ws} > 0$ mm eine geringe Kontaktlänge l_g im Vergleich zu einem Werkzeugeingriff auf einer konkaven Oberflächenkontur $R_{ws} < 0$ mm. Der kleinere Umschlingungswinkel äußert sich in einer geringeren Kontaktfläche im Werkzeugeingriff. Die flächenabhängige Pressung im Wirkspalt zwischen Werkzeug und Werkstück nimmt bei kleiner werdender Kontaktfläche zu.

Bei einem kraftgeregelten Schleifprozess kann der Zusammenhang zwischen der Schleifprofiltiefe und dem Druck im Schneideneingriff grundlegend basierend auf der PRESTON-Gleichung vereinfacht wie folgt beschrieben werden [PRES27]:

$$\text{Zeitabhängige Schleifprofiltiefe} \rightarrow \frac{dz}{dt} = K \cdot p_{kon} \cdot v \text{ ; } wobei\ p_{kon} = \frac{F}{A} \qquad \text{Gl. 2-1}$$

Demnach korreliert die Schleifprofiltiefe proportional mit der im Wirkspalt zwischen Werkzeug und Werkstück bestehenden Pressung p_{kon}. Die Pressung ist wiederrum von dem Verhältnis der Anpresskraft F und der Kontaktfläche A abhängig. Entsprechend lässt sich ableiten, dass eine Kraftänderung Abweichungen der Kontaktzone kompensieren und eine konstante Pressung einstellen kann. Diese Kraftänderung kann durch eine Kraftregelung im Prozess beigeführt werden. Die PRESTON-Gleichung findet im Bereich der Feinbearbeitung breite Anwendung [DAMB05; GRAN15; LI08; TSAI05].

2.3 Das kraftgeregelte Schleifen

The force-controlled grinding

Das kraftgeregelte Schleifen beruht auf der manuellen Nachbearbeitung von Werkzeugformen, bei welcher die Fachkraft die gewünschte Oberflächenbeschaffenheit durch einen kraftgeführten Prozess erreicht. Eine Änderung der Form des Werkstücks soll bei dieser Prozedur i. d. R. möglichst vermieden werden [BOHN18; HUSM19; TIMM90]. Elementare Vorgabe bei der Feinbearbeitung ist es, die Form der Wirkflächengeometrie des Werkzeugs nicht zu verändern [TIMM90]. Beim händischen Schleifen gewährleistet dies die Fachkraft zum einen durch eine gezielte Bahnführung und zum anderen durch ein gezieltes Anpassen der Anpresskraft des Werkzeugs an die Oberflächengeometrie [TIMM90]. Die Sensitivität, Adaptivität und Flexibilität durch eine Anpresskraftanpassung sind im Rahmen der händischen Bearbeitung ein wesentliches Erfolgskriterium für eine effiziente, formtreue Feinbearbeitung [TURN18]. In Analogie zu dem händischen Verfahren wurden bereits in den späten 80er Jahren erste Anpresskraftregelungssysteme entwickelt, welche maschinen- und roboterbasiert eingesetzt wurden, um Formwerkzeuge automatisiert fein zu bearbeiten [LILL88; SEVA92].

Arten der Kraftregelung

Das kraftgeregelte Schleifen kann in eine aktive und eine passive Form der Kraftanpassung unterschieden werden. Aktiv geregelte Systeme regeln die Anpresskraft über einen geschlossenen Regelkreislauf unabhängig von der Werkzeugtrajektorie. Passiv geregelte Systeme realisieren eine Anpresskrafteinstellung über eine Werkzeugnachgiebigkeit oder das Messen einer Kraft und die anschließende Einstellung der Kraft durch Anpassen der Werkzeugführungstrajektorie. Die Kraftregelung forciert in der Regel die Einstellung einer definierten, konstanten Kraft während des Prozesses. So kompensiert die Kraftregelung entweder über eine Änderung des Weges oder eine Aktorik auftretende, gemessene Kraftänderungen während des Schleifprozesses und korrigiert diese [GÜVE97; RASM88; SRIN95]. In dieser Arbeit wird diese Art der Prozessführung als Konstantkraftregelung bezeichnet.

Unter einer *Variationskraftregelung* soll somit im Folgenden verstanden werden, dass die Anpresskraft während des Prozess gezielt variiert wird, um die sich bei einer durch Änderung der Kontaktzone im Schneideneingriff (durch z. B. eine variierende Oberflächenkrümmung oder Elastizität des Werkzeuges bedingt) ändernden Kontaktbedingungen zu adressieren. Die Anpassung via Variationskraftregelung zielt hierbei auf die Einstellung einer konstanten Flächenpressung zwischen Werkstück und Werkzeug ab, wodurch eine gleichmäßige Schleifprofiltiefe während des Schleifprozesses erreicht werden soll.

2.3.1 Systeme für das kraftgeregelte Schleifen

Systems for force-controlled grinding

Um den vielfältigen Anforderungen der Feinbearbeitung gekrümmter Oberflächen gerecht zu werden, wurde die Entwicklung verschiedener Feinbearbeitungsmodule vorangetrieben. TÜCKS ET AL. entwickelten eine Feinbearbeitungsspindel, die verschiedene Schleif- und Polierverfahren bedienen kann [TÜCK12]. So kann ein anpresskraftgeregelter Schleif- und Polierprozess realisiert werden und durch einen variablen Exzenter die Kinematik der Feinbearbeitung angepasst werden. Dies ermöglicht, dass zum einen ein konventioneller Schliff als auch eine Exzenterschleifbearbeitung realisiert werden können. WILBERT ET AL. untersuchten den Einsatz von druckluftgeregelten axial- nachgiebigen Werkzeughaltern sowie radial-nachgiebigen Spindeln mit Verwendung von Schleifstiften und translatorischen Werkzeugmodulen mit Honsteinen untersucht . Als Maschinensystem wurde ein 6-Achs-Knickarm-Roboter genutzt, die Bahnprogrammierung wurde offline über CAD/CAM-Systeme erzeugt. Der Einsatz verschiedener Feinbearbeitungsmodule zielt darauf ab, eine Werkzeugzugänglichkeit komplex geformter Bauteile zu erreichen. So ermöglichen radial-nachgiebige Module die Feinbearbeitung von Wandflächen, axial-nachgiebige Werkzeuge eignen sich insbesondere für eine stirnseitige Bearbeitung. [DRIE12; DRIE15]

Die Forschungsergebnisse der radialen Schleifbearbeitung einer Kavität (Versuchsaufbau siehe **Abbildung 2-18**) legen dar, dass ein hoher Automatisierungsgrad von komplexen Bauteilen durch die Nutzung von Schleifstiften erreicht werden kann, die erzielten Zeitspanvolumina jedoch unterhalb der manuellen Bearbeitung liegen. Als ein Grund wird genannt, dass während der automatisierten Feinbearbeitung ein zusätzlicher Arbeitsschritt zur Homogenisierung der kinematisch induzierten Schleifspuren und Entfernung eines Grates notwendig ist [DRIE12; DRIE15].

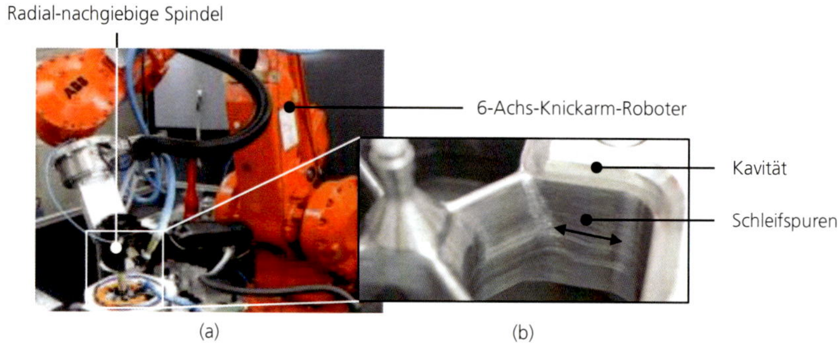

Abbildung 2-18: Abbildung des Versuchsaufbaus mit einem 6-Achs-Industrieroboter (a) und Nahansicht des geschliffenen Bauteils mit kinematisch induzierten Schleifspuren (b) [DRIE15]
Illustration of the experimental setup with a 6-axis industrial robot (a) and close-up view of the ground component with kinematically induced grinding tracks (b)

HÄHNEL ET AL. beschreiben eine modular rekonfigurierbare Roboterzelle (siehe **Abbildung 2-19**), welche über einen 6-Achs-Knickarm-Roboter verfügt, der über den Endeffektor verschiedene Module eintauschen kann [HÄHN18].

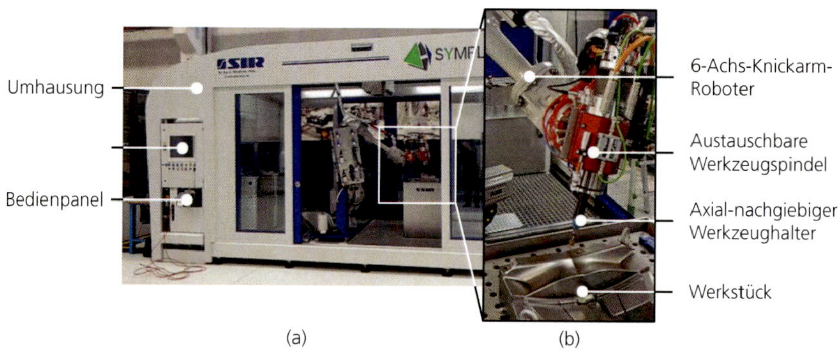

Abbildung 2-19: Abbildung der SYMPLEXITY-Roboterzelle (a) mit Detailansicht des Spindelmoduls mit eingespanntem axial-nachgiebigen Werkzeughalter (b) [HÄHN18; TURN18]
Illustration of the SYMPLEXITY robot cell (a) with detailed view of the spindle module with clamped axial compliant tool holder (b)

Der modulare Aufbau ermöglicht den Einsatz von Messtechnik und verschiedenen Fertigungsverfahren. So kann eine Maschinenspindel mit verschiedenen Werkzeugsystemen (axial-nachgiebige Werkzeughalter, linear oszillierendes Honmodul) eingesetzt werden, aber auch ein »Fluidjet-Prozess« oder Rauheitsmessungen ausgeführt werden. Darüber hinaus ist das System kollaborativ für eine Interaktion von Menschen und Maschine ausgelegt. [HÄHN18; TURN18]

Werkzeughalter für das roboterbasierte und maschinenintegrierte Schleifen

Ansätze für die maschinenintegrierte und roboterbasierte Feinbearbeitung sehen den Einsatz von nachgiebigen Werkzeugen oder Werkzeughaltern in konventionellen Werkzeugmaschinen oder Robotern mit Verwendung von Maschinenspindeln vor [MÜLL14; WOLL21]. Die Systeme sind in verschiedenen Orientierungen sowohl axial- als auch radial nachgiebig und können ohne aufwendige Apparaturen in eine konventionelle CNC-Maschine oder mit einem Roboter integriert bzw. eingesetzt werden. [HIA21; SCHM22]

Für eine Werkzeugmaschine werden in Abhängigkeit des eingesetzten Schleifmediums Schleifstaubfilter und eine Kapselung der Maschinenachsen vorgenommen. Die Nachgiebigkeit der Systeme kompensiert Achs- und Referenzierungsfehler sowie Werkzeugverschleiß und stellt eine vor Prozessbeginn einstellbare Anpresskraft in der Kontaktzone ein, so dass eine Veränderung der Wirkflächengeometrie weitestgehend vermieden werden kann. Marktverfügbare Werkzeugaufnahmen sind sowohl rotatorisch als auch translatorisch verfügbar [HIA21; SCHM22].

In **Abbildung 2-20** (a) ist ein axial-nachgiebiges Werkzeugsystem der Firma HI-AUTOMIZE GmbH dargestellt. Die auf das Werkstück projizierte Anpresskraft kann sowohl über eine Druckluftregelung als auch Federmodule eingestellt werden. Der Werkzeughalter kann in ein HSK-Spannfutter einer Werkzeugmaschine aufgenommen werden. Der Antrieb des Werkzeugs erfolgt direkt über die Roboter- oder Maschinenspindel. [HIA21]

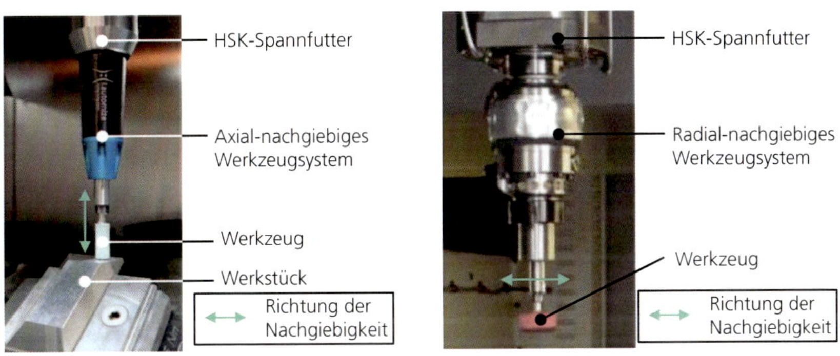

Abbildung 2-20: Passiv-kraftgeregelter, axial-nachgiebiger Werkzeughalters (a) und radial-nachgiebiger Werkzeughalter (b) für das automatisierte Schleifen [SCHM22; WOLL21]
Axially compliant toolholder (a) and a radially compliant toolholder (b) for automated grinding

In Abbildung 2-20 (b) ist ein radial-nachgiebiges Werkzeugsystem der Firma SCHMIDT&WEZEL GmbH dargestellt. Das Werkzeug wird ebenfalls in ein HSK-Spannfutter montiert. Die Radialkrafteinstellung wird über eine Stellmutter vorgenommen, welche eine Feder vorspannt. Der Antrieb des Schleifwerkzeugs erfolgt über eine in dem System verbaute Druckluftspindel. [SCHM22]

2.4 Modellierung des Arbeitseingriffs von elastischen Schleifwerkzeugen

Modeling of the working engagement of elastic grinding tools

Die Modellierung von Schleifprozessen zielt auf eine verbesserte Vorhersagbarkeit zur Erreichung einer erhöhten Prozessstabilität und Verbesserung des Fertigungsergebnisses ab. So wurden bereits eine Reihe an wissenschaftlichen Untersuchungen durchgeführt, um die meist auf Erfahrungen basierende Prozessparametrisierung durch z. B. Simulationstools zu objektiveren. Bei der Modellierung von Schleifprozessen kann zwischen Modellen für weggesteuerte Verfahren (z. B. Wälzschleifen, Kegelradschleifen) und einen kraftgeregelten Arbeitseingriff unterschieden werden. Während Modellansätze für weggesteuerte Verfahren Schleifkräfte als Belastungskenngrößen ermitteln, wird bei der Modellierung eines kraftgeregelten Arbeitseingriffs die Schleifkraft i. d. R. als Stellgröße betrachtet. So erfolgt eine Prozessauslegung weggesteuerter Verfahren auf Basis der Vermeidung von simulierten bzw. berechneten Maximalkraftwerten und anderen Belastungsgrößen (z. B. maximale Spanungsdicke $h_{cu,max}$) [WERN71]. Eine Prozessauslegung eines kraftgeregelten Prozesses forciert in der Regel eine gezielte Einstellung der berechneten Prozesskräfte. Zur Simulation des Werkzeugeingriffs sind Simulationstools, welche Spanungskenngrößen zur Prozesskraftberechnung mithilfe von Durchdringungsrechnungen ermitteln, beschrieben. SOLF hat am Beispiel des Kegelradschleifens den Einfluss einer Nachgiebigkeit zwischen Werkzeug und Werkstück und sich dadurch ändernden Kontaktbedingungen untersucht [SOLF22]. Die Erkenntnisse wurden in ein erweitertes numerisches Simulationsmodell integriert, welches im Werkzeugmaschinenlabor WZL der RWTH Aachen entwickelt wurde [MALK08b; SOLF22; WERN71].

Modellierung für den kraftgeregelten Arbeitseingriff

Die Prädiktion des Werkzeugeingriffs in der Kontaktzone zwischen Werkzeug und Werkstück kann in Materialtrennungsansätze, die kontaktzonengeometrische Modellierung und Druckverteilungsvorhersagen unterteilt werden. Anwendung finden vor allem die PRESTON-Hypothese, das ARCHARD-Verschleißmodell sowie geometrische Modellierungsansätze vom Werkzeuggrundkörper bis hin zur detaillierten Aufschlüsselung einzelner Werkzeugschneiden. Die Modelle sind sowohl empirischer als auch physikalisch-analytischer Natur. Empirische Ansätze sind durch FEM-Modelle, teilempirische Ansätze durch die PRESTON-Modelle und analytische sowie analytisch-empirische Modelle durch die HERTZsche Pressung vertreten. Kombinationen der genannten Modellformen sind ebenfalls einschlägig wissenschaftlich untersucht [ADIB13; HEID14; KRET18; LUO98].

Der Fokus der Modelle unterliegt vorwiegend der Randbedingung der Aufbringung einer konstanten Anpresskraft während des Prozesses. Die geometrischen Modellierungsansätze sind auf Schleifteller, kugelförmige Schleifstifte bzw. den Einsatz von Umfangsschleifscheiben und -Stiften limitiert und mitunter sehr rechenaufwendig. Empirisch validierte Modelle für eine variationskraftgeregelte Anpresskraft zur Erreichung einer konstanten Schleifprofiltiefe bei einer flächigen Schleifbearbeitung von gekrümmten Oberflächen werden nicht adressiert [KRET18; QI16; SUN16; ZHAN02].

2.5 Schwingungsunterstützte Zerspanung

Vibration-assisted machining

Die Zerspanung mit Schwingungsunterstützung findet in Verfahren mit definierter sowie undefinierter Schneidengeometrie Anwendung. Die Ziele und der Einfluss des Einsatzes einer Zerspanung mit Schwingungsunterstützung sind vielfältig und können stichpunktartig wie folgt zusammengefasst werden [BLEI16; HESE09; RÜBE01; ZHEN20]:

- Verbesserung der Oberflächengüte durch Reduzierung der Rauheit
- Reduktion kinematisch induzierter Rauheiten und Bearbeitungsspuren
- Reduktion und Einstellung von einem gleichmäßigen Werkzeugverschleiß
- Verbesserung der Kühlung und Schmierung im Werkzeugeingriff
- Erhöhung des Zeitspanvolumens
- Verbesserung der Spanabfuhr

Im Folgenden werden die wesentlichen Verfahren der Zerspanung mit Schwingungsanregung beschrieben und unterteilt.

Verfahren mit definierter Schneidengeometrie

Der Begriff der »Schwingungsunterstützung« ist nicht eindeutig definiert, findet jedoch Anwendung im Bereich der ultraschallunterstützten Ultrapräzisionsbearbeitung mit definierter Schneidengeometrie. [GULL15]

Nach Rübenach ist die schwingungsunterstützte Zerspanung als Prozess definiert, bei welchem sich die Werkzeugschneide im Arbeitseingriff vom Span ablöst und einen intermittierenden Schnitt ausführt. Es besteht die Randbedingung, dass eine parallel zur Schnittrichtung verlaufende Schwinggeschwindigkeit größer als die Schnittgeschwindigkeit $\vec{v_c}$ der Werkzeugschneide sein muss. Mit der Annahme, dass die Werkzeugschwingung senkrecht zur Werkstückrotation und parallel zur Werkzeugschnittrichtung orientiert ist, kann die Bedingung für eine ultraschallunterstützte Zerspanung wie folgt formuliert werden [RÜBE01]:

$$\vec{v_c} < 2 \cdot \pi \cdot f_{osz} \cdot A_{Kon} \qquad \text{Gl. 2-2}$$

Rübenach et al. konnten zeigen, dass durch die hochfrequente Schwingungsanregung die erreichte Oberflächengüte verbessert, der Werkzeugverschleiß reduziert sowie das Zeitspanungsvolumen erhöht werden kann [BULL13; HESE09; RÜBE01].

Ein weiteres Verfahren ist die Schwingungszerspanung. Der Prozess wird mit hohen Schnittgeschwindigkeiten und niedrigen Frequenzen (ca. 100 Hz) eingesetzt. Die Oszillation realisiert einen kontrollierten Spanbruch bei lang spanenden Werkstoffen. [JAWA93; RÜBE01]

Verfahren mit undefinierter Schneidengeometrie

Das Schleifen mit Schwingungsanregung kann in Verfahren mit hoher Schwingungsanregungsfrequenz (ca. 20 - 40 kHz, sog. »ultraschallunterstützte Verfahren«), Verfahren mit mittlerer Schwingungsfrequenz (1 - 15 kHz) und Verfahren niedriger Schwingungsfrequenz (< 250 Hz) unterteilt werden. Die Schwingungsamplituden erreichen im Ultraschallbereich meist weniger als 25 Mikrometer. Bei niedrigen Schwingungsfrequenzen können Amplituden in einer Größenordnung von Millimetern erreicht werden. [BLEI16]

Tawakoli et al. haben zum ultraschallunterstützten Plan-Umfangs-Schleifen eine Verbesserung der Oberflächengüte, Reduktion der wirkenden Schleifkräfte sowie Änderung der Oberflächenstruktur mit einem erhöhten Tragflächenanteil erreicht [TAWA08].

Die Schwingungsanregung induziert eine wellenförmige Kornbewegung, wodurch eine Beeinflussung der Spanbildung und des Spanbruchs bis hin zu einem intermittierenden Schnitt auftritt. Wirkende Schleifkräfte werden verringert und Oberflächenrauheitswerte verbessert. Des Weiteren wird durch die Schwingungsanregung ein Flankenwechsel induziert, durch welchen die Schleifkörner im Eingriff mit benachbarten, überstehenden Schleifspuren in Kontakt kommen und diese abtragen. Der seitliche Korneingriff erscheint hierbei vorteilhaft, da der Grad der plastischen Verformung eines klassischen Korneingriffs reduziert und auf das Korn wirkende Kräfte gemindert werden können. Somit muss weniger Arbeit geleistet werden. Dadurch wird der Energieeintrag reduziert und wirkende Kräfte sowie Werkzeugverschleiß minimiert. [BLEI16; KLOC04; TAWA08]

2.5.1 Einkoppelung der Schwingung

Coupling of the vibration

Die Zerspanung mit Schwingungsanregung kann grundsätzlich in zwei verschiedenen Arten (siehe **Abbildung 2-21**), einer werkzeugseitigen und einer werkstückseitigen Anregung, eingekoppelt werden. Die Schwingungsrichtung kann sowohl einachsig als auch mehrachsig erfolgen. Vorteil einer Anregung des Werkzeugs ist die Flexibilität, mit welcher das schwingende Werkzeug bei einer sich verändernden Werkstückform angestellt werden kann. So kann z. B. eine gezielte Orientierung der Schwingrichtung erfolgen. Ein weiterer Vorteil ist, dass eine werkzeugseitige Schwingungsanregung i. d. R. keine Gewichtsabhängigkeit hat. So kann ein breites Werkstückspektrum bearbeitet werden, da der Prozess nicht durch ein Maximalgewicht des Bauteils limitiert ist. [BLEI16]

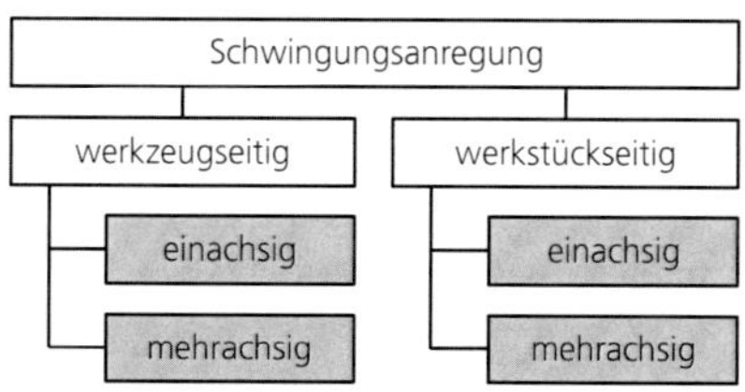

Abbildung 2-21: Arten der Schwingungsanregung [BLEI16]

Types of oscillation excitation

In **Abbildung 2-22** sind gängige Prozesskinematiken mit werkstückseitiger und werkzeugseitiger Schwingungsanregung am Beispiel des Flachschleifens, Umfangs-Längsschleifens und Einstechschleifens dargestellt [BLEI16].

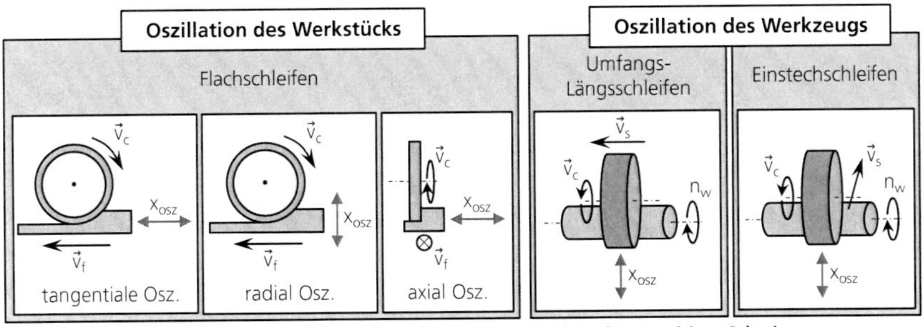

Abbildung 2-22: Typische Prozesskinematiken mit werkstück- und werkzeugseitiger Schwingungsanregung [BLEI16]

Typical process kinematics with vibration excitation at the back of the workpiece and on the tool side

Die Beaufschlagung der Schwingung kann indirekt über Resonanzschwingungen oder direkt über elektrische (Tauchspule, Piezo-Elemente, magnetostriktives Prinzip), hydraulische, pneumatische oder mechanische Elemente (Exzenter, Nocken) realisiert werden. Die Auslegung der Schwingungsbeaufschlagung erfolgt in Abhängigkeit der erzielten Frequenzen und Amplituden. Forschungsaktivitäten und industrielle Anwendungen sind vornehmlich mit elektromechanischen System ausgeführt [BLEI12; BLEI16; BREC10; KLOC04].

Kinematische Kornbewegung schwingungsunterstützter Schleifprozesse

Die Wirkrichtung der Schwingungsanregung kann im Wesentlichen in eine parallel und eine quer verlaufende Schwingung unterschieden werden [KLOC04]. In Abhängigkeit der Anstellung der Achsen und z. B. beim Einsatz mehrachsiger Schwingsysteme können zudem Schwingrichtungen auch überlagert werden. Die Ansteuerung des Werkzeuges kann sowohl kraft- als auch weggesteuert erfolgen [BLEI16].

In **Abbildung 2-23** sind die beiden verschiedenen Verfahrensprinzipien anhand einer werkzeugseitig schwingungsangeregten Anordnung dargestellt. Bei einer axialen Schwingungsanregung des Werkzeugs längs zur Vorschubrichtung (vgl. Abbildung 2-23 (a)) tritt ein intermittierender Korneingriff auf. Das Korn ist im Zeitraum Δt_E im Eingriff und während des Zeitraums Δt_A abgehoben. Beim einer Wirkrichtung der Schwingungsanregung quer zur Vorschubrichtung in lateraler Ebene befindet sich das Korn beständig im Eingriff und führt die über die Schwingung erzeugte Kornbewegungsbahn der Amplitude A_{osz} bzw. der Gesamtschwingungsauslenkung x_{osz} aus. In Abhängigkeit der Schwingungsanregung werden so die einzelnen Kornschneiden sinusförmig in Eingriff gebracht und können in den Nulldurchgängen höhere effektive Schnittgeschwindigkeiten erfahren. Darüber hinaus werden die Körner von zwei Seiten belastet und der Spanabbruch über eine flankenseitige Belastung der Schleifbahn beeinflusst. [BLEI16; KLOC04]

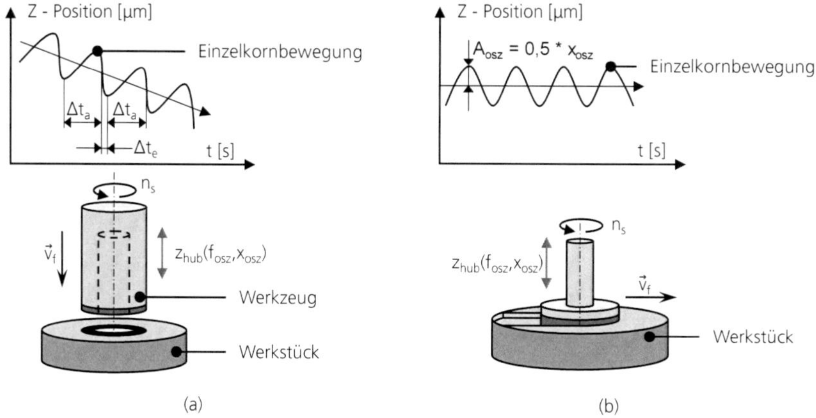

Abbildung 2-23: Kinematische Kornbewegung am Beispiel des Quer-Seiten- (a) und Quer-Umfangs-Schleifen (b) [KLOC04]

Kinematic grain movement using the example of transverse side (a) and circumferential grinding (b)

2.5.2 Schleifen mit werkzeugseitiger Schwingungsunterstützung

Grinding with tool-side vibration assistance

Ein Großteil wissenschaftlicher und industrieller Anwendungen beschäftigt sich mit der ultraschallunterstützten Schleifbearbeitung von Bauteilen. So existieren eine Reihe von Systemen und Vorrichtungen, welche in Kombination mit Maschinensystemen diesen Prozess umsetzen. Unter Einsatz von Piezoaktoren existieren Motorspindeln und Werkzeughalter, welche eine Ultraschallschwingung in axialer Richtung (entlang der z-Achse der Maschine) realisieren. Unter Einsatz einer Magnetlagerung sind zudem mehrachsige Schwingungen denkbar. Diese können Kombinationen aus axialen und radialen Schwingbewegungen darstellen. [BLEI16]

In **Abbildung 2-24** ist beispielhaft der Aufbau einer Ultraschallspindel dargestellt. Das Ultraschallschwingsystem besteht aus einem piezoelektrischen Schallwandler, einem Booster zur Verstärkung der Schwingamplitude und der Sonotrode bzw. dem Schleifteller zur Übertragung der Schwingung auf den Schleifbelag [BREC10]. Alle Komponenten des Systems sind auf dieselbe Eigenschwingungsfrequenz ausgelegt und eine stehende Longitudinalwelle mit fixen Schwingungsknotenpunkten bildet sich aus [BREC10].

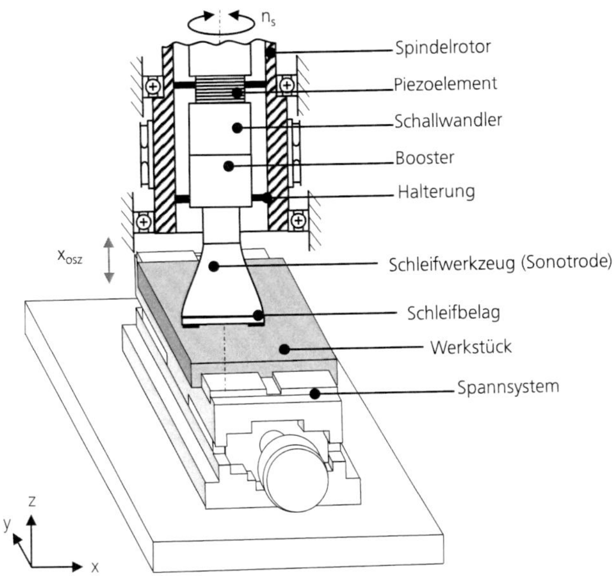

Abbildung 2-24: Aufbau einer Ultraschallschleifspindel [BREC10]

Structure of an ultrasonic grinding spindle

Der Einsatz einer Schwingungsunterstützung soll in dieser Arbeit in Bezug auf einen Einfluss auf die kinematische Rauheit des Schleifprozesses untersucht werden. So sollen prozessbedingte Werkzeugspuren reduziert bzw. minimiert werden. Wissenschaftliche Untersuchungen konnten bereits einen positiven Einfluss auf die Oberflächenbeschaffenheit bei niedrigen Frequenzen und hohen Amplituden zeigen [BLEI16; HÄHN19]. Im Folgenden werden Entwicklungen vorgestellt, welche Frequenzen im Hertz-Bereich bei Auslenkungen von Mikrometern bis hin zu Millimetern realisieren.

Maschinenbasiertes Schleifen mit Schwingungsunterstützung

Erste erfolgreiche Entwicklungen zur Schleifbearbeitung großer Werkzeuge wurden in Japan und Europa mit maschinenbasierten Ansätzen und kraftaktorisch angebundenen Werkzeugen verfolgt [DRIE18]. Als Basis eines der ersten Systeme dient die Kinematik eines 5-Achs-Portalmaschinensystems (3+2-Achskonfiguration), die mit einem modifizierten Feinbearbeitungskopf ausgerüstet ist [LILL88].

Wesentliches Unterscheidungsmerkmal des Feinbearbeitungskopfes zu konventionellen Spindeln ist eine in Richtung der z-Achse wirkende pneumatische Aktorik. Die Aktorik kann eine definierte, konstante Anpresskraft des Feinbearbeitungswerkzeugs während der Bearbeitung gewährleisten und Werkzeugverschleiß kompensieren. [LILL88]

Als Werkzeug werden bei einer beschriebenen Lösung (SEVA) ein linear oszillierender Ziehstein, bei einer anderen (HITACHI) wahlweise ein rotatorisches, bidirektional oszillierendes Polierwerkzeug (Spindeldrehzahl max. 3500 min^{-1}) für kleine Radien oder ein oszillierender Ziehstein für große Radien über die Werkzeugoberfläche geführt. [LILL88]

Während der Ansatz des Herstellers SEVA auf die Feinbearbeitung großer Radien beschränkt ist, ist mit HITACHIS Ansatz unter Berücksichtigung von Umbauaufwänden die Bearbeitung von sowohl großen als auch kleinen Radien bis 5 mm möglich [LILL88; SEVA92]. Eine Schleifbearbeitung mehrfach gekrümmter Radien kann jedoch aufgrund mangelnder Flexibilität bzw. Anpassungsfähigkeit des Systems nicht ausgeführt werden. Eine durchgängige Schleifbearbeitung kleiner und großer Radien ist ebenfalls nicht möglich, da die Nachbearbeitung kleiner Radien auf eine Nachbearbeitung mit Polierwerkzeugen ausgelegt ist. [NOTO81; SEVA92; TÜCK12].

In **Abbildung 2-25** ist eine schematische Zeichnung der Hitachi-Maschine dargestellt. Die Maschine verfügt über eine 3-Achs-Kinematik und eine bidirektional schwingende Spindel. Die Richtungsvektoren sind orthogonal zueinander angeordnet. Die Realisierung der Schwingung wird über elektrische Motoren mithilfe eines Exzenterkurbelantriebs auf die Spindel umgesetzt. Da die Maschine nicht verkauft wurde, existieren lediglich begrenzte Informationen zu dem System. Wissenschaftliche Arbeiten zu der Maschine sind nicht verfügbar.

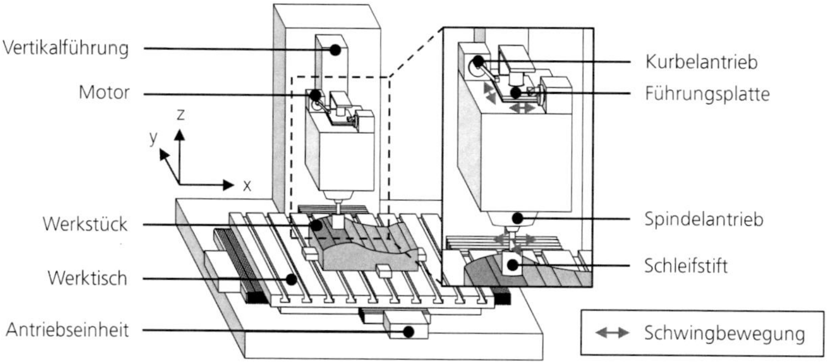

Abbildung 2-25: Schematische Darstellung der Hitachi-Maschine mit rotierender Werkzeugkinematik und bidirektional oszillierendem Werkzeug [NOTO81]
Schematic diagram of the Hitachi machine with rotating tool kinematics and bidirectional oscillating tool

In **Abbildung 2-26** ist eine Darstellung der SEVA-Maschine skizziert. Die Maschine verfügt über eine Portalfräskinematik. An der Schwenkachse ist eine Oszillationseinheit mit Honstein angebracht. Der Honstein wurde führt eine eindimensionale Linearschwingung aus. [SEVA92]

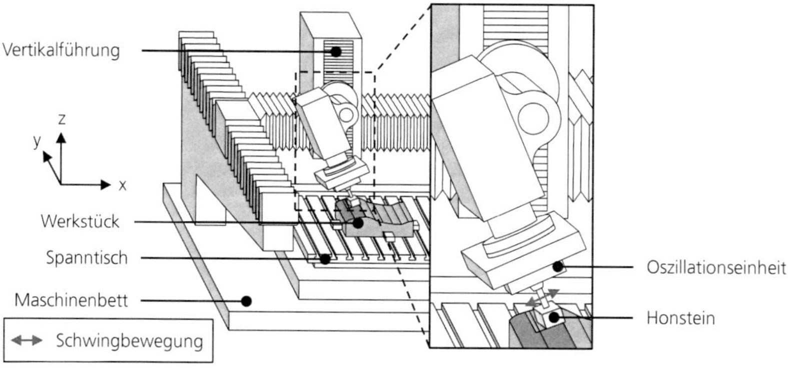

Abbildung 2-26: Schematische Darstellung der SEVA-Maschine mit oszillierendem Honstein [SEVA92]
Schematic diagram of the SEVA machine with oscillating honing stone

Mit der 3+2-Achskinematik ist ein flexibles Anfahren, jedoch keine 5-Achs-Simultanbearbeitung möglich. Für die vorgestellten Maschinen werden Verfahrwege nicht wie heute üblich auf CAD/CAM-Basis, sondern im 2-dimensionalen Arbeitsraum manuell durch den Maschinenbediener eingestellt. Die Ansätze sind weitestgehend auf ihren Arbeitsraum limitiert, aufgrund drei Verfahrachsen kinematisch begrenzt flexibel und wurden bedingt durch hohe Maschinenkosten vornehmlich im finanzstarken Automotive-Sektor eingesetzt. [LILL88; NAGA07; NEHL92; SEVA92; TSAI03; TSAI05]

Roboterbasiertes Schleifen mit Schwingungsunterstützung

Die Verwendung von Knickarm-Robotern für die Automatisierung der Feinbearbeitung wurde bereits früh in der Literatur beschrieben. Sie wird als Alternative zu maschinenbasierten Ansätzen beschrieben [LILL88; TAM99]. Als Plattform für die automatisierte Feinbearbeitung haben sich insbesondere 6-Achs-Knickarm-Roboter etabliert [FELS07; FOIT09; KAPI98; WEBE02]. Hervorgehoben werden die Flexibilität der seriellen Kinematik und damit verbundene Vielseitigkeit der gesamten Plattform [SCHÜ03]. Der hohe Freiheitsgrad und ein großer Arbeitsraum sowie geringere Kosten der Systeme im Vergleich zu Werkzeugmaschinen sind weitere Aspekte, welche den Einsatz von Robotern sowohl in wissenschaftlichen als auch industriellen Untersuchungen und Anwendungen als präferiertes System rechtfertigen [ARMB06; HÄHN18; HÄHN19; NAGA13]. Roboter weisen eine systembedingte, im Vergleich zu Werkzeugmaschinen geringere Struktursteifigkeit und einer resultierende niedrigere Positioniergenauigkeit auf. Aus diesem Grund konzentrieren sich Forschungs- und Entwicklungsarbeiten im Bereich der Robotik auf kraftgeregelte Systeme [SCHÜ03]. Die Einstellung der Anpresskraft erfolgt über eine aktive und passive Regelung in verschiedensten Ausführungen [DRIE18]. Die Anordnung des Kraftregelungssystems wird entweder direkt am Endeffektor vor der Bearbeitungsspindel mithilfe von Kraftregelungsplattformen oder durch den direkten Anbau von kraftaktorischen Spindeln und Apparaturen (z. B. Bandschleifsysteme) oder kraftgeregelten Werkzeughaltern (siehe Abbildung 2-20) realisiert [DRIE18].

Ein Maschinensystem mit Einsatz eines Roboters wurde bereits in den frühen 90er Jahren von der Firma STRECON entwickelt (siehe **Abbildung 2-27**) [STRE21].

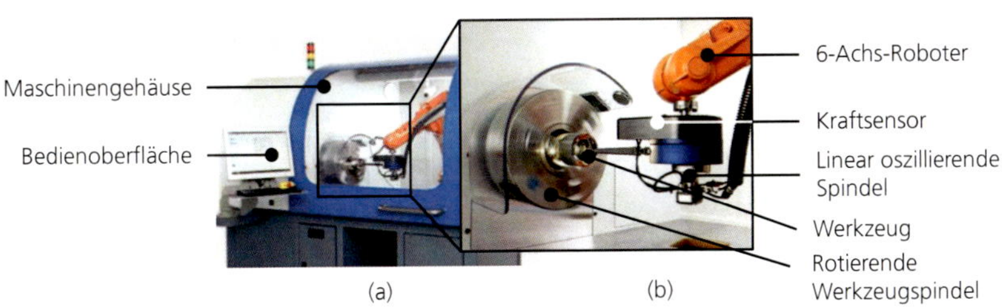

Abbildung 2-27: Strecon-Poliermaschine (a) mit Detailansicht des Maschinenraums (b) [STRE21]
Strecon polishing machine (a) with detailed view of the machine room (b)

Das System eignet sich zum Schleifen und Polieren von rotationssymmetrischen Formwerkzeugen. Die Werkzeugwege werden über eine Bedienoberfläche oder an einem externen PC programmiert. Das Maschinengehäuse fasst eine rotierende Spindel mit einem Dreibackenfutter, welches das zu bearbeitende Werkzeug spannt. Ein 6-Achs-Knickarm-Industrieroboter führt das

Bearbeitungswerkzeug über eine an dem Endeffektor montiertes Poliermodul. Das Modul führt linear oszillierende, anpresskraftgeregelte Honsteine bzw. Polierwerkzeuge. Merkmale des Moduls sind eine aktiv geregelte Polierkraft sowie eine geregelte Pulsierfrequenz und Amplitude [STRE21].

Weiter existieren Schleifbandsysteme mit oszillierendem Band, die eingesetzt werden, um durch Bandverschleiß induzierte Abweichungen des Schliffbilds zu reduzieren und die Ausnutzung der gesamten Schleifbandbreite zu gewährleisten [HÖCH22].

Das Pendelhubschleifen

Zur weggesteuerten Bauteilnachbearbeitung mit Koordinatenschleifmaschinen wird neben dem konventionellen Schleifen auch der Pendelhub (siehe **Abbildung 2-28**) eingesetzt.

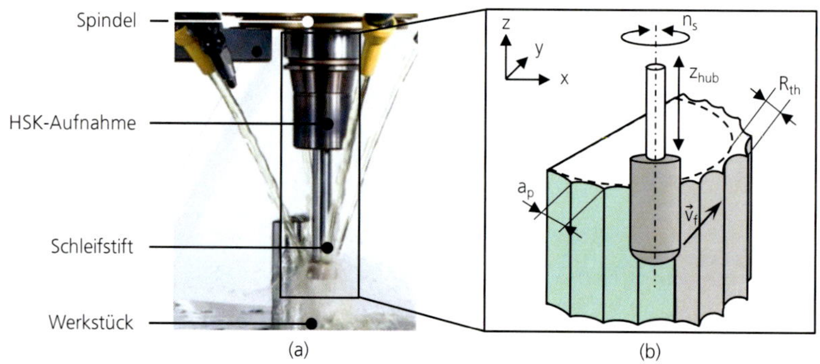

Abbildung 2-28: Darstellung des Pendelhubschleifens (a) mit Prinzipskizze der Prozesskinematik (b) [RÖDE21a; RÖDE21b]
Illustration of the pendulum stroke grinding (a) with principle sketch of the process kinematics (b)

Da die Werkzeugoszillation über die Achsstellbewegung der Maschine und nicht von dieser entkoppelt eingestellt wird, handelt es sich beim Pendelhubfahren nicht um ein Schwingungsunterstützungsverfahren [BLEI16].

Mit dem Hubschleifprozess kann ein homogenes Erscheinungsbild der Oberflächentextur bei Oberflächengüten bis zu circa Ra = 0,01 µm erreicht werden [RÖDE21b]. Durch die Pendelhubbewegung z_{hub} ist die gesamte Kontaktfläche der Umfangsschleifwerkzeuge im Eingriff, wodurch ein gleichmäßiger Werkzeugverschleiß realisiert wird. Aufgrund kinematischer Randbedingungen ist das Koordinatenschleifen mit Pendelhub weitestgehend auf einfach gekrümmte Flächen limitiert und kann aufgrund von Bauraumlimitationen der Maschine nicht für große Werkzeuge eingesetzt werden. Beim Hubschleifen mit Schleifstiften führt das Schleifwerkzeug während des Umfangsschleifens eine oszillierende Hubbewegung mit niedrigen Pendelhubfrequenzen (f_{hub} ~ 4 Hz) aus [RÖDE21b]. UHLMANN ET AL. haben in Schleifuntersuchungen mit sprödharten Werkstoffen und Hartmetall festgestellt, dass mit diesem Verfahren tribologische Eigenschaften der bearbeiteten Werkzeugoberflächen optimiert werden können [UHLM14]. Des Weiteren kann eine Reduktion der Oberflächenstruktur erzielt und die Ausprägung unidirektionaler Schleifspuren reduziert werden [HEID21; UHLM14].

In **Abbildung 2-29** ist eine weißlichtinterferometrische Messung der Oberflächentopografie eines konventionell geschliffenen und eines mit oszillierendem Werkzeug geschliffenen Bauteils gegenübergestellt. Die unidirektional ausgerichteten Schleifspuren des konventionellen Schleifprozesses werden durch die Werkzeugoszillation signifikant reduziert und durch wellenförmige Schleifspuren überlagert. [UHLM11]

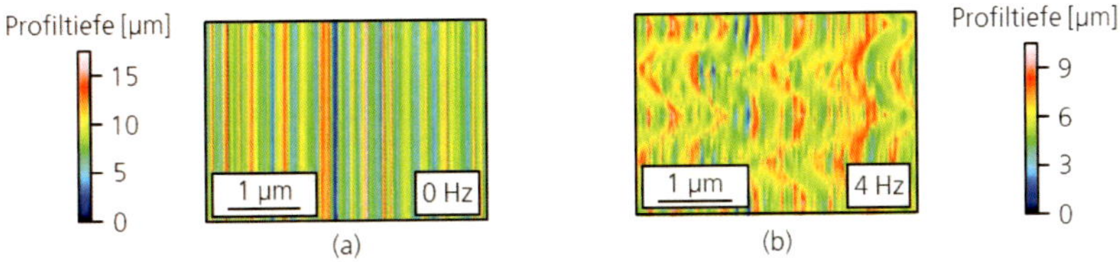

Abbildung 2-29: Gegenüberstellung einer Weißlichtinterferometriemessung einer konventionell (a) und mit oszillierendem Schleifwerkzeug (b) geschliffenen Werkstückoberfläche [UHLM11]
Comparison of a white light interferometry measurement of a workpiece surface ground conventionally (a) and with an oscillating grinding tool (b)

Eine Erhöhung der Hubfrequenz f_{hub} von 2 Hz auf 4 Hz resultierte in niedrigeren Oberflächenrauheiten. Eine Limitierung des Verfahrens ist, dass eine Verbesserung der Oberflächengüte lediglich bei sehr niedrigen Werkzeugvorschüben erreicht werden konnte. [UHLM11; UHLM14]

2.5.3 Schleifen mit werkstückseitiger Schwingungsunterstützung
Processes with vibration assistance on the workpiece side

In **Abbildung 2-30** ist ein Systemaufbau für die Umsetzung einer mehrachsigen Schwingbewegung in x- und y-Richtung dargestellt. Das auf Piezostacks aufbauende System misst ca. 460 x 460 x 120 mm und realisiert Frequenzen von bis zu 400 Hz bei einer maximalen Amplitude von 25 µm. Frequenzen und Phasenverschiebung können variabel eingestellt werden. [BLEI16]

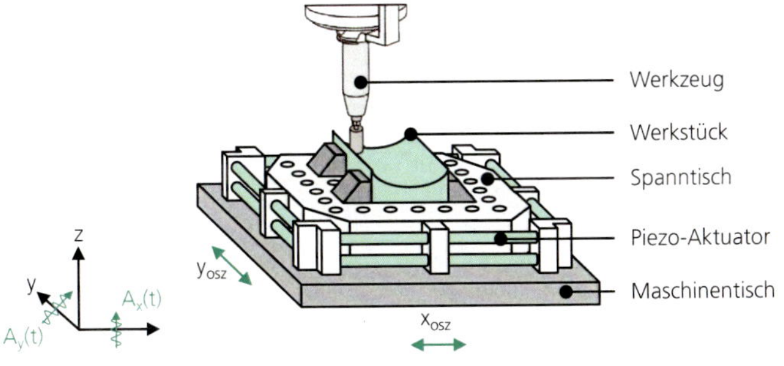

Abbildung 2-30: Plattform zur Anregung einer mehrachsigen, werkstückseitigen niedrig-frequentenSchwingung [BLEI16]
Platform for excitation of a multi-axis, low-frequency vibration on the workpiece side

Das System arbeitet in einem geschlossenen Regelkreis mit mehrachsigem Schwingungssensor. BLEI ET AL. konnten in Untersuchungen zeigen, dass das Schwingungssystem den Werkzeugverschleiß von Schleifstiften reduzieren kann [BLEI16].

2.6 Zwischenfazit

Interim conclusion

Schwingungsunterstütze Schleifverfahren sind zumeist auf den Ultraschallbereich in kHz-Frequenzen bei Auslenkungen im Nanometerbereich sowohl wissenschaftlich als auch in industriellen Anwendungen beschrieben [BLEI16; DENK07; GULL15; TAWA10b]. Verfahrensaufbauten mit niedrigen Schwingfrequenzen bei hohen Amplituden sind teilweise beschrieben und auch zum Teil in Bezug auf Einflüsse des Verfahrens auf den Werkzeugverschleiß und Schleifkräfte untersucht. Eine Anwendung des Verfahrens zur Vermeidung bzw. Reduktion von kinematisch induzierten Schleifspuren wird nicht eingehend beschrieben.

Verfahren mit hohen Schwingfrequenzen im Ultraschallbereich ermöglichen zwar eine intergranuläre Überlagerung der Korneindringbahnen, adressieren aufgrund kleiner Oszillationshübe im Mikrometerbereich jedoch nicht hinreichend makroskopische Bearbeitungsspuren der Schleifbahn [RÜBE01]. Ein Schwingungsanregungsverfahren mit Einsatzfrequenzen von bis zu 100 Hz bei größeren Oszillationshüben birgt das Potenzial den Vorschub und damit die Zerspanleistung bisheriger Oszillationsschleifverfahren deutlich zu steigern. So sollen wirtschaftlich und produktiv kinematisch induzierte Bearbeitungsspuren minimiert werden. Darüber hinaus sollen Oszillationshübe realisiert werden, welche größer als der Werkzeugbahnabstand sind, so dass sich als Schleifbahnen ausbildende Schleifspuren überlagert werden können [HÄHN19].

Im Stand der Technik ist die Anwendung des kraftgeregelten Schleifens auf zumeist konstantkraftgeregelte Verfahren limitiert. Der Konstantkraftregelungsansatz weist eine nicht hinreichende Anpassungsfähigkeit an sich ändernde Eingriffsbedingungen bei variierend gekrümmten Bauteilkonturen auf. Hierdurch kann ein ungleichmäßiges Schleifprofil entstehen. [DRIE18; TAWA10a]

Mithilfe einer variierenden, kontaktzonenabhängigen Anpresskraft (in diesem Kapitel definiert als »Variationskraftregelung«) als Prozessstellgröße in der laufenden Bauteilbearbeitung, besteht eine Option diesem Problem zu begegnen.

3 Zielsetzung und Forschungshypothese

Objective and research hypothesis

Die Automatisierung der Feinbearbeitung von gekrümmten Werkzeugoberflächen birgt ein enormes Potenzial den steigenden Anforderungen an die im Werkzeug- und Formenbau hergestellten Erzeugnisse gerecht zu werden. Es besteht ein ungebrochener Trend zu einer ökonomischen Fertigung bei steigenden Qualitätsanforderungen. Bekannte Fertigungsverfahren stoßen hierbei an ihre Grenzen, da verfahrensspezifische Einschränkungen weiterhin einen hohen Nachbearbeitungsaufwand geschliffener und gefräster Oberflächen bedingen. Heutige Automatisierungsansätze bieten keine hinreichende Anpassungsfähigkeit an variierende Oberflächenkrümmungen und sind oftmals kostenintensive Insellösungen, welche aufgrund auftretender, prozessbedingter kinematischer Bearbeitungsspuren weiterhin einen manuellen Nachbearbeitungsaufwand bedingen.

Das **technisch-wirtschaftliche** Problem kann wie folgt formuliert werden:

Aufgrund eines nicht hinreichend anpassungsfähigen, automatisierten Schleifprozesses an gekrümmte Werkzeugoberflächen können lediglich gering variierende Krümmungsbereiche bearbeitet werden. Durch über die automatisierte Feinbearbeitung entstehende, kinematisch induzierte Bearbeitungsspuren besteht zudem weiterhin ein hoher manueller Nachbearbeitungsaufwand der Formwerkzeuge. Hierdurch können Wirtschaftlichkeitspotenziale aufgrund eines Automatisierungsgrads bis dato nicht vollständig genutzt werden können.

Gegenstand der Forschung ist das konstantkraftgeregelte Schleifen mit Schleifstiften als vielversprechendes Nachbearbeitungsverfahren für gekrümmte Werkzeugoberflächen [DENK03; DRIE18; HÄHN18; KLOC14; NAGA03; NAGA07; TÖNS02]. Nicht hinreichend berücksichtigt sind sich ändernde Kontaktbedingungen zwischen Werkzeug und Werkstück und eine damit einhergehende, notwendige Prozessanpassung bei der flächigen Bearbeitung unterschiedlicher Krümmungsbereiche [DRIE18; KRET18]. In Kombination mit Schleifstiften werden schwingungsangeregte, weggesteuerte Verfahren beschrieben, die das Potenzial besitzen, auftretende Schleifstrukturen zu minimieren [BLEI16]. Eine variationskraftgeregelte, flächige Bearbeitung von variierend gekrümmten Oberflächenkonturen zur Einstellung einer konstanten Pressung im Werkzeugeingriff ist nicht hinreichend erforscht.

Die **wissenschaftliche Problemstellung** lautet:

Derzeit existiert kein hinreichendes Prozessverständnis für einen variationskraftgeregelten, schwingungsangeregten Schleifprozess von gekrümmten Werkzeugstahloberflächen.

Um das technisch-wirtschaftliche Problem zu adressieren, wird das **Forschungsziel** formuliert:

Ziel dieser Arbeit ist es, ein Schleifverfahren zu entwickeln und zu untersuchen, welches der Erzeugung einer geschliffenen Werkzeugoberfläche im Anschluss an einen vorgeschalteten Fräsprozess dient. Das Verfahren soll kinematisch induzierte Bearbeitungsspuren minimieren oder gar verhindern und eine Anpassungsfähigkeit an einen sich durch gekrümmte Bauteile ändernden Schneideneingriff zur Gewährleistung einer homogenen Schleifprofiltiefe aufweisen.

Um das Forschungsziel zu erreichen, werden experimentelle Untersuchungen basierend auf der im folgenden formulierten **Forschungshypothese** durchgeführt:

Das variationskraftgeregelte, schwingungsunterstützte Schleifen mit Schleifstiften birgt das Potenzial, den Automatisierungsgrad schleiftechnischer Nachbearbeitung von gekrümmten Werkzeugoberflächen und somit auch die Bauteilreproduzierbarkeit signifikant zu erhöhen.

Zur Verifikation oder Falsifikation der Forschungshypothese wird die Beantwortung des Forschungsziels durch eine strukturierte Entwicklung des Prozesses basierend auf untergliederten Forschungsfragen angestrebt. Die im Folgenden aufgelisteten Fragestellungen sind als Meilensteine des Forschungsziels zu verstehen. Das Aufschlüsseln der Forschungshypothese in Teilfragen unterliegt der Bestrebung einer systematisierten Vorgehensweise zu Abstraktion der Problemstellung zur Erreichung des Forschungsziels.

Im Folgenden sind die Forschungsfragen (**FF**) dieser Arbeit aufgelistet:

- **FF 1**: Wie kann die variierende Kontaktzone beim flächigen, kraftgeführten stirnseitigen Schleifen von gekrümmten Oberflächen beschrieben werden?
- **FF 2**: Kann mithilfe einer Variationskraftregelung eine konstante Schleifprofiltiefe bei der Bearbeitung von variierend gekrümmten Oberflächen erreicht werden?
- **FF 3**: Was sind die grundlegenden Einflussgrößen des schwingungsangeregten Stirnschleifens und was ist der Einfluss der Schwingungsanregung auf die Oberflächenintegrität?
- **FF 4**: Wie kann eine technische Umsetzung eines variationskraftgeregelten Schwingungsunterstützungsprozesses zum Schleifen gekrümmter Oberflächen erfolgen?

Basierend auf der beschriebenen Vorgehensweise und den zugehörigen Forschungsfragen können die Teilziele des Vorhabens detailliert wie folgt beschrieben werden:

- Durchführung von Modellbildung und -validierung des variationskraftgeregelten Schleifprozesses mit dem Fokus der Erreichung einer konstanten Schleifprofiltiefe bei variierenden Krümmungen mithilfe einer kontaktzonenabhängigen Prozessführung. Es erfolgt eine geometrische und kinematische Beschreibung der Eingriffsverhältnisse. Unter Einbindung existierender Zerspanmodelle, welche auf der PRESTON-Hypothese basieren, wird ein Modell entwickelt, welches konturabhängige Anpresskraft- und Bahnabstandswerte als Prozesseingangsgrößen berechnen kann.
- Um Mischeinflüsse zu vermeiden, erfolgt die Modellentwicklung und -analyse basierend auf Grundlagenuntersuchungen ohne Schwingungsanregung. In einem nächsten Schritt wird der Modellansatz in Kombination mit einem schwingungsunterstützten Prozess weiterentwickelt und anhand von Untersuchungen an Probengeometrien qualifiziert.
- Es werden prozesstechnologische Grundlagenuntersuchungen der Einflussgrößen zum schwingungsangeregten stirnseitigen Schleifen mit gummigebundenen Schleifstiften auf ebenen Oberflächen durchgeführt. Basierend auf den Erkenntnissen der Grundlagenuntersuchungen können technologische Randbedingungen sowie Prozessgrenzen gesetzt werden, welche für eine Systemweiterentwicklung zur schleiftechnischen Bearbeitung von gekrümmten Oberflächen notwendig sind.
- Im abschließenden Kapitel werden die Erkenntnisse der Kraftmodell- und Schwingungsprozessentwicklung in einer Gesamtsystementwicklung gebündelt. Zur Systemqualifizierung erfolgt eine Schleifbearbeitung und messtechnische Analyse mehrerer Radienbereiche eines gekrümmten Demonstratorbauteils.

4 Methodik

Methodology

In diesem Kapitel wird die systematische Vorgehensweise zur Beantwortung der Forschungsfragen beschrieben. Anhand eines objektivierten, analytischen Vorgehens erfolgt eine Fokussierung der wissenschaftlich notwendigen Tätigkeiten zur Verifizierung oder Falsifizierung der Forschungshypothesen. Diese sollen mithilfe des durch die experimentelle Umsetzung der Methodik mit anschließender analytischer Auswertung gewonnenen Erkenntnisgewinns beantwortet werden. Im Rahmen einer Abgrenzung zu bestehenden Erkenntnissen sowie der separaten, schrittweisen Beantwortung der Forschungsfragen, soll hierfür ein sukzessives Prozessverständnis aufgebaut werden. Des Weiteren werden die prozesstechnologischen Randbedingungen der Versuchsmethodik durch Beschreibung der eingesetzten Maschinensysteme, Schleifwerkzeuge und Versuchswerkstücke aufgestellt. Auch werden die zur analytischen Auswertung der experimentellen Untersuchungen verwendete Messtechnik und deren Auswertungsmethodik aufgeführt und beschrieben.

Die vorliegende Arbeit thematisiert einen Lösungsansatz für die Realwissenschaften und ist in Anlehnung an die Forschungsmethodik an den angewandten Wissenschaften nach ULRICH strukturiert [ULRI01].

4.1 Prozesssignatur

Process signature

Die Prozesssignatur dient der funktionsorientierten Beschreibung von Fertigungsprozessen. Das Konzept beruht auf einem kombinatorischen Ansatz ingenieur- und naturwissenschaftlicher Aspekte. Die Einbindung beider Sichtweisen dient dazu, möglichst vollumfänglich die Wechselwirkungen zwischen Prozess und Werkstoff zu erfassen. Grundstein der Prozesssignatur ist die Annahme, dass durch jeden Fertigungsprozess physikalische und chemische Veränderungen des Werkstücks auftreten. Änderungen beinhalten unter anderem eine Modifikation der Oberflächentopografie, Randzone, Werkstoffhärte- und -zähigkeit. [BRIN11]

Der Fokus der Prozesssignatur liegt dabei auf der Identifikation sämtlicher Einflussgrößen der Werkstoffbeanspruchung und der Beleuchtung dessen Einflusses auf eine durch ein thermomechanisches Belastungskollektiv induzierte Modifikation des Werkstoffs. Des Weiteren erfolgt eine Analyse der Auswirkungen auf die Bauteilfunktionseigenschaften. Durch diese Systematik lassen sich Stell- und Prozessgrößen ableiten, die eine funktionsorientierte Prozessauslegung ermöglichen. Eine konsequente Verfolgung des Ansatzes der Prozesssignatur dient somit dazu, durch eine analytische Methodik unabhängig von Erfahrungswissen, von einer gegebenen Bauteiloberflächenintegrität auf die notwendigen Prozessparameter für die Erzeugung eben dieser Oberfläche schließen zu können. Die Problematik der Rückführung von Prozessparametern basierend auf einem Bauteil mit definierter Oberflächenintegrität wird auch als »inverses Problem« bezeichnet. [BRIN14; BRIN18]

In **Abbildung 4-1** ist schematisch die kausale Abfolge des variationskraftgeregelten, schwingungsunterstützten Schleifens mit Einordnung der Prozesssignaturen dargestellt. Durch die Einstellung der Prozessparameter, der Schleifkinematik sowie der Werkzeug- und Werkstückeigenschaften erfolgen wechselseitige Beanspruchungen zwischen Werkzeug- und Werkstück. Diese induzieren eine Werkstoffbeanspruchung durch ein thermomechanisches Belastungskollektiv, welches durch innere Lastzustände, Dehnungen, Spannungen und Temperaturfelder beschrieben werden kann.

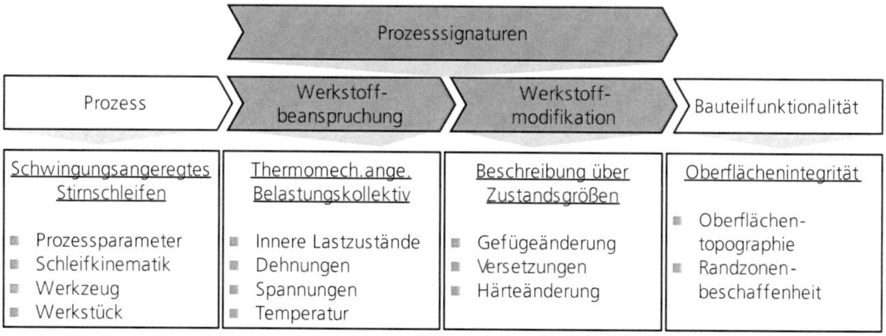

Abbildung 4-1: Prozesssequenzen und -signaturen des kraftgeregelten, schwingungsangeregten Stirnschleifens von Werkzeugstahloberflächen [BLET19; BRIN18]
Process sequences and signature of force-controlled, vibration-assisted face grinding of tool steel surfaces

Durch den Energieeintrag beim Schleifen wird eine Werkstoffmodifikation bewirkt, die unter anderem in einer Änderung des Gefüges, einer Härteänderung oder Oberflächenrauheitsänderung resultieren kann [JERM16; KLOC16].

In **Tabelle 4-1** sind die detaillierten Sequenzen der Prozesssignatur aufgeführt. Die folgenden Betrachtungen und Untersuchungen orientieren sich an der Prozesssignatur, um eine stichhaltige Versuchssystematik aufzubauen. Von einer vollständigen Behandlung aller Signaturkomponenten wird abgesehen.

Tabelle 4-1: Detaillierte Sequenzen der Prozesssignatur für das variationskraftgeregelte, schwingungsunterstützte Schleifen mit Schleifstiften
Detailed sequences of the process signature for variation, vibration-assisted grinding with mounted points

	Prozess: Schleifbearbeitung der Werkzeugoberfläche
Prozess-stellgrößen	Schleifen mit Schwingungsunterstützung - Schnittgeschwindigkeit, Werkzeugvorschub, Anpresskraft - Werkzeugbindungsart, -härte, Abrasivstoff (Art und Korngröße) - Prozesskinematik (Bahnstrategie, Maschinengenauigkeit etc.)
Prozesslast	Äußeres thermomechanisches Belastungskollektiv - Spannungen - Thermische Einwirkung - Zerspanmechanismen
Werkstoff-beanspruchung	Inneres thermomechanisches Belastungskollektiv - Innere Lastzustände, Dehnungen - Zerspanmechanismen
Werkstoff-modifikation	Beschreibung über Zustandsgrößen - Zonale Gefügeänderungen - Randzonenschädigung
Bauteil-funktionalität	Oberflächenintegrität - Rauheit, Welligkeit, Flächenanteil, Textur

4.2 Maschinensysteme und Versuchsaufbauten

Machine systems and experimental set-ups

Die Auswahl der Maschinentechnologie basiert auf den Anforderungen und Randbedingungen der einzelnen Entwicklungsschritte des Schleifprozesses. Im Folgenden werden die eingesetzten Maschinensysteme und Versuchsaufbauten beschrieben. Die Maschinentechnik wurde zur Entwicklung des analytisch-empirischen Kraftmodells und des Prozesses des schwingungsangeregten Schleifens eingesetzt. Die Erkenntnisse Kraftmodell- und Prozessentwicklung münden in einer anforderungsgerechten Entwicklung eines Schwingungsunterstützungssystems zur Schleifbearbeitung von gekrümmten Probenoberflächen. Entsprechend wird die prototypische Gesamtsystementwicklung und -validierung in Kapitel 7 beschrieben.

Werkzeugmaschine für Prozessuntersuchungen

Im Rahmen der prozesstechnologischen Untersuchungen für die Entwicklung und Validierung des Kraft- und Bahnabstandsmodells sowie zum schwingungsangeregten Schleifen wurde eine 5-Achs-Werkzeugmaschine des Herstellers ALZMETALL eingesetzt. Bedingt durch eine absolute Positioniergenauigkeit von ± 5 µm werden Störeinflüsse durch Maschinenungenauigkeiten minimiert.

Versuchsaufbau für die Entwicklung des Variationskraftmodells

In **Abbildung 4-2** ist der grundlegende Versuchsaufbau (a), eine Nahansicht (b) sowie die Maschinenkinematik (c) zur Entwicklung und Validierung des Prozessmodells dargestellt. In die HSK-63-Spindelaufnahme der Maschine ist ein nachgiebiges Werkzeugsystem der HI.AUTOMIZE GmbH gespannt. Das System verfügt über austauschbare Federmodule (F_N = 5 - 40 N), die eine stufenweise Einstellung der Werkzeuganpresskraft ermöglichen (Details siehe Kapitel 4.4). In das Werkzeugsystem ist ein Schleifstift gespannt. Unterhalb des Schleifstifts ist ein Werkstück angeordnet, das mithilfe eines Werkstückspannsystems eingespannt wird. [ALZM22; HIA21]

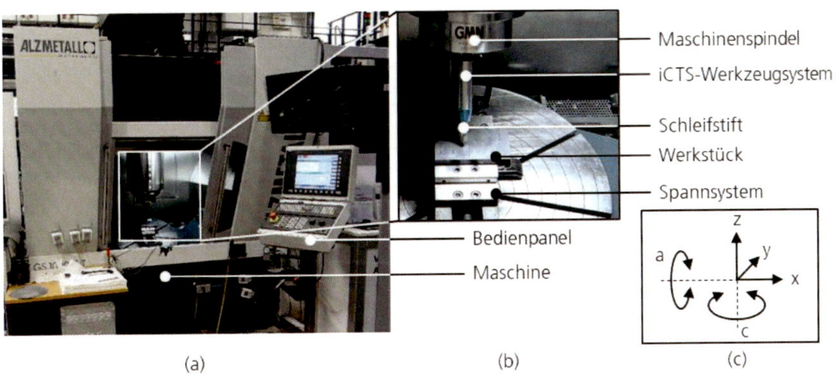

Abbildung 4-2: Frontansicht der 5-Achs-Werkzeugmaschine ALZMETALL GS1000/5-FDT (a) mit Nahansicht des Versuchsaufbaus für die Entwicklung/Validierung des Prozessmodells (b) [ALZM22]

Front view of the 5-axis machine tool ALZMETALL GS1000/5-FDT (a) with close-up view of the test setup for the development/validation of the process model (b)

Neben einer stufenweisen Federkraftregelung wurde eine stufenlose Pneumatik-Kraftregelung eingesetzt, um eine variierende Anpresskraft bei sich im Prozess ändernden Krümmungsbedingungen einstellen zu können (siehe Pneumatik-Schaltplan in **Abbildung 4-3**). Hierfür wurde ein FESTO-VPPM-Proportional-Druckluftregelventil mit der Innendruckluftzufuhr der Spindeldrehdurchführung der Werkzeugmaschine gekoppelt und mit der Maschinensteuerung verbunden. In Verbindung mit einem pneumatisch angesteuerten iCTS-Werkzeugsystem (siehe Kapitel 4.4) ermöglicht dies eine stufenlose Einstellung der auf den Schleifstift wirkenden Anpresskraft. Die Regelung erfolgt über eine Druckluftregelung von 0,5 - 6 bar ($F_N \sim$ 5 - 50 N). Der Druck kann über einen M-Befehl im NC-Code integriert werden. M-Befehle bzw. M-Funktionen dienen in der NC-Umgebung dem Zu- und Abschalten von Maschinenfunktionen [PREC22]. Dies ermöglicht eine Anpresskraftänderung während der Bearbeitung. [FEST22b; HIA21]

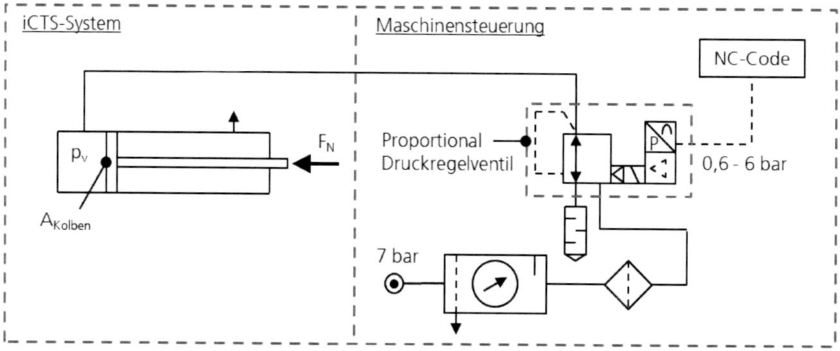

Abbildung 4-3: Pneumatik-Schaltplan zur stufenlosen Variationskraftregelung
Pneumatic circuit diagram for stepless variation force control

In **Tabelle 4-2** sind die wesentlichen Maschineneigenschaften der ALZMETALL-Werkzeugmaschine aufgeführt.

Tabelle 4-2: Eigenschaften der ALZMETALL 5-Achs CNC-Werkzeugmaschine GS1000/5-FDT [ALZM22]
Key features of the characteristics of the ALZMETALL 5-axis CNC machine tool GS1000/5-FDT

Allgemein	5-Achs-CNC-Werkzeugmaschine, simultane Achssteuerung Absolute Positioniergenauigkeit: ± 7 µm Spindel mit HSK-63-Aufnahme max. Spindeldrehzahl: 18000 min^{-1}, max. Spindelleistung: 50 kW Maschinensteuerung: Heidenhain TNC 640 KSS- und MMS-Schmierung
Achsverfahrwege	X-Achse: 800 mm, Y-Achse: 800 mm, Z-Achse: 600 mm A-Achse: -140° bis +140°, C-Achse: 360°, endlos
Achsdynamik	Max. Achsgeschwindigkeit (X, Y, Z): 30 m/min, A: 50 min^{-1}, C: 350 min^{-1}

Versuchsaufbau für Grundlagenuntersuchungen zum schwingungsunterstützten Schleifen auf ebenen Flächen

In **Abbildung 4-4** ist der in der ALZMETALL montierte Versuchsaufbau zum Schleifen mit oszillierendem Werkstück mit Gesamtansicht (a) und Nahaufnahme (b) des Versuchsaufbaus dargestellt. Die pneumatischen Muskeln werden wechselnd über Magnetregelventile mit Druckluft (1 - 6 bar) beaufschlagt. Die Regelung der Ventile erfolgt über ein Oszilloskop, mit welchem Schwingungsart- und -

frequenz eingestellt werden können. Der Lasersensor misst die Auslenkung der Schwingung x_{osz}. Eine Softwareapplikation des Herstellers MICROEPSILON ermöglicht ein Auswerten der Abstandsmessung [MICR22].

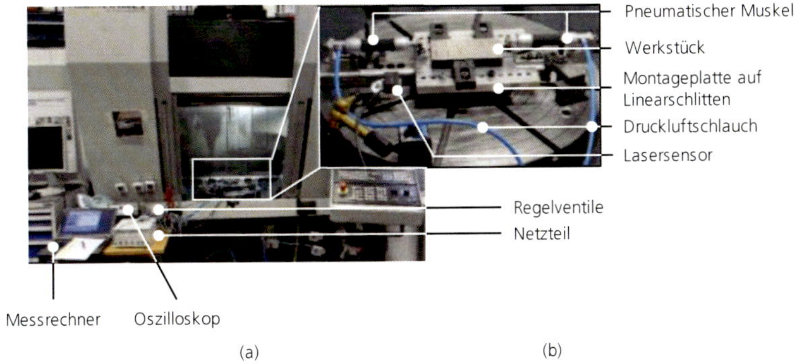

Abbildung 4-4: Darstellung des Versuchsaufbaus zum Schleifen mit schwingungsangeregtem Werkstück mit Gesamt- (a) und Nahansicht (b)

Representation of the experimental setup for grinding with vibration-excited workpiece with overall view (a) and close-up view (b)

In **Abbildung 4-5** ist der Versuchsaufbau zum schwingungsunterstützten Schleifen mit werkzeugseitiger Anregung der Oszillationsbewegung in Front- (a) und Seitenansicht (b) schematisch dargestellt. Mittels zweier in x-Richtung angeordneter pneumatischer Muskeln wird eine Oszillationsbewegung x_{osz} auf einen Linearschlitten übertragen. Für den Versuchsaufbau wurden zwei pneumatische Muskeln des Typs DMSP-20-70N-RM-CM und Schnellschaltventile des Typs MHE-4 der Firma FESTO verbaut. Auf dem Linearschlitten ist ein Werkstück gespannt. [FEST22c; FEST22a] Oberhalb des Werkstücks ist die Maschinenspindel angeordnet, in welcher ein axial-nachgiebiges iCTS-Werkzeugsystem über eine HSK-Schnittstelle gespannt ist.

Das Werkzeugsystem spannt wiederum ein Werkzeug, welches mit einer definiert geregelten Anpresskraft (F_N = 5 - 40 N) über die Werkstückoberfläche geführt wird. Über die Maschinenspindel kann eine definierte Spindeldrehzahl n_s auf das Werkzeug übertragen werden. Bedingt durch die 5-Achs-Kinematik der Werkzeugmaschine kann das Werkzeug mit einem Voreil- und Kippwinkel (α, β) über die Werkstückoberfläche geführt werden. Der Linearschlitten ist fest auf den Maschinentisch gespannt. Zur Messung der Oszillationsbewegung erfasst ein Lasersensor des Typs ILD1420 der Firma MICROEPSILON die Bewegung x_{osz}. [MICR22]

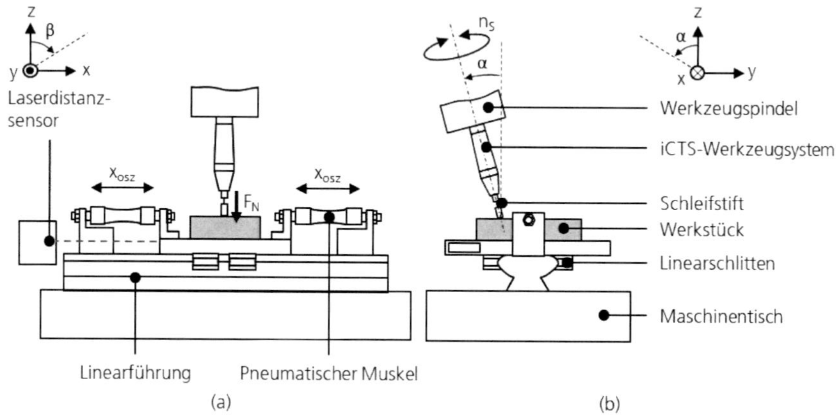

Abbildung 4-5: Front- (a) und Seitenansicht (b) des Versuchsaufbaus zum Schleifen mit oszillierendem Werkstück

Front (a) and side view (b) of the experimental setup for grinding with oscillating workpiece

Durch die Anordnung wird eine translatorische Bewegung x_{osz} in Relation zu einem mit der Spindeldrehzahl n_S und Anpresskraft F_N und über die Werkstückoberfläche geführten Werkzeug realisiert.

In **Abbildung 4-6** sind die Prinzipskizze der Verschaltung (a) der Magnetschaltventile sowie die versuchsspezifische Abhängigkeit der Oszillationsfrequenz f_{osz} in Abhängigkeit der Auslenkung x_{osz} (inkl. des Gewichts der Versuchswerkstücke) dargestellt. Die Ansteuerung der Magnetschnellschaltventile erfolgt in der dargestellten Anordnung elektrisch. Das Steuersignal des Oszilloskops wird sinusförmig ausgegeben, die Frequenz innerhalb einer Bandbreite von f_{osz} = 20 - 50 Hz bei Auslenkungen von x_{osz} ≤ 7 mm moduliert.

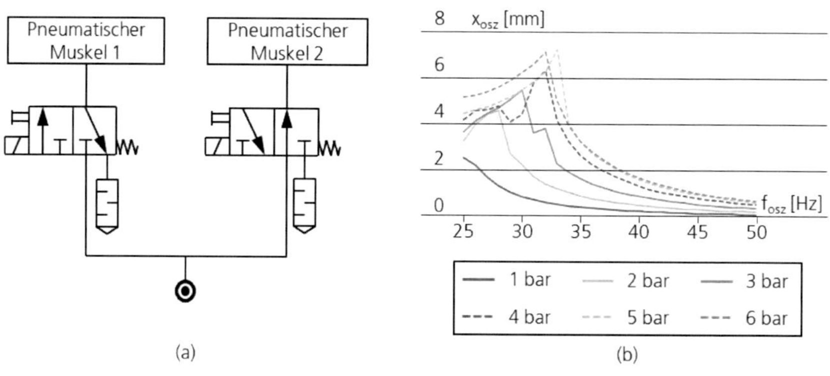

Abbildung 4-6: Prinzipskizze der Ansteuerung der pneumatischen Muskeln (a) und Oszillationsweg x_{osz} in Abhängigkeit der Anregungsfrequenz f_{osz} (b)

Principle sketch of the control of the pneumatic muscles (a) and oscillation path x_{osz} as a function of the excitation frequency f_{osz} (b)

Über die Regelventile erfolgt eine abwechselnde Ansteuerung der Muskeln. Die Magnetschaltventile sind als 3/2-Wege-Schaltventile ausgeführt. Die Muskeln sind mit drei pneumatischen Anschlüssen ausgeführt und über zwei diskrete Schaltzustände (offen, geschlossen) regelbar. Über die Regelventile werden die Muskeln abwechselnd angesteuert und mit Druckluft beaufschlagt. Während des Schaltvorgangs werden die Ventile be- und entlüftet, so dass abwechselnd ein Muskel mit Druckluft beaufschlagt wird, während der andere über das zweite Schaltventil entlüftet wird.

Der Versuchsaufbau dient Untersuchungen auf flachen Probengeometrien zum Einfluss der Schwingungsunterstützung auf die Werkzeugoberfläche. Durch die Integration eines werkzeugseitig angeregten Schwingungssystems in eine Werkzeugmaschine werden Fehler aufgrund von Positionierungenauigkeiten minimiert, so dass Einflüsse der Schwingungsunterstützung auf die Oberflächentopografie in Abhängigkeit wesentlicher Prozessstellgrößen mit einem präzisen Maschinensystem bewertet werden können. Die schwingungsunterstützte, schleiftechnische Bearbeitung gekrümmter Oberflächen ist jedoch aufgrund prozesskinematischer Limitationen nicht oder nur eingeschränkt mit einer werkstückseitigen Anregung realisierbar.

Auf Basis der Erkenntnisse der Untersuchungen auf Flachproben werden die Randbedingungen für die Entwicklung eines Schwingungssystems für das werkzeugseitige Schleifen von gekrümmten Werkzeugoberflächen ermittelt.

Verwendeter 6-Achs-Knickarmroboter für die Realisierung eines schwingungsunterstützten Schleifprozesses für gekrümmte Oberflächenkonturen

Um einen maximalen gestalterischen Freiraum bei der Entwicklung eines Systems für das werkzeugseitig schwingungsangeregte Schleifen zu ermöglichen, wurde ein ABB IRB 4400/60-Roboter als Maschinensystem ausgewählt [ABB15]. In **Abbildung 4-7** ist der 6-Achs-Knickarm-Industrieroboter mit zugehöriger Beschriftung der Achsen und als Prinzipskizze (a) dargestellt.

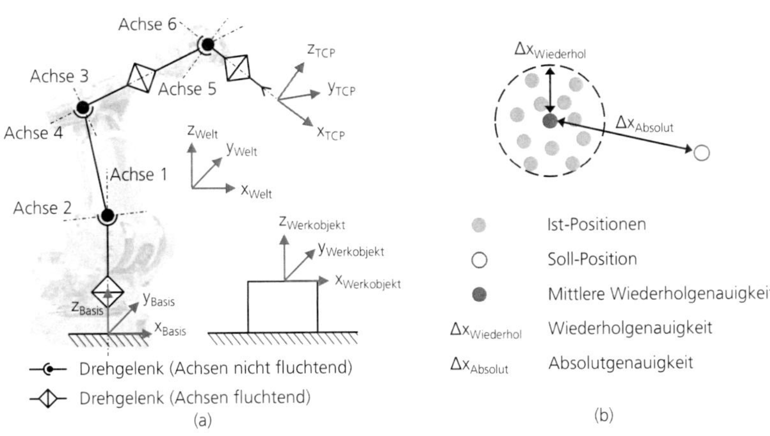

Abbildung 4-7: Darstellung des ABB IRB 4400/60 mit Achskinematik mit Prinzipskizze (a) und Illustration oder Positioniergenauigkeit (b) [ABB15; BAJD09]

Depiction of the ABB IRB 4400/60 with axis kinematics with principle sketch (a) and illustration or positioerning accuracy (b)

Die kinematische Auslegung des Roboters ermöglicht eine flexible Positionierung im Raum. An den Endeffektor kann eine Traglast von bis zu 60 kg angebracht werden. Bedingt durch den Aufbau weisen Industrieroboter eine im Vergleich zu Werkzeugmaschinen geringere Positioniergenauigkeit auf. Dies ist durch die serielle Anordnung der Achskinematik bedingt, wodurch sich Achsfehler der einzelnen Achsen summieren. Im Allgemeinen wird zudem zwischen Absolut- und Wiederholgenauigkeit unterschieden. Der Begriff der Absolutgenauigkeit beschreibt eine beliebige Position, mit welcher der Endeffektor auf eine Position im Arbeitsraum angefahren werden kann. Die Wiederholgenauigkeit beschreibt die Genauigkeit mit welcher Positionen in einem definierten Arbeitsraum wiederholgenau wieder angefahren werden können. [BAJD09]

4.3 Versuchswerkstücke

Test workpieces

Die in der Versuchsdurchführung zur Qualifikation des Kraftmodells und des schwingungsunterstützten Prozesses eingesetzten Werkstoffe, Oberflächentopografien und -geometrien werden im Folgenden beschrieben.

Werkstoff

Als repräsentativer Werkstoff wurde ein 1.2379 / X155CrMoV12-Kaltarbeitsstahl eingesetzt. Der Stahl verfügt über eine hohe Druckfestigkeit, Zähigkeit, Verschleißfestigkeit sowie Maß- und Anlassbeständigkeit. Typische Anwendungsgebiete sind Kunststoffformwerkzeuge sowie Stempel- und Tiefziehwerkzeuge. Die Arbeitshärte des Stahls liegt bei circa HRC 61 - 63. In **Abbildung 4-8** sind eine Gefügemakro- und Nahansicht des Werkstoffs dargestellt. Die Gefügeaufnahmen wurden im Fraunhofer IPT mit einem Rasterelektronenmikroskop (REM) erstellt. Der lederburitische, sekundärhärtbare Chromstahl weist ein homogenes Gefüge mit einem hohen Volumengehalt harter Karbide im Gefüge auf. Der Stahl zeichnet sich durch eine gute Schneidhaltigkeit und Anlassbeständigkeit aus. [STAH22]

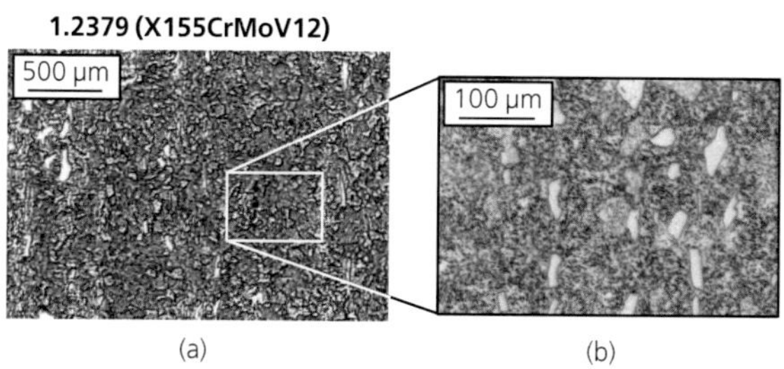

Abbildung 4-8: Gefügemakro- (a) und Nahansicht (b) des Basiswerkstoffs
Microstructure macro- (a) and close-up (b) view of the base material

Die Werkstoffzusammensetzung des 1.2379 Stahls ist **Tabelle 4-3** zu entnehmen.

Tabelle 4-3: Werkstoffzusammensetzung von 1.2379 (DIN EN ISO 4957) [HSM22]
Material composition of 1.2379 (DIN EN ISO 4957)

Werkstoff	C [%]	Si [%]	Mn [%]	Cr [%]	Mo [%]	V [%]
1.2379	1,45 - 1,6	0,1 - 0,6	0,2 - 0,6	11 - 13	0,7 - 1	0,7 - 1

Werkstückoberfläche

Die Werkstückoberfläche wurde durch das HSC-Schlichtfräsen erstellt. Als Fräswerkzeug wurde ein Vollhartmetall-Radienfräser eingesetzt. Die für das Schlichten verwendeten Prozessparameter und geometrischen Eigenschaften des Fräsers sind in **Tabelle 4-4** zusammengefasst.

Tabelle 4-4: Fräswerkzeug und -parameter der Probenoberflächen
Milling tool and parameters of the specimen surfaces

Werkzeug	Durchmesser [mm]	Drehzahl [min^{-1}]	Vorschub [mm/min]	Bahnabstand [mm]
VHM-Radienfräser	16	8800	1200	0,3

Die mit den beschriebenen Prozessparametern erreichten Oberflächenrauheitswerte wurden mithilfe eines taktilen Tastschnittverfahrens gemessen und sind in **Tabelle 4-5** beschrieben. Die Werte entsprechen typischen, durch das Feinschlichten mit Umfangsfräsern erreichten Rauheitswerten [DIN66; DIN98].

Tabelle 4-5: Gemessene Rauheitswerte der Probenoberflächen nach DIN EN ISO 4287 [DIN02; DIN10]
Measured roughness values of the specimen surfaces according to DIN EN ISO 4287

Rauheits-kennwert	Ra [µm]	Rz [µm]	Rt [µm]
Bandbreite	0,7 - 0,85	4 - 5	8 - 10

In **Abbildung 4-9** sind eine Makro- (a) und Nahaufnahme (b) der Oberflächentopografie nach dem Fräsen dargestellt. Die Aufnahmen wurden im Fraunhofer IPT mit dem Fokus-Variationsmesssystem »Infinite Focus« des Herstellers BRUKER ALICONA erstellt (siehe Kapitel 4.5). Für die Makroaufnahme wurde ein Objektiv mit 5-fach-Fokus, für die Nahaufnahme ein 10-fach-Objektiv eingesetzt. Deutlich zu erkennen sind die in Richtung des Werkzeugvorschubs kinematisch durch Werkzeuggeometrie und Prozessführung bedingten Frässpuren.

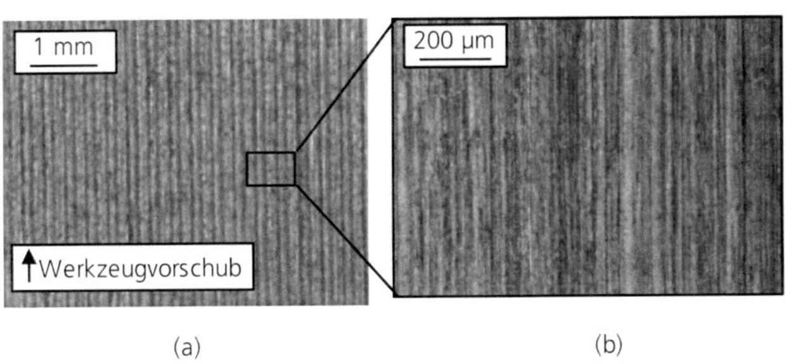

Abbildung 4-9: Fräszeiligkeit in Makro- (a) und Nahansicht (b) als Ausgangsoberfläche vor dem Schleifen
Milling structure in macro (a) and close-up view (b) as initial surface before grinding

Werkstückgeometrien

Für die Prozessuntersuchungen wurden verschiedene Oberflächengeometrien verwendet. In **Abbildung 4-10** sind die für die Grundlagenuntersuchungen verwendeten Probengeometrien dargestellt. Für die Versuche wurden sowohl plane (a) als auch variierend gekrümmte (b) Probenoberflächen erzeugt. Die Aufteilung der Testbereiche ist alphabetisch in Großbuchstaben unterteilt, die Radienbereiche sind in Kleinbuchstaben klassifiziert. Die verwendeten Krümmungsradien variieren konvex und konkav von 5 - 20 mm. Die Flachproben wurden zur Ermittlung grundlegender Prozessgrößen und zur Analyse des Einflusses einer Werkzeugoszillation eingesetzt, die variierend gekrümmten Probenflächen zur Validierung des Kraftmodells.

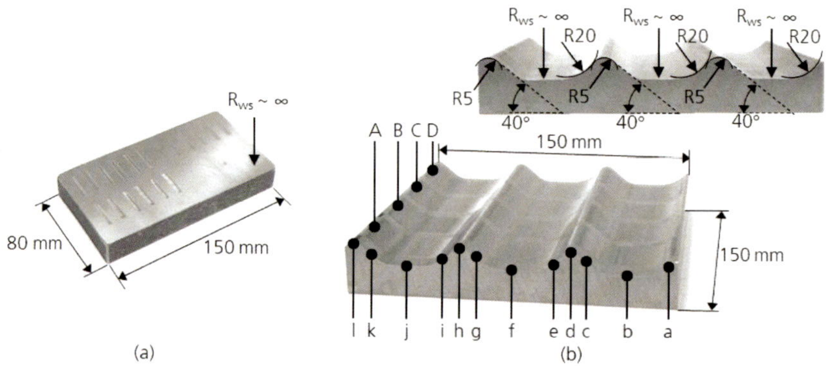

Abbildung 4-10: Isometrische- und Seitenansicht der Werkstückproben für die Prozessuntersuchungen auf flachen (a) und gekrümmten (b) Oberflächen
Isometric and side view of the workpiece specimens for the process tests on flat (a) and curved (b) surfaces

Nach separater Validierung und Prozessanalyse des Schwingungsprozesses und des kontaktzonenabhängigen Variationskraftregelungsprozesses werden beide Verfahren in einem System zusammengeführt. Das neu entwickelte Verfahren wird anschließend an einem Demonstratorbauteil untersucht und validiert.

In **Abbildung 4-11** ist das Demonstratorbauteil dargestellt. Das Testwerkzeug ist geometrisch einer Kunststoff-Airbagabdeckung eines Lenkrads angenähert und repräsentiert ein anwendungsbezogenes Bauteil des Werkzeugbaus mit üblichen Krümmungsradien, die sowohl in Umform- als auch Spritzgießwerkzeugen auftreten (siehe Kapitel 2.1.1).

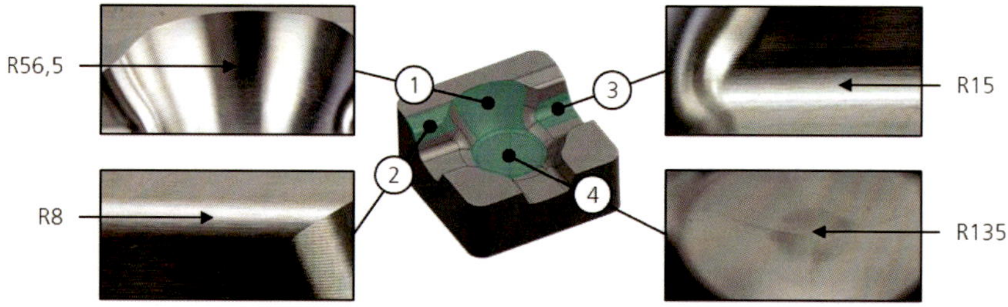

Abbildung 4-11: Isometrische Ansicht des »Airbag-Abdeckung«-Demonstrators mit Krümmungsradien
Isometric view of the »airbag cover« demonstrator with radii of curvature

4.4 Werkzeughalter und Schleifwerkzeuge

Tool holder and Grinding tools

Zur Realisierung eines kraftgeführten Prozesses wurde ein axial-nachgiebiges Werkzeugsystem siehe **Abbildung 4-12** (a)) der HI.AUTOMIZE GmbH eingesetzt. Das System verfügt über eine Rundlaufgenauigkeit von circa ± 0,1 mm und wird über einen 20 mm Aufnahmeschaft in ein Spannzangenspannfutter einer Roboter- oder Werkzeugmaschinenspindel eingespannt. Über eine an dem Ende der nachgiebigen Welle montierte Spannzange wird das Schleifwerkzeug eingespannt. Unterhalb der Spanneinheit wird das zu bearbeitende Werkstück über eine Spanneinheit auf den Maschinentisch gespannt. In Abbildung 4-12 (b) ist die Werkzeugkinematik in Relation zu einem flachen Werkstück dargestellt. [HIA21]

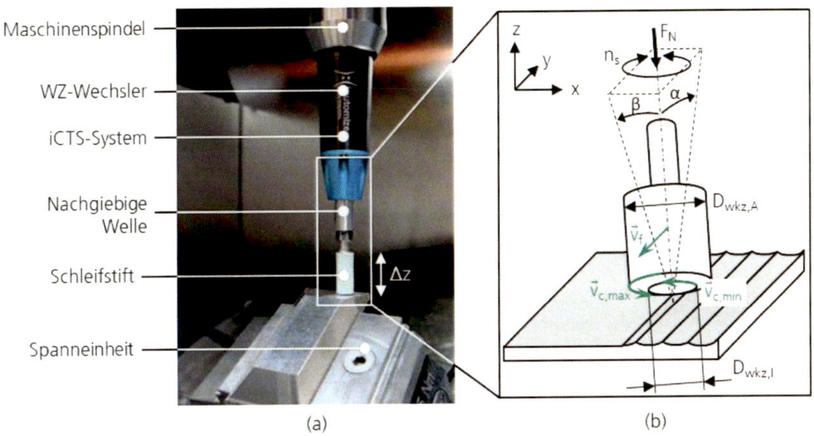

Abbildung 4-12: Axial-nachgiebiges iCTS-Werkzeugsystem für das kraftgeführte Schleifen (a) mit Darstellung der Prozesskinematik mit stirnseitigem Eingriff eines Schleifstifts (b) [WOLL21]

Axially compliant iCTS tool system for force-guided grinding (a) showing the process kinematics with face engagement of a mounted point (b)

Weitere Merkmale des Werkzeugsystems sind in **Tabelle 4-6** aufgelistet. Durch eine axiale Nachgiebigkeit in z-Richtung bringt das Werkzeugsystem eine definierte, konstante Anpresskraft auf die Werkstückoberfläche auf. Zudem werden Maschinenungenauigkeiten sowie Referenzierungsfehler und Werkzeugverschleiß kompensiert. Der in den Versuchen zugestellte Weg in Richtung der z-Achse beträgt circa 2 mm.

Tabelle 4-6: Wesentliche prozessrelevante Merkmale des axial-nachgiebigen iCTS-Werkzeugsystems [HIA21]

Essential process-relevant features of the iCTS tool system

Hersteller	Hub [mm]	Drehzahl [min^{-1}]	Anpresskraft [N]	Anstellwinkel [°]
Hi.automize	5	≤ 20.000	5 - 50 N, stufenlos	± 45

In **Tabelle 4-7** sind die Eigenschaften der für die Prozessuntersuchungen verwendeten Schleifstifte aufgelistet. Der Untersuchungsraum wurde auf gummibasierte Schleifstifte mit dem für Stahl üblichen Kornwerkstoff Normalkorund eingesetzt. Die Härte der Schleifstifte wurde mithilfe eines

Messuhr-Durometers der Firma ZWICK gemessen [ZWIC12]. Zur Qualifikation des Prozessmodells wurden Schleifstifte der Firma ARTIFEX & LOHMANN GmbH in den Härtegraden weich, mittel und hart verwendet. Weitere Schleifversuche wurden aufgrund besserer Eigenschaften in Bezug auf die Abrasivwirkung mit einem Schleifstift der Firma DAIWA RABIN ausgeführt [ARTI22; DAIW22].

Tabelle 4-7: Verwendete Schleifstifte mit wesentlichen Merkmalen [ARTI22; DAIW22]
Mounted points used with essential characteristics

Hersteller/Typ	Kornart	Korngröße [Fepa F]	Bindungsart	Härte (n. Hersteller)	Härte [Shore D]
Artifex, Rplus	NK	80, 180, 240	Gummi	weich	40,3
Artifex, Rplus	NK	80, 180, 240	Gummi	mittel	52,7
Artifex, Rplus	NK	80, 180, 240	Gummi	hart	61,7
Daiwa Rabin, CM	NK	220	Gummi	hart	62,4

4.5 Messtechnik
Metrology

Die Prozessuntersuchungen mit oszillierendem Werkzeug bzw. Werkstück wurden mit Messungen der Schwingfrequenz und -amplitude begleitet. Die Auswertung der Oberflächentopografie wurde mithilfe qualitativer und quantitativer Analyseverfahren durchgeführt. Standardfehler sind im Rahmen der Versuchsauswertung berücksichtigt und graphisch dargestellt [HILG19]. Zu jedem Messpunkte wurden zwei Wiederholungsversuche durchgeführt.

Erfassung der Schwingungsform und -amplitude

Die Erfassung der Schwingungsform und -amplitude des oszillierenden Werkzeugs bzw. Werkstücks wurde mithilfe eines Triangulationssensors des Typs ILD1420 der Firma MICRO-EPSILON MESSTECHNIK GmbH & Co. KG durchgeführt (siehe Versuchsaufbau in Kapitel 4.2). Der Sensor verfügt über einen Messbereich von 10 mm, eine Messrate von bis zu 4 kHz und eine Reproduzierbarkeit von 0,5 µm bei einer Linearität von < ± 8 µm. Als Lichtquelle dient ein Halbleiterlaser. Die Anbindung des Lasersensors erfolgt über ein IF2001/USB-Schnittstellenmodul, welches eine Signalwandlung des RS422-Signals auf USB realisiert. Die Datenerfassung der Frequenzamplitude und -form erfolgt über die im Lieferumfang enthaltene Auswertungssoftware »DAQ-Tool«. [MICR22]

2D-Schleifprofiltiefen- und Rauheitsmessungen mittels Tastschnittverfahren (TS)

Die Erfassung von Formabweichungen zweiten bis vierten Grades (siehe Kapitel 2.3.2), explizit der Oberflächenrauheit und Schleifprofiltiefe, wurden zur Stützung optischer Messungen mithilfe eines 2-dimensionalen Tastschnittverfahrens durchgeführt. Als Messgerät wurde ein MarSurf LD 130 der Firma MAHR METEREING SYSTEMS GmbH eingesetzt. Das Konturen- und Rauheitsmessgerät verfügt über eine Auflösung von 0,8 nm bei einem Restrauschen von Rz < 20 nm. Die maximale Messstrecke beträgt 130 mm bei einem Messhub von 13 mm. [MAHR22]

Analyse der 3D-Oberflächentopografie mittels Fokusvariationsverfahren (FV)

Zur Analyse der Oberflächenbeschaffenheit wurde ein Bruker Alicona Infinite Focus G5 Messsystem eingesetzt [BRUK22]. Das Instrument nutzt das Prinzip der Fokusvariation, bei welcher moduliertes Licht durch einen halbdurchlässigen Spiegel auf ein Bauteil geleitet, reflektiert und auf einen digitalen Sensor projiziert wird. Durch Variation des Objektivfokus wird eine Schärfeänderung erreicht und erfasst, wodurch Oberflächenstrukturen des gemessenen Objekts anhand der Änderung des Schärfegrads mit Distanzänderungen korreliert werden und somit die Position der Objektstruktur dreidimensional erfasst werden kann. Das System ermöglicht eine feinjustierbare Einstellung des Kontrasts, wodurch Merkmale der Oberflächenstruktur hervorgehoben werden können. [BRUK22]

Analyse der 3D-Oberflächentopografie mittels Weißlichtinterferometrie (WLI)

Zur quantitativen, dreidimensionalen Analyse der Oberfläche eignet sich die Weißlichtinterferometrie. Mithilfe dieses Verfahrens können optische, berührungslose Messungen flächenhaft durchgeführt werden. Das System kann sowohl Topografiedaten als auch Oberflächenstrukturen bei hoher vertikaler Auflösung erfassen. Mittels numerischer Nachbearbeitung können flächige Oberflächenrauheitswerte wie *Sa* und *Sq* sowie deren profilometrische Pendants *Ra* und *Rq* berechnet werden. In Abhängigkeit des eingesetzten Objektivs können Sichtfeldbreiten von 0,05 bis 8,24 mm erreicht werden. Größere Messbereiche können zudem gemessen werden. Das Objektiv erfasst in regelmäßigen Abständen die Oberfläche. Währenddessen werden die Einzelaufnahmen zu einer Gesamtaufnahme im Postprocessing zusammengefügt. Beim interferenzmikroskopischen Verfahren wird eine Strahlteilung im Objektiv vorgenommen. So treffen ein Messstrahl auf die zu untersuchende Oberfläche und ein Bezugsstrahl auf einen Referenzspiegel. In einem in dem Mikroskop verbauten Detektor werden die Lichtstrahlen überlagert und interferiert. Über den Intensitätsverlauf der interferometrischen Aufnahmen können Höheninformationen mit einer Auflösung von bis zu 0,1 nm erfasst werden. Das Verfahren nutzt hierfür die kurze Kohärenzwellenlänge von weißem Licht aus. Als Messgerät wurde ein Veeco Wyko NT1100 eingesetzt. [KEFE17; PFEI15; VEEC12]

Analyse der Oberflächentopografie mittels Rasterelektronenmikroskopie (REM)

Ergänzend zu den lichtmikroskopischen Verfahren wurde die Rasterelektronenmikroskopie eingesetzt. Mit dem Verfahren können Aufnahmen der Oberflächentopografie mit hoher Tiefenschärfe bei sehr hoher Auflösung durchgeführt werden. Als Rasterelektronenmikroskop wurde ein System des Typs NEON 40EsB der Firma Zeiss eingesetzt. Mit dem Gerät können Oberflächenaufnahmen mittels Sekundärelektronenaufnahme und Gefügeaufnahmen durch Röntgenanalyse durchgeführt werden. [CARL12]

Gefügeuntersuchungen mittels Transmissionselektronenmikroskopie (STEM)

Mittels STEM-Messungen können Einflüsse eines Prozesses auf die Randzone einer Oberfläche mittels einer transmissionselekronenmikroskopischen Untersuchung eines dünnen Probenquerschnitts untersucht werden. Bei der STEM-Messung wird eine Probe mit einer Schichtdicke von bis zu 100 nm präpariert und mit Elektronen durchstrahlt. Mit diesem Verfahren können atomare Auflösungen von < 0,2 nm erreicht werden, so dass kristallographische Gefügestrukturen, auftretende Versetzungen und Mikrorisse detektiert werden können. [MAYE06]

4.6 Versuchsplanung und -durchführung

Design of experiments and procedure

Eine strukturierte und methodische Vorgehensweise ist zur Erfassung und Analyse empirischer Datenerhebungen unabdingbar und notwendig. Die gewonnen Informationen werden verwertet, indem sie durch Induktionsschlüsse von empirischen Beobachtungen mit den erstellten Forschungshypothesen relationiert werden [POPP35].

Zur Falsifizierung des aufgestellten empirisch-analytischen und der kinematischen Kraft- und Schwingungsmodelle wird nach dem Prinzip der statistischen Versuchsplanung vorgegangen. Wesentliches Element stellt das kybernetische »Black-Box« Modell dar. [PETE91]

Im Kontext der statistischen Versuchsplanung zielt die Systemtheorie darauf ab, Eingangsgrößen und Ausgangsgrößen eines Prozesses möglichst unabhängig und unter Einbezug von Störfaktoren zu betrachten, um das Auftreten von unerwünschten Mischeffekten zu vermeiden. Hierdurch soll die Aussagefähigkeit der empirischen Untersuchungen maximiert werden. Darüber hinaus dient die statistische Versuchsplanung einer Aufstellung eines effizienten, erkenntnisorientierten Versuchsplans sowie einer objektivierten Auswertung und Aufstellung von kybernetischen Modellen, welche eindeutige Abhängigkeiten einer Zielgröße von signifikanten Einflussgrößen schaffen. [PETE91]

In **Abbildung 4-13** ist eine Übersicht der Entwicklungs- und Versuchsplanung dieser Arbeit dargestellt. Die Entwicklung des Kraftmodells sowie des Verfahrens des schwingungsunterstützten Schleifens und die Zusammenführung beider Kernteile ist in Hauptschritte, Ziele, Variablen und einen abschließenden Schritt der Auswertung gegliedert. Insgesamt mündet die Vorgehensweise in einem Erkenntnisgewinn, welcher für die Beantwortung der Forschungsfragen und den Ausblick der Forschungsarbeit verwertet wird.

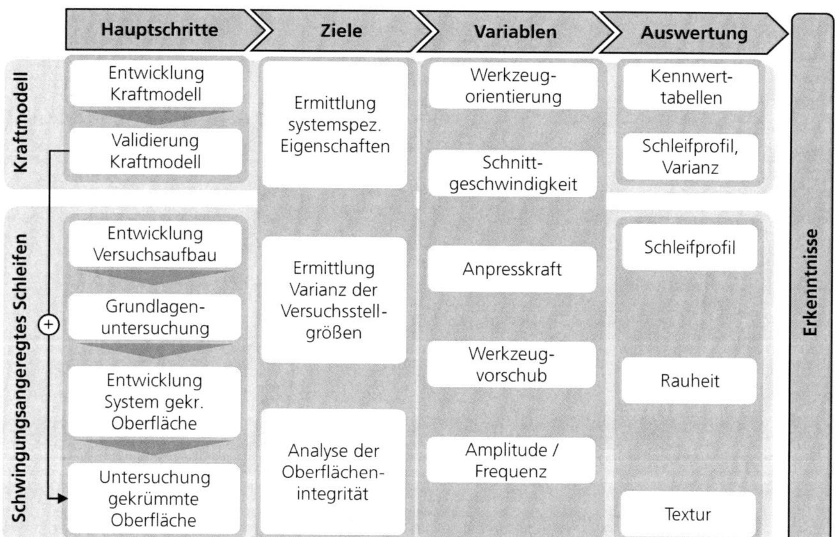

Abbildung 4-13: Übersicht der Entwicklungs- und Versuchsplanung mit Prozessvariablen und Messgrößen

Overview of development and test planning with process variables and measured variables

5 Das variationskraftgeregelte Schleifen

The variation force grinding

Das variationskraftgeregelte Schleifen zielt darauf ab, eine konstante Schleifprofiltiefe bei der Bearbeitung von variierend gekrümmten Oberflächen zu erreichen. Dies soll durch eine konstante Pressung in der Kontaktzone des Werkzeugeingriffs, also der Kontaktfläche zwischen Werkzeug und Werkstück, erreicht werden. Die Kontaktfläche im Werkzeugeingriff ist von der Werkzeuggeometrie und -härte sowie dem Krümmungsradius bzw. den geometrischen Randbedingungen der Werkstückoberfläche abhängig. Mit einem sich ändernden Werkstückradius variiert die Kontaktzone und damit auch die Pressung im Werkzeugeingriff. Die Anpresskraft wiederum ist eine Stellgröße, welche geregelt werden kann. Eine Änderung der auf das elastische Werkzeug applizierten Anpresskraft führt zu einer Änderung der Flächenpressung und damit zu Abweichungen des Schleifprofils. So soll durch Einstellung einer variierenden Anpresskraft an verschieden gekrümmten Bauteilkonturen eine gleichmäßige Schleifprofiltiefe realisiert werden.

Um diese Theorie in eine Prozesssystematik zu überführen, muss zunächst ein Beschreibungs- und Vorhersagemodell für die Kontaktzone eines sich stirnseitig im Eingriff befindenden Schleifstifts entwickelt werden. Hierfür wird eine geometrische Modellierung der eingesetzten Kinematik eines gummigebundenen Schleifstifts vorgenommen und in einem auf der PRESTON-Hypothese basierenden Modellierungsansatz gebündelt. Die Ausrichtung des Modells erfolgt dabei derart, dass die krümmungsabhängig einzustellenden Anpresskräfte berechnet werden können. Die Anpresskraftwerte sollen als Stellgrößen eingesetzt werden. Das im Folgenden vorgestellte Scheibenmodell zur geometrischen Beschreibung der Kontaktzone eines auf einer stirnseitig angebrachten Fase eingreifenden Schleifstiftes stellt eine Neuentwicklung dar. Die Beschreibung der Kontaktzone beruht auf einer Anpassung der HERTZschen Pressung zur Beschreibung des Kontaktes zweier elastischer Körper.

5.1 Entwicklung des Kontaktzonenmodells

Development of the contact zone model

5.1.1 Prozess und Kinematik

Process and kinematics

Abbildung 5-1 (a) zeigt schematisch den geometrischen Aufbau des Werkzeugs und die Prozesskinematik auf einer ebenen Werkstückfläche mit dem angenäherten Oberflächenradius $R_{ws} \sim \infty$. Als Schleifwerkzeug wird eine zylindrischer, stirnseitig gefaster Schleifstift verwendet. Der stirnseitige Abrichtwinkel α^* entspricht dem resultierenden Winkel der eingestellten Steigungs- und Neigungswinkel α und β. Auf das Werkzeug, das mit der Spindeldrehzahl n_s rotiert, wirkt eine definierte Normalkraft F_N. Der Prozess folgt einer »S-Raster«-Bahnstrategie, indem der Werkzeugvorschub $\vec{v_f}$ mit dem Bahnabstand a_p eingestellt wird. Die Breite der im Schleifprozess auf die Stirnfläche wirkende Fasenfläche ist definiert durch die Differenz zwischen Innen- ($D_{wkz,I}$) und Außendurchmesser ($D_{wkz,A}$) der Schleifscheibe unter Berücksichtigung des Abrichtwinkels α^*. Der eingestellte Fasenbereich reicht nicht bis zur Mitte des Schleifstifts, um unerwünschte Null-Schnittgeschwindigkeiten im Werkzeugeingriff zu vermeiden. Das Schleifwerkzeug hat einen elastischen Grundkörper.

Die kinematische Anordnung ist in Anlehnung an die Kinematik des Schlichtfräsens gewählt, um den CAD/CAM-Programmieraufwand zu minimieren. Abbildung 5-1 (a) zeigt die »S-Raster«-Bahnführung, die als Basis für die Modellierung und die Versuche verwendet wurde. Die gezeigte Strategie gewährleistet eine einfach zu programmierende, dem Schlichtfräsen ähnelnde Bahnstrategie mit einem konstanten Schleifmodus und minimiert gleichzeitig Maschinenumstellbewegungen. Dies reduziert mögliche Störeinflüsse, die das Schleif- und Modellergebnis verfälschen bzw. beeinflussen können.

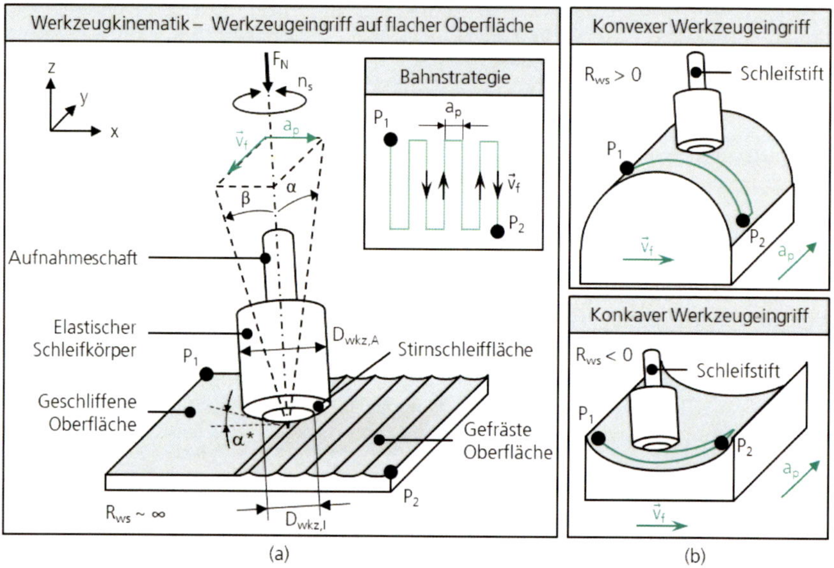

Abbildung 5-1: Prozesskinematik eines angestellten Schleifstifts im stirnseitigen Eingriff auf ebener (a), konvex (b) und konkav gekrümmter (c) Werkstückoberfläche

Process kinematics of an angled mounted point in face engagement on flat (a), convex (b) and concavely curved (c) workpiece surface

In Abbildung 5-1 (b) ist der Werkzeugeingriff auf konvexen und konkaven Werkzeugoberflächen schematisch dargestellt. Die Oberflächenkrümmung wird bei konvexem Kontakt durch $R_{ws} > 0$ und bei konkavem Werkzeugkontakt durch $R_{ws} < 0$ beschrieben.

Zur Vereinfachung der Prozessplanung wird angenommen, dass die Orientierung des Werkzeugvorschubs $\vec{v_f}$ streng orthogonal zur Zustellung *af* und dem Krümmungsradius R_{ws} der Oberfläche ist (siehe $\vec{v_f}$ in Abbildung 5-1 (a)).

5.1.2 Modellierung des kontaktzonenabhängigen Werkzeugeingriffs

Development of the contact zone model

In diesem Kapitel wird ein Modellierungskonzept der Schleifprofileigenschaften beim Schleifen von gekrümmten Oberflächen auf der Grundlage der vorgestellten Werkzeugkinematik entwickelt. Der Modellierungsansatz basiert auf der Erweiterung eines quantifizierbaren Abtragsmodells unter Berücksichtigung des elastischen Werkzeugverhaltens und wechselnder Kontaktbedingungen. Schließlich wird in diesem Kapitel ein auf dem Modellierungsansatz basierender Arbeitsablauf für die Bearbeitung einer Schleifaufgabe vorgestellt. Eine experimentelle Validierung ist im folgenden Kapitel zu finden.

Die Modellierung des Schleifprofils basiert auf dem analytischen Modell von PRESTON, das ursprünglich für das Polieren von Glas entwickelt wurde. [DRIE18; KRET18; PRES27]

Die PRESTON-Gleichung lautet:

$$\frac{dz}{dt} = K \cdot p_{Kon} \cdot \vec{v_c} \qquad \text{Gl. 5-1}$$

Das PRESTON-Modell wurde empirisch validiert und besagt, dass die zeitabhängige Materialabtragsrate (MRR) *dz/dt* zwischen Polierwerkzeug und Werkstück proportional zum Produkt aus Druck p_{Kon} in der Eingriffszone zwischen Werkzeug und Werkstück, der relativen Werkzeuggeschwindigkeit $\vec{v_c}$ und der PRESTON-Konstante K ist. Die Proportionalitätskonstante K fasst alle chemischen und mechanischen Eigenschaften des untersuchten Systems zusammen. Dazu zählen unter anderem das Poliermedium, die Poliersuspension, die Korngröße, die Werkstückoberfläche und das Werkstückmaterial.

In Erweiterung des Glaspolierprozesses haben vorangegangene Prozessuntersuchungen und einschlägige Veröffentlichungen die Anwendbarkeit des Modells für Schleifprozesse mit elastischen Werkzeugen auf Gummibasis nachgewiesen [KRET18; TONG19].

Im Umkehrschluss kann aus der PRESTON-Hypothese gefolgert werden, dass der Druck in der Kontaktzone konstant sein muss, um eine homogene Profiltiefe während des Schleifprozesses zu erreichen.

Der Druck in der Kontaktzone ist definiert als der Quotient aus der aufgebrachten Normalkraft F_N und der Kontaktfläche A_{Kon} im Eingriff zwischen Werkzeug und Werkstück.

$$p_{Kon} = \frac{F_N}{A_{Kon}} \qquad \text{Gl. 5-2}$$

Bei der Feinbearbeitung gekrümmter Oberflächen kommt es jedoch zu einer ständigen Veränderung der Kontaktzonenfläche A_{Kon}, die sich unmittelbar auf den Druck p_{Kon} auswirkt, wobei davon ausgegangen wird, dass die aufgebrachte Normalkraft F_N konstant ist. **Abbildung 5-2** zeigt schematisch die Veränderung der Kontaktzone bei einem konvexen (a) und konkaven (b) Flächenkontakt zwischen Werkzeug und Werkstück. Man erkennt, dass der konvexe Kontaktzustand im Allgemeinen eine kleinere Kontaktfläche $A_{Kon,1} < A_{Kon,2}$ aufgrund einer geringeren Kontaktbreite $b_{Kon,1} < b_{Kon,2}$ beinhaltet. Unter der Annahme einer konstant aufgebrachten Kraft F_N nimmt der Druck im Kontakt mit abnehmender Fläche zu, was zu einer Druckvariation auf gekrümmten Oberflächen führt.

Die Druckschwankung in der Kontaktzone kann durch die Anpassung der Normalkraft F_N kompensiert werden, so dass theoretisch eine homogene Schleifprofiltiefe erzeugt werden kann, vorausgesetzt, es kommt zu keiner Überschneidung der Werkzeugbahnen im Prozess.

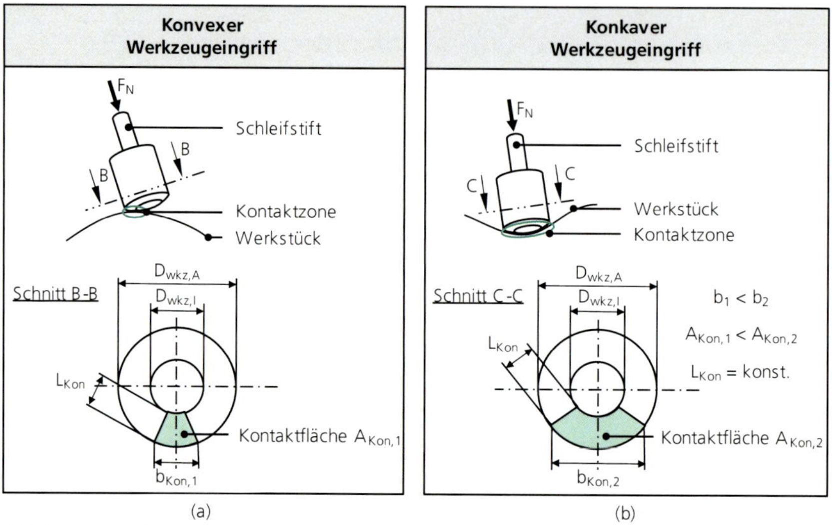

Abbildung 5-2: Schematische Darstellung einer variierenden Kontaktzone im konvexen (a) und konkaven Werkzeugeingriff (b)
Schematic representation of a varying contact zone in convex (a) and concave tool engagement (b)

Neben der Anpassung des Anpressdrucks p_{Kon} kann auch die relative Schnittgeschwindigkeit $\vec{v_c}$ durch Anpassung der Spindeldrehzahl n_s oder des Werkzeugvorschubs $\vec{v_f}$ variiert werden, um die Schleifprofiltiefe zu kompensieren. Dies ist zwar bis zu einem bestimmten Grad möglich, aber eine solche Methodik kompensiert nicht die geometrischen Veränderungen im Bereich der Kontaktzone. Bei der Oberflächenbearbeitung ist die Berücksichtigung von Änderungen in der Kontaktzonenfläche A_{Kon} jedoch notwendig, um homogene Schleifprofiltiefen zu erreichen.

Modellierung der Kontaktspannung/Pressung im Werkzeugeingriff

Die Beschreibung des Kontaktdrucks p_{Kon} zwischen Schleifwerkzeug und Werkstück basiert auf dem HERTZschen Spannungsmodell [HERT81]. Abbildung 5-3 zeigt eine schematische Darstellung der HERTZschen Kontakttheorie für einen Zylinder über einer ebenen (a), konvexen (b) und konkaven (c) Kontaktfläche. HERTZ entwickelte ein Modell zur Beschreibung des Kontakts zwischen zwei elastischen und kraftexponierten Zylindern mit unterschiedlichen Radien, das auf bestimmte Kontaktfälle angewendet werden kann. So kann z. B. im Falle eines Zylinders über einem Hohlzylinder der Radius des Hohlzylinders einfach im Vorzeichen geändert werden oder im Falle eines Zylinders über einer ebenen Fläche kann der Radius der ebenen Fläche als gegen unendlich tendierend betrachtet werden.

Das HERTZsche Kontaktspannungsmodell (siehe **Abbildung 5-3** (a-c)) beschreibt das Profil $p_{Kon}(x)$ des Drucks, der vom verformten Zylinder auf die ebene Fläche infolge der Normalkraft F_N ausgeübt wird. Die Länge a_{Kon} beschreibt die halbe Breite der Kontaktfläche zwischen den beiden interagierenden elastischen Körpern mit den Radien R_1 und R_2.

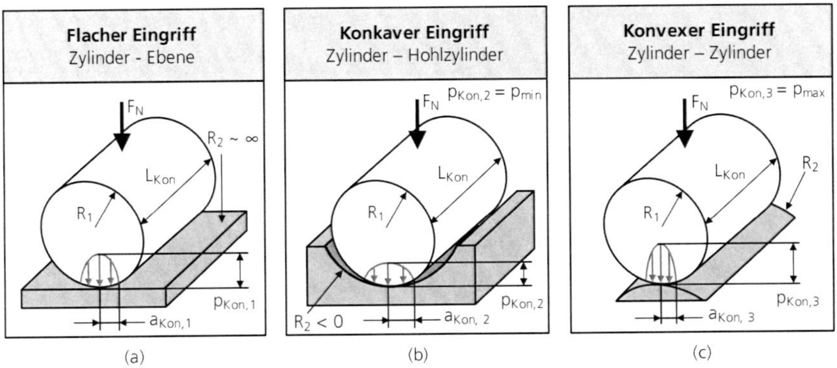

Abbildung 5-3: Modelle der HERTZschen Pressung für den Kontaktfall Zylinder-Ebene (a), Zylinder-Hohlzylinder (b) und Zylinder-Zylinder (c) und deren Zuordnung zu einem flachen, konkaven und konvexen Werkzeugeingriff [HERT81]

Models of HERTZian pressure for the contact case cylinder-plane (a), cylinder-hollow cylinder (b) and cylinder-cylinder (c) and their assignment to a flat, concave and convex tool engagement

Die Druckverteilung $p_{Kon}(x)$ kann wie folgt beschrieben werden:

$$p_{Kon}(x) = p_{Kon,max} \cdot \sqrt{1 - \left(\frac{x}{a_{Kon}}\right)^2} \qquad \text{Gl. 5-3}$$

Die Kontaktzone hat eine Ausdehnung L_{Kon} entlang der y-Richtung, wie in Abbildung 5-3 (d) dargestellt. Da die Kontaktfläche nahezu rechteckig ist, kann ihr Flächeninhalt näherungsweise wie folgt berechnet werden:

$$A_{Kon} = 2 \cdot a_{Kon} \cdot L_{Kon} \qquad \text{Gl. 5-4}$$

Die Berührungslinie ist die in y-Richtung verlaufende Linie, die an der x-Koordinate liegt, für die der Berührungsdruck den größten Absolutwert $p_{Kon,max}$ hat. Um einen Ausdruck für den maximalen Druck $p_{Kon,max}$ zu bestimmen, muss zunächst der durchschnittliche Kontaktdruck $\overline{p_{Kon}}$ ermittelt werden, indem die Druckverteilung $p_{Kon}(x)$ (Gl. 5-3) wie folgt integriert wird:

$$\overline{p_{Kon}} = \frac{\int_{-a_{Kon}}^{a_{Kon}} p_{Kon}(x)dx}{2a_{Kon}} = \frac{p_{Kon,max} \cdot \pi}{4} \qquad \text{Gl. 5-5}$$

Der durchschnittliche Druck $\overline{p_{Kon}}$ kann mit Gl. 5-4 wie folgt beschrieben werden:

$$\overline{p_{Kon}} = \frac{F_N}{A_{Kon}} = \frac{F_N}{2 \cdot a_{Kon} \cdot L_{Kon}} \qquad \text{Gl. 5-6}$$

Setzt man die Gleichung (Gl. 5-5 und Gl. 5-6) für $\overline{p_{Kon}}$ gleich, so erhält man einen neuen Ausdruck für den maximalen Kontaktdruck $p_{Kon,max}$:

$$p_{Kon,max} = \frac{2 \cdot F_N}{\pi \cdot a_{Kon} \cdot L_{Kon}} \qquad \text{Gl. 5-7}$$

Mit Hilfe der resultierenden Gleichung (Gl. 5-7) kann nun der maximale Druck, der entlang der Wirkungslinie wirkt, abgeleitet werden.

Nach POPOV lässt sich der Maximaldruck $p_{Kon,max}$ auch mit guter Näherung ableiten, wenn man die Normalkraftstärke F_N, den äquivalenten Krümmungsradius R^*, die Länge der Berührungslinie L_{Kon} und den äquivalenten Normal-Elastizitätsmodul E^* kennt:

$$p_{Kon,max} = \sqrt{\frac{F_N \cdot E^*}{\pi \cdot L_{Kon} \cdot R^*}} \qquad \text{Gl. 5-8}$$

Der so genannte äquivalente Krümmungsradius kann aus den Krümmungsradien R_1 und R_2 der sich berührenden elastischen Körper ermittelt werden:

$$R^* = \frac{1}{\frac{1}{R_1} + \frac{1}{R_2}} \qquad \text{Gl. 5-9}$$

Der äquivalente Normal-Elastizitätsmodul E^* ergibt sich aus den Elastizitätsmoduln E_1 und E_2 und den Poissonzahlen ν_1 und ν_2 der jeweiligen Materialien [KIRC07]:

$$E^* = \frac{1}{\frac{1-\nu_1{}^2}{E_1} + \frac{1-\nu_2{}^2}{E_2}} \qquad \text{Gl. 5-10}$$

Setzt man die Gleichungen (Gl. 5-7) und (Gl. 5-8) ein, so ergibt sich für die Hälfte der Kontaktbreite a_{Kon} folgende Beziehung:

$$a_{Kon} = 2 \cdot \sqrt{\frac{F_N \cdot R^*}{\pi \cdot L_{Kon} \cdot E^*}} \qquad \text{Gl. 5-11}$$

Das Ergebnis (Gl. 5-11) zeigt, dass es nur einen möglichen Wert für die Hälfte der Kontaktbreite a_{Kon} gibt, wenn der äquivalente Radius $R^* > 0$ ist. Da im Folgenden nur zylindrische Formen für den ersten elastischen Körper, der am Kontakt beteiligt ist, untersucht werden, ist R_1 immer positiv und endlich ($R_1 > 0$). Daher besteht die Bedingung für Gl. 5-9, dass für $R^* > 0$ die folgende Bedingung erfüllt sein muss:

$$R_1 > 0 \wedge (R_2 \geq 0 \vee R_2 < -R_1) \qquad \text{Gl. 5-12}$$

Im Falle eines konkaven Kontakts, wie in Abbildung 5-3 (c) dargestellt, besteht die physikalische Interpretation (Gl. 5-12) darin, dass der erste Zylinder zu groß wäre, um mit der Oberfläche des zweiten Zylinders in Kontakt zu kommen. Außerdem ist das Modell im Falle von $R_2 \sim 0$ und $R_2 \sim R_1$ nicht mehr gültig.

Unter der Annahme, dass die Bedingung (Gl. 5-12) erfüllt ist, können Gleichung (Gl. 5-4) und Formel (Gl. 5-11) kombiniert werden, um die Fläche A_{Kon} in der Kontaktzone zwischen R_1 und R_2 für jede Kraft F_N zu berechnen.

Für die Anwendung der HERTZschen Pressung im Kontakt zwischen Werkzeug und Werkstück werden folgende Annahmen getroffen:

- Der Werkstoff ist homogen und isotrop
- Die resultierenden Druckflächen sind eben
- Man nimmt ausschließlich wirkende Normalkräfte auf die Druckflächen an
- Tangentiale Kräfte treten nicht auf
- Man nimmt ausschließlich elastische Verformungen an
- Das HOOKEsche Gesetz gilt

5.1.3 Das Scheibenmodell zur Modellierung der Werkzeugeingriffszone

The slice model for modeling the tool engagement zone

Im aktuellen Stand der Forschung sind bereits Modellierungsansätze auf Basis der HERTZschen Pressung beschrieben. Ansätze für die Feinbearbeitung mit Schleifstiften widmen sich jedoch meist der Modellierung des Eingriffs eines Werkzeugs mit sphärischer oder elliptischer Geometrie in die Oberfläche des Werkstücks mittels eines elliptischen Schleifwerkzeugs. [REN19; WANG09]

Durch die von HERTZ beschriebenen Kontaktfälle zwischen Kugeln und ebenen oder gekrümmten Flächen wird die geometrische Modellierung des Kontakts zwischen Schleifstift und Werkstück erleichtert. Der Nachteil ist jedoch, dass die verwendeten Schleif- und Polierwerkzeuge einem Verschleiß unterliegen, der eine kontinuierliche Veränderung der Geometrie der Polier- oder Schleifscheibe bewirkt. Da diese Verschleißerscheinungen schwer zu modellieren sind, sind die HERTZschen Modelle und verwandte Modelle aufgrund der kontinuierlichen Veränderung der Kontaktzonenfläche nur in den ersten Augenblicken des Bearbeitungsprozesses gültig. Daher ist die Anwendung der Modelle in der Anwendung begrenzt.

In diesem Abschnitt wird ein neuer geometrischer Modellierungsansatz für elastische Schleifwerkzeuge vorgestellt, der das HERTZsche Kontaktmodell in modifizierter Form anwendet.

Abbildung 5-4 (a) zeigt eine Seitenschnittansicht der in Abbildung 5-1 beschriebenen Schleifstiftgeometrie. Der Schleifstift hat den Abrichtwinkel α^* und ist mit dem gleichen Winkel in Führungsrichtung gekippt.

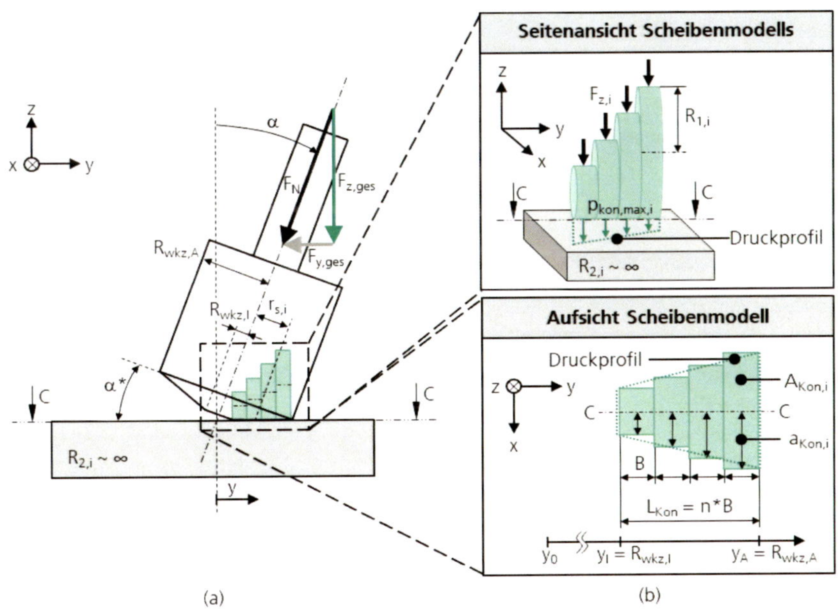

Abbildung 5-4: Seitenschnittansicht des »Scheibenmodell«-Ansatzes (a), Detailansicht der Scheiben mit Druckprofil (b) und Draufsicht auf die resultierende V-förmige Kontaktzone (c)

Side section view of the »slice model« approach (a), detail view of the slices with pressure profile (b) and top view of the resulting V-shaped contact zone (c)

Da der Eingriff eines angefasten Schleifstiftes keiner der in Abbildung 5-3 beschriebenen Kontaktarten zugeordnet werden kann, ist eine Anpassung des HERTZschen Modells erforderlich. Aufgrund des Abrichtwinkels α^* nimmt der Radius der zylindrischen Scheibe, die zur Annäherung an die Geometrie des Schleifstiftes verwendet wird, von der Werkzeugmitte zur äußeren Spitze hin zu. Um dies mit der HERTZschen Pressung zu modellieren, wird zunächst ein diskretes und anschauliches Modell durch Übernahme der HERTZschen Zylindermodelle abgeleitet und dann in ein kontinuierliches Modell mit hoher Auflösung umgewandelt.

Abbildung 5-4 (b) zeigt eine Detailansicht der zur Modellierung des Schleifstifts verwendeten zylindrischen Schlitten mit einer Darstellung des Druckprofils $p_{Kon,max,i}$ (Abbildung 5-4). Der spezifische Zylinderscheibendruck nimmt mit zunehmendem Schleifscheibenradius $R_{1,i}$ proportional ab, da der gleichmäßig verteilte Kontaktdruck auf eine größere Kontaktfläche wirkt (siehe Gl. **5-5**).

Abbildung 5-4 (c) zeigt eine Draufsicht auf das modellierte Schleifstiftprofil und die resultierende v-Form. In diesem Beispiel wurden vier zylindrische Scheiben mit der Gesamtlänge L_{Kon} und der einfachen Breite B mit den dargestellten Auflagepunkten zur Modellierung der Kontaktzone verwendet. Eine höhere Auflösung des modellierten Kontaktzonennetzes kann durch Erhöhung der Anzahl der Scheiben oder durch Einführung einer kontinuierlichen Funktion erreicht werden.

Wie aus Abbildung 5-4 (c) ersichtlich, kann die Kontaktzonenfläche zwischen jeder zylindrischen Scheibe und der Werkstückoberfläche durch ein Rechteck angenähert werden. Die Summe der n-Einzelflächen entspricht der Gesamtkontaktfläche zwischen dem Schleifstift und dem Werkstück.

Der Zusammenhang kann wie folgt beschrieben werden:

$$A_{Kon} = \sum_{i=1}^{n} A_{Kon,i} = L_{Kon} \cdot \sum_{i=1}^{n} 2 \cdot a_{Kon,i} \qquad \text{Gl. 5-13}$$

mit $L_{kon} = n \cdot B = konst.$

Die Länge der Werkzeugeingriffslinie L_{Kon} ist definiert durch die Anzahl n und die Breite B der Scheiben, wobei die Länge konstant bleibt. Eine Erhöhung der Anzahl der zur Approximation der Geometrie verwendeten Scheiben trägt dabei zur Verbesserung der Annäherung bei. Mit n, das gegen unendlich geht, wird die Summation zu einem RIEMANNschen Integral und die lokale Höhe des i-ten Rechtecks $a_{Kon,i}$ wird durch eine Funktion der y-Koordinate $a_{Kon}(y)$ ersetzt.

Berechnung der Zylinderradien

Abbildung 5-5 (a) zeigt die isometrische Ansicht des Werkzeugs mit seiner virtuellen Unterteilung in zylindrische Scheiben. Zur Berechnung der Radien $R_{1,i}$ der zylindrischen Scheiben in Abhängigkeit vom Abrichtwinkel α^* und dem Schleifstiftradius $r_{s,i}$ (Gl. 5-14) werden drei Punkte $P_{1,i}$, $P_{2,a,i}$ und $P_{2,b,i}$ bestimmt (Abbildung 5-4). Man nimmt an, dass der Hilfspunkt $P_{1,i}$ auf der Berührungslinie im Abstand $r_{s,i}$ von der Werkzeugmitte aus liegt. Die Ebene $E_{rs,i}$ wird durch den Punkt $P_{1,i}$, den Vektor y^* und die Orthogonalitätsbedingung zur Werkzeugfase definiert. Weiterhin erhalten wir die Hilfspunkte $P_{2,b,i}$ und $P_{2,b,i}$, da diese durch den Schnittpunkt der Ebene $E_{rs,i}$, der Werkzeugkante und der Koordinatenebene $E_{x^*y^*}$ gegeben sind.

$$r_{s,i} = R_{wkz,I} + (2 \cdot i + 1) \cdot \left(\frac{R_{wkz,A} - R_{wkz,I}}{10}\right) \qquad \text{Gl. 5-14}$$

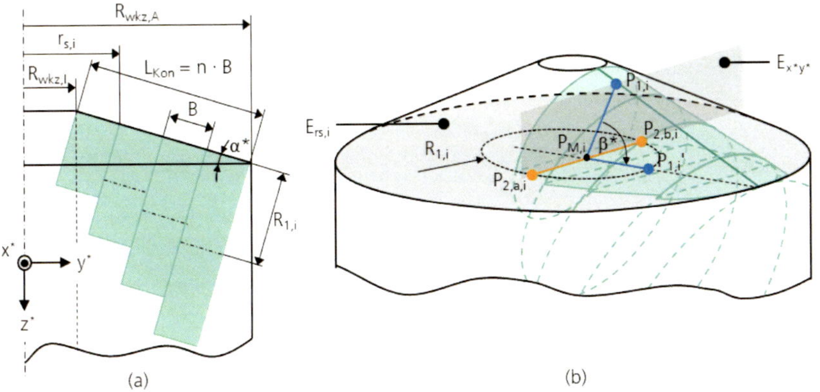

Abbildung 5-5: Seiten- (a) und isometrische Ansicht (b) eines Schleifstifts mit Darstellung der Zylinderscheiben des Scheibenmodells und Stützpunkte zur Ermittlung der Scheibenradien

Side (a) and isometric view (b) of a mounted point with representation of the cylindrical wheels of the wheel model and support points for determining the wheel radii

Im folgenden Abschnitt werden die Gleichungen zur Ableitung der Koordinaten der Punkte in Bezug auf das Koordinatensystem in Abbildung 5-5 (a) angegeben.

$$P_{1,i} = \begin{pmatrix} r_{s,i} \\ 0 \\ tan(\alpha^*) \cdot l \end{pmatrix}$$

$$P_{2,a,i} = \begin{pmatrix} k \\ +\sqrt{R_{wkz,A}^2 - k^2} \\ 0 \end{pmatrix} \qquad \text{Gl. 5-15}$$

$$P_{2,b,i} = \begin{pmatrix} k \\ -\sqrt{R_{wkz,A}^2 - k^2} \\ 0 \end{pmatrix}$$

Mit den Variablen:

$$l = \left(R_{wkz,A} - r_{s,i}\right)$$
$$k = r_{s,i} - tan(\alpha^*)^2 \cdot l \qquad \text{Gl. 5-16}$$

Um den Radius $R_{1,i}$ der zylindrischen Scheibe als zweidimensionales Problem berechnen zu können, kann der Punkt $P_{1,i}$ in die $E_{x^*y^*}$-Ebene transformiert werden. Dies geschieht durch Drehen des Punkts um den Winkel β^* um die Linie, die durch die Punkte $P_{2,a,i}$ und $P_{2,b,i}$ definiert ist. Wir erhalten den Punkt $P'_{1,i}$:

$$P'_{1,i} = \begin{pmatrix} k + \sqrt{\left(r_{s,i} - k\right)^2 + (tan(\alpha) \cdot l)^2} \\ 0 \\ 0 \end{pmatrix} \qquad \text{Gl. 5-17}$$

Nun können wir die Dimension z^* und damit die dritte Koordinate der Hilfspunkte vernachlässigen. Bekanntlich kann ein Kreis durch drei Punkte beschrieben werden. Wir können nun den gesuchten Radius $R_{1,i}$ bestimmen. Alle Punkte auf einem Kreisbogen haben den gleichen Abstand (den Radius $R_{1,i}$) von seinem Mittelpunkt $P_{m,i}$.

$$R_{1,i} = \sqrt{\left(x^* - x^*_{P_{M,i}}\right)^2 + \left(y^* - y^*_{P_{M,i}}\right)^2} \qquad \text{Gl. 5-18}$$

Durch Multiplikation und Umstellung der bekannten und unbekannten Variablen erhält man folgenden Zusammenhang:

$$u - h \cdot x^* - w \cdot y^* = -\left(x^{*2} + y^{*2}\right) \qquad \text{Gl. 5-19}$$

Weiteres Umstellen ergibt:

$$u = x^{*}_{M_i}{}^2 + y^{*}_{M_i}{}^2 - R_{1,i}{}^2$$

$$h = 2 \cdot x^*_{M_i} \qquad \text{Gl. 5-20}$$

$$w = 2 \cdot y^*_{M_i}$$

Durch Kombination der Hilfsparameter (Gl. 5-20) können wir $R_{1,i}$ als Funktion der Hilfsvariablen schreiben:

$$R_{1,i} = \sqrt{\frac{h^2}{2} + \frac{w^2}{2} - \mathrm{u}} \qquad \text{Gl. 5-21}$$

Da wir die x^*- und y^*-Koordinaten der drei verschiedenen Punkte ($P'_{1,i}$, $P_{2,a,i}$, $P_{2,b,i}$) kennen und drei unbekannte Variablen (Gl. 5-19) haben, erhalten wir ein vollständig definiertes Gleichungssystem.

$$\begin{pmatrix} -u & h \cdot x^*_{P'_{1,i}} & w \cdot y^*_{P'_{1,i}} \\ -u & h \cdot x^*_{P'_{2,a,i}} & w \cdot y^*_{P'_{2,a,i}} \\ -u & h \cdot x^*_{P'_{2,b,i}} & w \cdot y^*_{P'_{2,b,i}} \end{pmatrix} = \begin{pmatrix} \left(x^*_{P'_{1,i}}{}^2 + y^*_{P'_{1,i}}{}^2\right) \\ \left(x^*_{P'_{2,a,i}}{}^2 + y^*_{P'_{2,a,i}}{}^2\right) \\ \left(x^*_{P'_{2,b,i}}{}^2 + y^*_{P'_{2,b,i}}{}^2\right) \end{pmatrix} \qquad \text{Gl. 5-22}$$

Durch Lösen des Gleichungssystems (Gl. 5-22) und Einsetzen der Ergebnisse in die Gleichung erhält man schließlich den gesuchten Radius $R_{1,i}$ des zylindrischen Schnitts i (Gl. 5-21).

5.1.4 Kraft als Funktion des Werkstückradius

Force as a function of the workpiece radius

Folglich (Gl. 5-23) lässt sich die Normalkraft F_N ableiten, die auf jeden Punkt der Werkstückoberfläche ausgeübt werden muss, um einen konstanten Anpressdruck p_{Kon} zu erhalten. Wie bereits bei der Analyse der PRESTON-Gleichung (Gl. 5-1) hervorgehoben wurde, wird die Zerspanleistung konstant, wenn der relative Anpressdruck zwischen der Werkstückoberfläche und dem Schleifstift konstant ist. Diese Kraft kann als das Produkt aus dem hypothetisch konstanten Druck p_{Kon} und der Kontaktfläche A_{Kon} ausgedrückt werden, die vom lokalen Krümmungsradius des Werkstücks R_{ws} und der Normalkraft F_N abhängt:

$$F_N\,(R_{ws}) = p_{Kon} \cdot A_{Kon}(R_{ws}, F_N) \qquad \text{Gl. 5-23}$$

Der Wert des anzuwendenden konstanten Drucks p_{Kon} muss im Voraus bestimmt werden. Da der Term F_N in beiden Termen (Gl. 5-22) vorhanden ist, muss eine Bezugskraft $F_{N,planar}$ eingeführt werden. Diese Kraft stellt die Normalkraft dar, die auf eine ebene Fläche aufgebracht werden muss, um den gewünschten Materialabtrag während des Schleifprozesses zu erreichen. Sie muss experimentell bestimmt werden, um die Auswirkungen der Werkstoffe des Werkzeugs und des Werkstücks getrennt zu berücksichtigen.

Eine nachträgliche Erhöhung der Schleifprofiltiefe erfordert keine neuen Versuche, da die Zerspanrate proportional zur Kraft ist [NGUY17; PRES27]. Im Falle eines ideal ebenen Werkstücks kann der lokale Krümmungsradius an jedem Punkt als unendlich angesehen werden, und der äquivalente Radius R_i^* (Gl. 5-9) entspricht dem Radius der allgemeinen zylindrischen Scheibe $R_{1,i}$:

$$\lim_{R_{ws}\to+\infty} R_i^* = \lim_{R_{ws}\to+\infty} \frac{1}{\frac{1}{R_{1,i}} + \frac{1}{R_{ws}}} = R_{1,i} \qquad \text{Gl. 5-24}$$

Die Gesamtkontaktfläche zwischen dem Schleifstift und dem Werkstück wird mit Hilfe der Gleichungen (Gl. 5-11) und (Gl. 5-13) aus der Summe wie folgt berechnet:

$$A_{Kon} = 2 \cdot B \cdot \sum_{i=1}^{n} a_{kon,i} = 4 \cdot B \cdot \sum_{i=1}^{n} \sqrt{\frac{F_{z,i} \cdot R_i^*}{\pi \cdot B \cdot E^*}}$$

$$\frac{F_{z,i}}{B} = \frac{F_N}{L_{Kon}} = 4 \cdot B \cdot \sqrt{\frac{1}{\pi \cdot L_{Kon} \cdot E^*}} \cdot \sqrt{F_N} \cdot \sum_{i=1}^{n} \sqrt{R_i^*} \qquad \text{Gl. 5-25}$$

Im Falle eines ebenen Kontakts und Ersetzen von Gleichung (Gl. 5-23) durch Gleichung (Gl. 5-25) erhält man:

$$p_{Kon} = \frac{F_N}{A_{planar}} = \frac{F_{N,planar}}{4 \cdot B \cdot \sqrt{\frac{1}{\pi \cdot L_{Kon} \cdot E^*}} \cdot \sqrt{F_{N,planar}} \cdot \sum_{i=1}^{n} \sqrt{R_{1,i}}} \qquad \text{Gl. 5-26}$$

Wenn man Gleichung (Gl. 5-26) auf beiden Seiten quadriert und die Gleichung (Gl. 5-25) darin ersetzt, kann man F_N wie folgt ableiten:

$$F_N = F_{N,planar} \cdot \left(\frac{\sum_{i=1}^{n} \sqrt{R_{1,i}^*}}{\sum_{i=1}^{n} \sqrt{R_{1,i}}} \right)^2$$

$$R_{1,i}^* = \frac{1}{\frac{1}{R_{1,i}} + \frac{1}{R_{ws}}} \qquad \text{Gl. 5-27}$$

Die erhaltene Gleichung ist weiterhin gültig, da F_N immer positiv ist. Da die Bezugskraft $F_{N,planar}$ und der Radius der generischen zylindrischen Scheibe R_i während des Schleifprozesses konstant sind, hängt der Wert von F_N nur vom lokalen Krümmungsradius des Werkstücks R_{ws} ab.

5.1.5 Anpassung des Werkzeugbahnabstands

Adjustment of the tool path distance

Durch die Anwendung des im vorherigen Abschnitt vorgestellten Modells ist es nun möglich, während des gesamten Schleifprozesses einen konstanten Druck auszuüben. Wie aus Gleichung (Gl. 5-23) ersichtlich ist, muss der Ausdruck der Kontaktfläche angepasst werden, um einen konstanten Anpressdruck während des gesamten Prozesses zu erhalten, da der Radius des Werkstücks von Punkt zu Punkt variiert. Um dennoch einen konstanten Druck zu erhalten, wird die Schleifkraft als Funktion des Werkstückradius angepasst.

Neben dem Einfluss des Werkzeugradius auf die benötigte Anpresskraft hat der veränderte Werkstückradius durch die damit verbundene Veränderung der Kontaktfläche auch einen Einfluss auf die Bearbeitungsbreite. Um dies zu kompensieren, muss der Bahnabstand angepasst werden.

Voruntersuchungen haben gezeigt, dass zur Erzielung einer homogenen Oberflächenqualität der Werkzeugbahnabstand in Abhängigkeit von der sich ändernden Kontaktfläche angepasst werden muss. Wie in Gleichung (Gl. 5-13) dargestellt, ist die Länge L_{Kon} konstant, nur die Breite $b_{Kon,i}$ ändert sich in Abhängigkeit vom Werkstückradius $R_{ws} = R_2$ (Gl. 5-11). Wenn wir den optimalen Bahnabstand $a_{f,planar}(R_{ws} = \infty)$ im Falle eines ebenen Werkstücks durch Versuche kennen, können wir den erforderlichen Bahnabstand $a_p(R_{ws})$ in Abhängigkeit vom Werkstückradius erhalten, indem wir $a_{f,planar}(R_{ws} = \infty)$ mit dem Verhältnis beider Kontaktbreiten $\overline{b_{kon,i}}(R_{ws})$ und $\overline{b_{kon,i}}(R_{ws} = \infty)$ multiplizieren:

$$a_p(R_{ws}) = a_{p,planar}(R_{ws} = \infty) \cdot \frac{\overline{b_{kon,i}}(R_{ws})}{\overline{b_{kon,i}}(R_{ws} = \infty)} \qquad \text{Gl. 5-28}$$

Da das Scheibenmodell fünf Scheiben verwendet, erhalten wir für jede dieser Scheiben einen Wert für die Kontaktbreite $b_{Kon,i}$. Um dies zu berücksichtigen, wird für die Berechnung des erforderlichen Bahnabstands $a_p(R_{ws})$ (Gl. 5-28) der Mittelwert $\overline{b_{Kon,i}}$ verwendet.

Eine Korrektur der Bahnabstände ist vor allem bei starken Änderungen der Oberflächenkrümmungsradien zu beachten, da die Kontaktzonenänderung von einer ebenen Fläche auf eine stark gekrümmte Fläche derart hoch ausfallen kann, dass die Bearbeitungspfade nicht mehr überlappen.

Werkzeugradienübergänge

Bis zu diesem Punkt ist das Modell nur in der Lage, die Kraft und den Werkzeugbahnabstand an unterschiedliche, aber konstante Werkstückradien anzupassen. Bei der Bearbeitung komplex geformter Werkstücke muss eine Anpassung an unterschiedliche, wechselnde Werkstückradien erfolgen. **Abbildung 5-6** (a) zeigt einen solchen Fall in einer schematischen Skizze. Man erkennt, dass das Werkstück zwei unterschiedliche Radien $R_{ws,1}$ und $R_{ws,2}$ aufweist. Für beide ist das Modell bereits in der Lage, die optimalen Prozessparameter zu ermitteln. In diesem Kapitel wird die Übergangszone betrachtet.

Bisher wurden die Themen unter Berücksichtigung der in Abbildung 5-1 (b) dargestellten Strategie diskutiert (im Folgenden als 'erste Bahnstrategie' bezeichnet). Es besteht auch die Möglichkeit die Richtung des Werkzeugvorschubs $\vec{v_f}$ und den Bahnabstand a_p zu tauschen. Die resultierende Bahnstrategie ist in Abbildung 5-6 (a) zu sehen. Die in Kapitel 5.1.4 erläuterte Funktion zur Ermittlung der optimalen Bearbeitungskraft in Abhängigkeit vom Werkstückradius kann für beide Strategien angewendet werden. Die Anpassung des Bahnabstands (Kapitel 5.1.4) wird bei der zweiten Bahnstrategie aufgrund der werkstückunabhängigen Kontaktlänge L_{Kon} (siehe Abbildung 5-4 (a)) überflüssig und kann vernachlässigt werden.

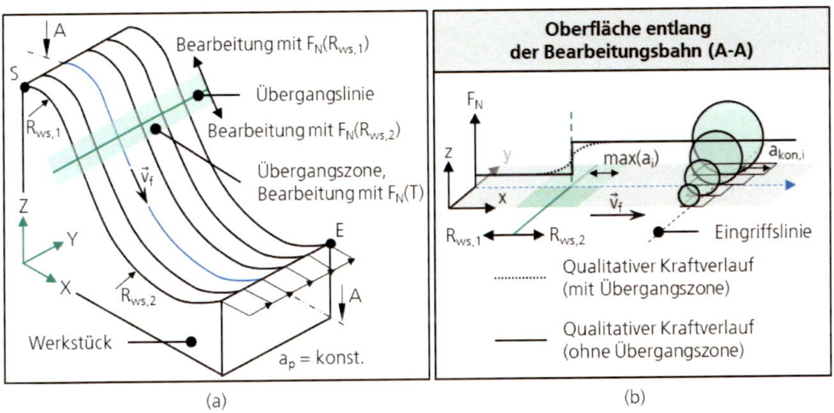

Abbildung 5-6: Darstellung einer Radienübergangszone (a) mit unstetigem und stetigem Kraftverlauf (b) bei Vorschubrichtung entlang des Radienverlaufs

Representation of a radius transition zone (a) with discontinuous and continuous force progression (b) with feed direction along the radius course

In jedem Fall errechnet das Modell die optimalen Parameter für die Eingriffslinie. Bei der Bearbeitung komplex geformter Werkstücke führt diese Tatsache zu dem in **Abbildung 5-7** dargestellten Verhalt. Solange die Eingriffslinie auf der Seite des Werkstückradius $R_{ws,1}$ liegt, arbeitet das Modell mit den optimalen Parametern für diesen spezifischen Radius. Wenn die Eingriffslinie die Radiusübergangslinie kreuzt, ändern sich die Parameter sofort und unstetig. Hierdurch entsteht eine so genannte Sprungdiskontinuität, die verschiedene Probleme verursachen kann und nicht zu einer glatten Oberfläche führt.

Um diese Unstetigkeit zu vermeiden, müssen die Prozessparameter angepasst werden, sobald die Eingriffslinie in die Übergangszone gelangt. Da die Breite der Übergangszone als die Breite der größten zylindrischen Scheibe des Modells $max(a_{Kon,i})$ definiert ist, bedeutet dies, dass eine Anpassung der Parameter erfolgt, sobald der erste Teil der Kontaktzone die Übergangslinie überquert wird. Die formale Definition lautet wie folgt:

$$\left|x_{Übergang} - x_{Eingriff}\right| \leq \max(a_{Kon,i}) \qquad \text{Gl. 5-29}$$

Gleichung (Gl. 5-27) berechnet die optimale Bearbeitungskraft $F_N(R_{ws})$ in Abhängigkeit vom aktuellen Werkstückradius. Sobald Ungleichung (Gl. 5-29) erfüllt wird, verliert die Gleichung (Gl. 5-27) ihre Gültigkeit und muss angepasst werden.

Daher wird die Kontaktzone in zwei Bereiche unterteilt (siehe Abbildung 5-7).

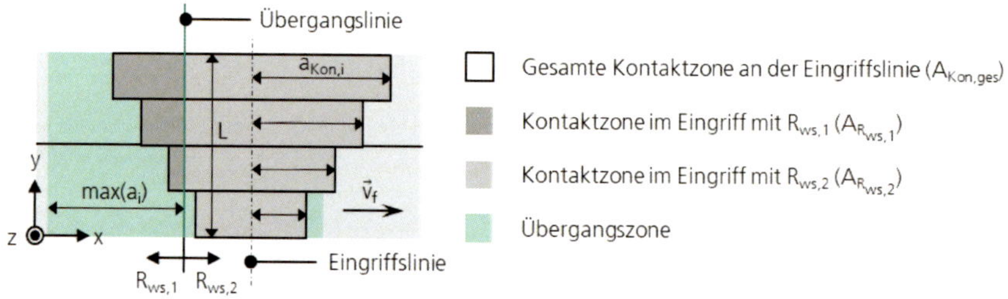

Abbildung 5-7: Unterteilung der Kontaktfläche in der Übergangszone
Subdivision of contact area in transition zone

Der nächste Schritt besteht darin, die Anteile der Teile an der Gesamtkontaktfläche zu ermitteln. Da auch komplexere Topologien möglich sind, kann es vorkommen, dass die Kontaktzone mit bis zu $M \in \mathbb{N}$ Werkstückradien in Kontakt steht.

$$\sum_{m=1}^{M} g_{R_{ws,m}} = \sum_{m=1}^{M} \frac{A_{R_{ws,m}}}{A_{kon,ges}} = 1 \qquad \text{Gl. 5-30}$$

Mit Hilfe der in Gleichung (Gl. 5-30) definierten Gewichtungsfaktoren wird ein neuer Ausdruck für den äquivalenten Radius $R^*_{1,i}$, der im zweiten Teil von Gleichung (Gl. 5-27) eingeführt wird, formuliert:

$$R^*_{1,i} = \frac{1}{\frac{1}{R_{1,i}} + \frac{1}{R'_{ws}}} = \frac{1}{\frac{1}{R_{1,i}} + \sum_{m=1}^{M} \frac{g_{R_{ws,m}}}{R_{ws,m}}} \qquad \text{Gl. 5-31}$$

Zur Berechnung der optimalen Kraft kann nun die Gleichung (Gl. 5-27) verwendet und in Gleichung (Gl. 5-31) anstelle von $R^*_{1,i}$ eingesetzt werden. Dieses Verfahren muss für jeden infinitesimalen Punkt bei der Bearbeitung einer Übergangszone wiederholt werden muss, da sich die Gewichtungsfaktoren beim Vorwärtsbewegen ändern. Dies führt zu einer stetigen Kraftänderung in der Übergangszone, wie in Abbildung 5-6 (d) zu sehen ist.

Da der Vorschubvektor koaxial mit dem Radius verläuft, ändert sich der Radius nicht innerhalb einer Linie. Daher ist es bei der Bearbeitung von Teilen mit der ersten Werkzeugbahnstrategie (siehe

Abbildung 5-1 (b) und **Abbildung 5-8** (a)) ausreichend, die Prozessparameter für die diskreten Positionen der Werkzeugbahnlinien zu berechnen.

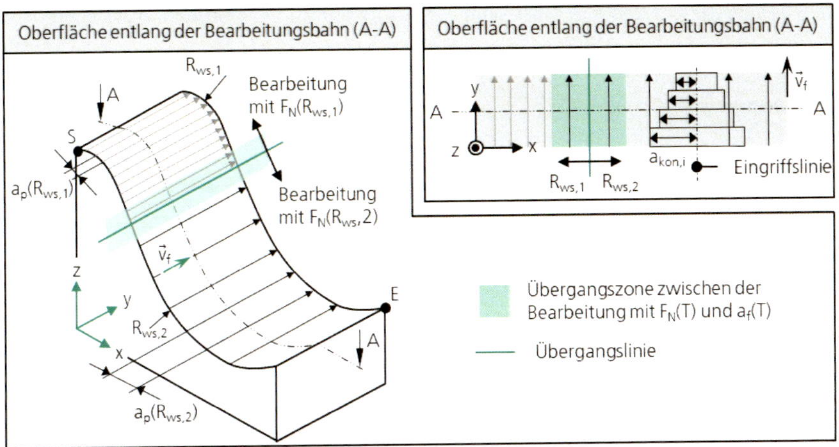

Abbildung 5-8: Darstellung einer Radienübergangszone (a) mit unstetigem und stetigem Kraftverlauf (b) bei Vorschubrichtung quer zum Radienverlauf

Representation of a radius transition zone (a) with discontinuous and continuous force progression (b) with feed direction transverse to the radius course

Anders als bei einer Werkzeugvorschubrichtung in Längsorientierung zum Radienverlauf ist der Werkzeugbahnabstand hier nicht konstant und muss angepasst werden. Abbildung 5-8 (a) und (b) zeigen, dass der Werkzeugbahnabstand im Übergangsbereich sukzessive ansteigen muss, ähnlich wie bei der stetigen Kraftänderung. Um den optimalen Bahnabstand für Linien im Übergangsbereich zu erhalten (Gleichung (Gl. 5-29) ist erfüllt), verwenden wir den gleichen Ansatz wie in Kapitel 5.1.2 beschrieben. Gleichung (Gl. 5-28) setzt den Bahnabstand für einen bestimmten Werkstückradius $a_p(R_{ws})$ in Beziehung zu einem empirisch abgeleiteten Referenzbahnabstand $a_p(R_{ws} = \infty)$. Als aktuellen Werkstückradius setzen wir R_{ws} durch R^*_{ws} gemäß Gleichung (Gl. 5-31) ein.

5.1.6 Arbeitsablauf für das Schleifen von gekrümmten Oberflächen

Workflow for grinding curved surfaces

Abbildung 5-9 zeigt die Arbeitsschritte für die Realisierung eines kraft- und bahnadaptiven Schleifprozesses. Der Einfachheit halber wird der Arbeitsablauf in drei Hauptphasen (empirische Tests, Modellierung, Implementierung) unterteilt, die sich wiederum in weitere Teilschritte gliedern. Zunächst müssen empirische Tests durchgeführt werden, um die wichtigsten Prozesseingangsparameter (wie die normale Kontaktkraft F_N, die Schnittgeschwindigkeit $\vec{v_c}$, die Vorschubgeschwindigkeit $\vec{v_f}$, den Steigungswinkel α und den Neigungswinkel β) zu bestimmen, die von vielen Faktoren abhängen (z. B. vom Werkzeug- und Werkstückmaterial, der mittleren Korngröße, dem Bindemittel und der Zielrauheit). Die materialabhängigen Parameter sind in der PRESTON-Konstante K der Gleichung (Gl. 5-1) enthalten, die berechnet werden kann, wenn die Dicke des abgetragenen Materials z_a bekannt ist. Letztere kann z. B. mit taktilen Geräten bestimmt werden, welche die Tiefe während des beim Schleifvorgang erzeugten Profils messen.

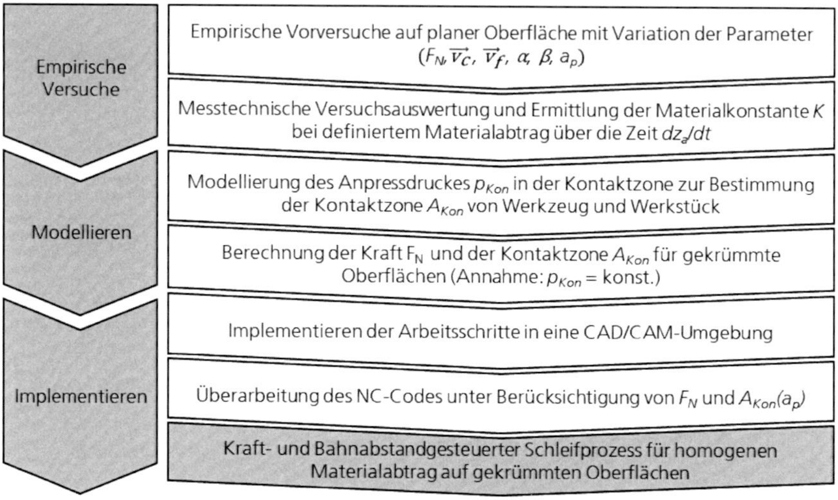

Abbildung 5-9: Arbeitsablauf für variationskraft- und bahnabstandsgesteuerte Schleifprozesse basierend auf einem kombinierten empirisch-analytischen Modellierungsansatz
Workflow for variation force and path distance-controlled grinding processes based on a combined empirical-analytical modeling approach

Ist der Druck in der Kontaktzone bestimmt, kann mit PRESTON der prozessspezifische Materialabtrag pro Zeit *dz/dt* berechnet werden.

Um das Modell von PRESTON für gekrümmte Oberflächen anwenden zu können, muss berücksichtigt werden, dass sich die Kontaktzone zwischen Werkzeug und Werkstück bei der Feinbearbeitung gekrümmter Oberflächen verändern kann. Die Veränderung der Kontaktzone beim Werkzeugeingriff wirkt sich auf den Druck p_{Kon} in der Kontaktzone aus.

Ausgehend von der Konstante K und unter Annahme der PRESTONschen Gesetze kann durch Steuerung der Prozesskraft F_N und der Werkzeug-Werkstück-Kontaktfläche A_{Kon} eine definierte, homogene Schleifprofiltiefe auf gekrümmten Oberflächen erzeugt werden, um den anliegenden Prozessdruck p_{Kon} konstant zu halten. Dies geschieht mit Hilfe einer analytischen Modellierung des Werkzeugeingriffs, die in den folgenden Unterkapiteln entwickelt wird.

Die angestrebte Schleifprofiltiefe z_a wird als Zielwert für die Abtragstiefe definiert.

Man nimmt an, dass ein elastischer Kontakt zwischen Werkzeug und Werkstück besteht, dessen Flächenpressung prinzipiell mit dem Ansatz der HERTZschen Pressung berechnet werden kann. Um die Anwendung der HERTZschen Pressung zu ermöglichen, muss jedoch eine Modellerweiterung in Form einer geometrischen Anpassung vorgenommen werden. So kann die Kontaktzone beim Werkzeugeingriff eines elastischen, stirnseitig eingreifenden Schleifstifts modelliert werden.

5.2 Grundlagenuntersuchungen

Fundamental research

Die Grundlagenuntersuchungen dienen der Aufstellung von Kennwerttabellen zur Darstellung der Abhängigkeiten wesentlicher Prozessstellgrößen auf die Schleifprofilbeschaffenheit. Aufgrund des empirisch-analytischen Aufbaus des Beschreibungsmodell ist der Aufbau einer auf Versuchen basierenden Datenbasis unabdingbar. Die Versuche unterteilen sich in Einstichversuche, Einzelbahnuntersuchungen und Flächenuntersuchungen auf planen Oberflächengeometrien.

Die Einstichuntersuchungen dienen der Analyse der Schleifprofilausprägung des Schleifstifts in Abhängigkeit der Anpresskraft und Verweilzeit. Die Einzelbahnuntersuchungen dienen der Analyse der Schleifprofilbreite und -tiefe in Abhängigkeit des Vorschubs. Vordergründiges Ziel ist hier die Untersuchung von Korrelationen zu den Einstichversuchen und das Aufstellen von Kennwerttabellen. Die Flächenuntersuchungen dienen dem empirischen Auffinden geeigneter Prozessbahnabstände.

Im Anschluss an die Grundlagenuntersuchungen werden geeignete Prozessparameter für die Modellvalidierung ausgewählt und für das Prozessmodell verwertet. Die Validierung wird in Kapitel 5.3 durchgeführt.

In **Abbildung 5-10** zeigt eine isometrische Abbildung mit einer skizzierten Seitenansicht (a) sowie Werkzeugkenngrößen des für die Einstichversuche verwendeten Schleifstifts. Das Werkzeug verfügt über eine Innenbohrung $D_{wkz,A}$ sowie eine 15° stirnseitig angebrachten Fasenwinkel α^*. Die angebrachte Innenbohrung dient dazu, eine konstante Eingriffsbreite der Fasenfläche zu realisieren und Null-Schnittgeschwindigkeiten zu vermeiden.

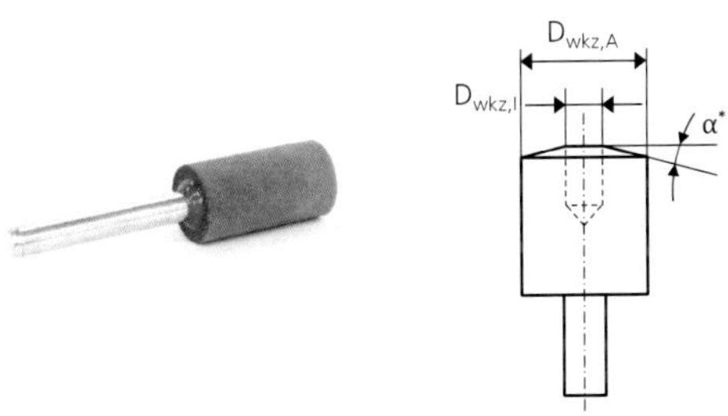

Hersteller:	Artifex
Körnung:	180
$D_{wkz,A}$:	15 mm
$D_{wkz,I}$:	4 mm
α^*:	15°
Schleifmittel:	Normalkorund
Bindung:	Gummibindung
Bindungshärte:	weich (NK180WR+)
	mittel (NK180MR+)
	hart (NK180HR+)

(a) (b)

Abbildung 5-10: Isometrische und skizzierte Seitenansicht (a) sowie Werkzeug- und Prozesskenngrößen (b) der für die Schleifversuche eingesetzten Schleifstifte

Isometric and sketched side view (a) as well as tool and process parameters (b) of the mounted points used for the grinding tests.

In **Abbildung 5-11** ist schematisch die Vorgehensweise der Einstichuntersuchungen (a), Einzelbahnen (b), und Flächentests (b) dargestellt. Mittels einer CAM-Offline-Programmierung wurden Segmente auf der Probenoberfläche erstellt und in Richtung der skizzierten Vorschubbewegung mit dem iCTS-Werkzeugsystem abgefahren.

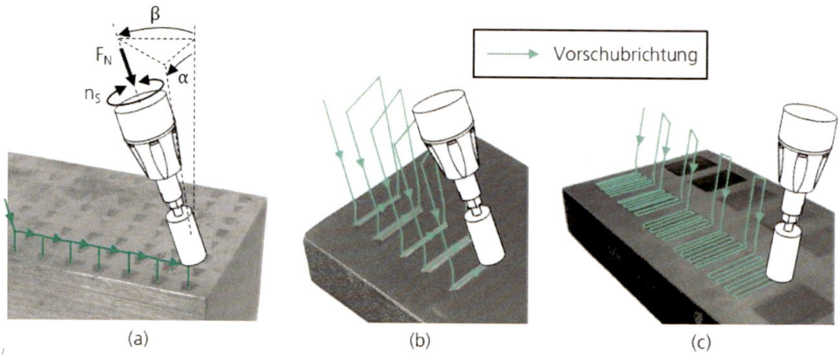

Abbildung 5-11: Einstich- (a), Einzelbahn- (b), und flächenhafte (»S-Raster«) (c) Prozessbahnführung der Prozessgrundlagenuntersuchungen
Single-pass (a), single-lane (b), and areal (c) process trajectories of the process baseline process investigations

Einstichuntersuchungen – Analyse des sich abbildenden Einstichprofils

Auf einer planen Bauteilprobe werden Einstiche mit verschiedenen Anpresskräften F_N, Haltezeiten und Werkzeughärten durchgeführt, um das sich ausprägende Schleifprofil zu analysieren. Die Ausprägung des Schleifprofils wird durch Messung der Schleifprofiltiefe- und -breite erfasst.

Einzelbahnuntersuchungen – Analyse der Schleifprofiltiefe

Die Einzelbahnuntersuchungen dienen der empirischen Identifikation geeigneter Prozessparameter im Rahmen einer nachfolgenden, flächigen »S-Raster«-Bearbeitung.

Flächenhafte Untersuchungen – Einfluss des Bahnabstands

Die flächenhaften Prozessuntersuchungen dienen dem Einfluss des Bahnabstands auf die Schleifprofiltiefe. Auch sie denen als Basis zur Ermittlung spezifischer Richtwerte. Da der Schleifprozess der Entfernung kinematisch induzierter Frässpuren dient, wird eine Schleifprofiltiefe um circa 2 - 5 µm oberhalb der höchsten vertikal gemessenen Differenz der tiefsten Tiefe und höchsten Spitze der i. d. R. taktil gemessenen, repräsentativen Gesamtstrecke angestrebt.

5.2.1 Eingrenzung des Untersuchungsraums

Development of the contact zone model

Der Untersuchungsraum der Grundlagenuntersuchungen wird auf die Analyse von Abhängigkeiten definierter Prozessstellgrößen auf die Schleifprofilbreite und -tiefe eingegrenzt. Die Ausprägung des sich auf der Oberfläche abbildenden Schleifprofils wird anhand der beiden Größen forciert, der exakte Profiltiefenverlauf vernachlässigt. Zum einen konnte die valide Anwendung der HERTZschen Pressung zur Modellierung von elastischen Schleifwerkzeugen bereits grundlegend in einschlägigen wissenschaftlichen Arbeiten nachgewiesen werden [KRET18; REN19]. Zum anderen liegt der Fokus der Anwendung des Modells auf der Einstellung einer homogenen Schleifprofiltiefe bei der flächigen Schleifbearbeitung von gekrümmten Oberflächen, so dass diese als Hauptentscheidungskriterium zur Modellvalidierung eingesetzt wird.

5.2.2 Einstichversuche

Stitching tests

Ziel der Einstichversuche ist es, die sich durch das Werkzeug abbildende Oberflächentopografie des Werkzeuges auf der Werkstückoberfläche zu analysieren. Dies dient der Validierung der geometrischen Modellierung des Schneideneingriffs auf Basis des Scheibenmodells. Neben der Form der Profilausprägung (v-förmig) werden die maximale Schleifprofiltiefe $z_{a,max}$ und die Schleifprofilbreite $b_{a,max}$ gemessen. Die Analyse der Einstichversuche fokussiert sich auf die Untersuchung des sich auf der Werkzeugoberfläche abbildenden Schleifprofils durch die Relation der gemessenen zur modellierten Kontaktbreite und Schleifprofiltiefe. Die Eingrenzung dient der Validierung des mit der HERTZschen Pressung modellierten, elastischen Verhaltens gummibasierter Schleifstifte. KRETSCHMER ET AL. konnten bereits grundlegend die Anwendbarkeit auf gummibasierte Schleifwerkzeuge nachweisen, so dass die folgenden Untersuchungen nicht auf eine Modellvalidierung, sondern vielmehr auf die Anwendbarkeit, statistische Abweichungen und gegebenenfalls resultierenden Korrekturparametern zur Erhöhung der Anwendbarkeit durch gezielte Optimierung der Vorhersagegenauigkeiten des Modells abzielen.

Vorgehen zur Auswertung der Einstichversuche

In **Abbildung 5-12** ist eine schematische Momentaufnahme eines sich im Eingriff befindenden Schleifstifts (a) mit Darstellung der Auswertungsmerkmale in Aufsicht sowie Auswertungsgrößen in isometrischer Ansicht (b) skizziert. Der Schleifstift liegt rotierend, stirnseitig mit dem Anstellwinkel α und rotierendem Werkzeug bei variierenden Anpresskräften F_N und Haltezeiten t_h auf der Probenoberfläche auf. Nach erfolgtem maschinellen Einstich werden die Schleifprofile in Bezug auf Schleifprofiltiefe und -breite ($z_{a,i}$, b_{kon}) ausgewertet.

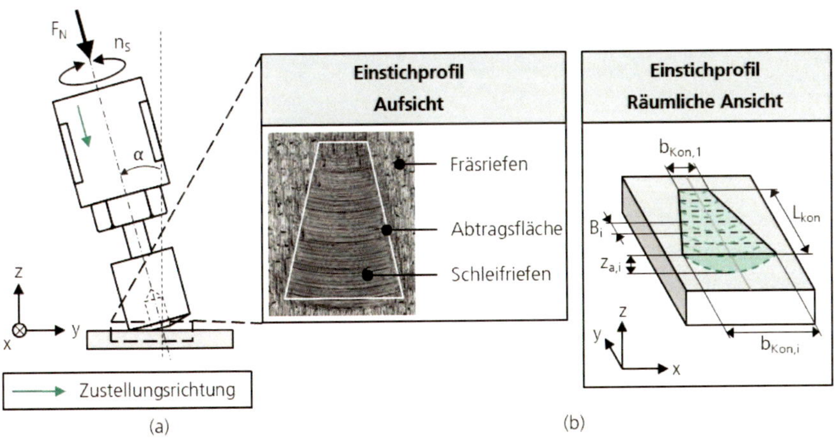

Abbildung 5-12: Werkzeugeingriff (a) und Realansicht sowie für die Profilanalyse verwendete Messgrößen (b) der Einstichuntersuchungen

Tool engagement (a) and real view as well as measured variables used for profile analysis (b) of the puncture tests.

Versuchsergebnisse der Einstichversuche

In **Abbildung 5-13** ist die Auswertung der Haupteffekte Werkzeughärte, -körnung und Anpresskraft auf die Schleifprofiltiefe aufgezeigt. Mit zunehmender Werkzeughärte besteht eine annähernd linear-proportionale Korrelation zur Schleifprofiltiefe.

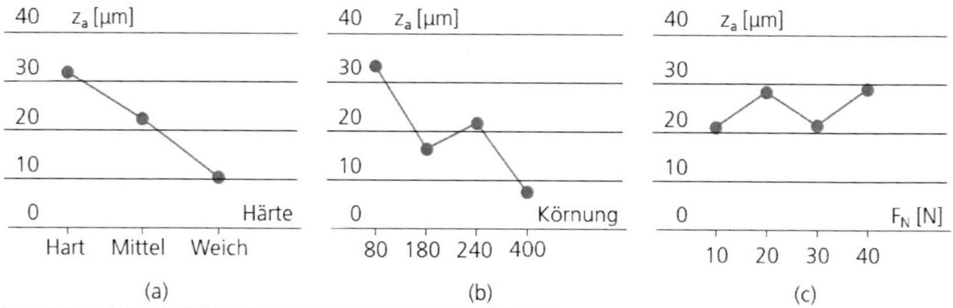

Zusätzliche Prozessparameter:
$D_{wkz,A}$ = 15 mm $D_{wkz,I}$ = 4 mm α^* = 15° n_s = 12000 min^{-1} t_h = 1s

Abbildung 5-13: Gemittelte Schleifprofiltiefe in Abhängigkeit der Werkzeughärte, -körnung und Anpresskraft
Average grinding profile depth as a function of tool hardness, grit and contact force

Der Einfluss der Werkzeugkörnung ist proportional, jedoch nicht durchweg linear. Grundlegend ist festzuhalten, dass je kleiner das Korn ist, desto niedriger auch die Schleifprofiltiefe. Mit zunehmender Anpresskraft steigt die Schleifprofiltiefe nahezu linear an. Für das in Abbildung 5-13 dargestellte Haupteffektdiagramm, wurde eine Genauigkeitsprüfung mit Hilfe von Residuen durchgeführt. Residuen quantifizieren die Abweichung vom angepassten Wert der Regressionsgleichung. Das Residuendiagramm ist in **Abbildung 5-14** dargestellt. Das Wahrscheinlichkeitsnetz weist eine marginale Krümmung bei normalverteilten Residuen auf. Das Histogramm weist keine Auffälligkeiten bezüglich fehlender Werte auf. Die Residuen weisen in Relation zu den angepassten Werten ein Muster auf, was auf ein ungenaues Regressionsmodell hindeutet. Die Reihenfolge zeigt keine Auffälligkeiten. Insgesamt ist eine schlechte Anpassung des Regressionsmodells an die realen Werte zu erwarten.

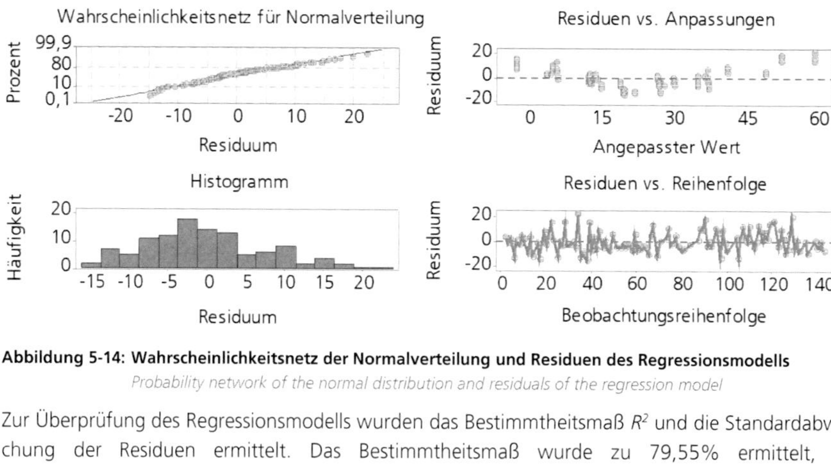

Abbildung 5-14: Wahrscheinlichkeitsnetz der Normalverteilung und Residuen des Regressionsmodells
Probability network of the normal distribution and residuals of the regression model

Zur Überprüfung des Regressionsmodells wurden das Bestimmtheitsmaß R^2 und die Standardabweichung der Residuen ermittelt. Das Bestimmtheitsmaß wurde zu 79,55% ermittelt, die

Standardabweichung der maximalen Schleifprofiltiefe liegt bei 8,56. Eine hohe Standardabweichung sowie Streuung bei auffälligen Residuen führt zu dem Schluss, die Genauigkeit des Regressionsmodells durch Faktoreingrenzung zu verbessern.

In **Abbildung 5-15** ist das für die Untersuchungen der die Schleifprofiltiefe beeinflussenden Haupteffekte verwendete Paretodiagramm dargestellt. Anhand des Pareto-Diagramms ist die Signifikanz der Faktoren Werkzeughärte, -körnung und Anpresskraft dargestellt. Das Überschreiten der roten Markierung (Wert: 1,985) gibt an, ob ein Faktor signifikant für das Modell ist. Die abgebildeten Werte für die rote Linie und die Faktoren berechnen sich aus den t-Werten des Hypothesentests. Die Faktoren Härte, Körnung und Kraft sind signifikant für das Regressionsmodell. Die Werkzeugkörnung und -härte weisen die größte Signifikanz auf. Da sich bei dem Verlauf der Körnung aus Abbildung 5-13 gezeigt hat, dass kein linearer Verlauf vorliegt, die Körnung allerdings eine hohe Signifikanz für das Regressionsmodell besitzt, wird dieser Faktor aus dem Regressionsmodell entfernt. Folglich werden für alle Zielgrößen der Einstichversuche separate Regressionsmodelle für die Körnungen 80, 180, 240 und 400 aufgestellt.

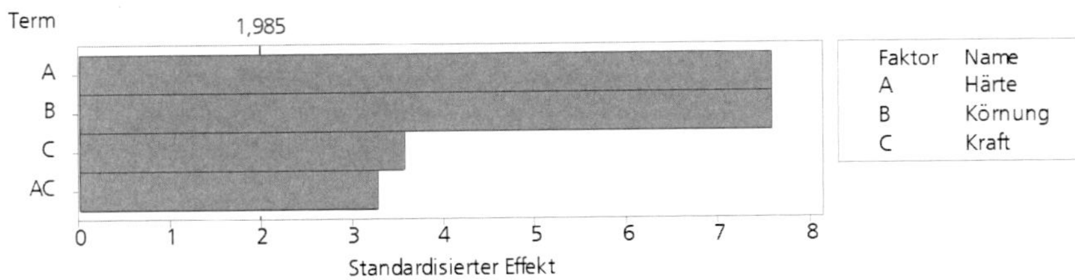

Abbildung 5-15: Signifikanz der Haupteffekte
Significance of main effects

Eine erneute Berechnung der Regressionsgleichungen ohne den Faktor Körnung ergibt für die Messwerte mit Körnung 80 eine geringere Standardabweichung von 5,18 und ein höheres Bestimmtheitsmaß R^2 von 95,69%. Des Weiteren lässt sich anhand der Residuen in **Abbildung 5-16** ebenfalls erkennen, dass die Anpassung der Regressionsgleichung gesteigert wurde.

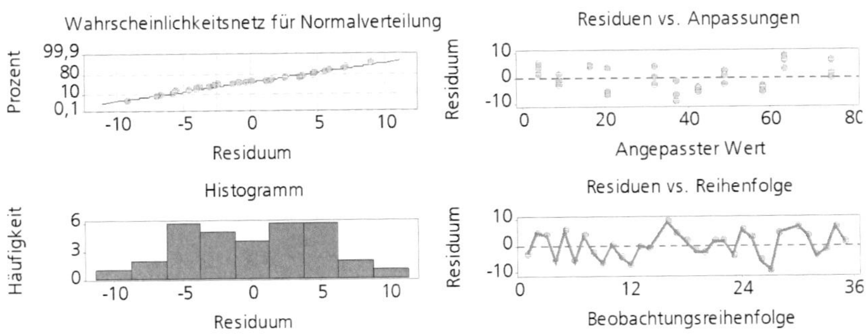

Abbildung 5-16: Residuendiagramm der Schleifprofiltiefe mit angepassten Regressionsmodell
Residuals diagram of the grinding profile depth with fitted regression model

Die Residuen zeigen eine geringere Abweichung von der Normalverteilung. Im Histogramm ist eine gleichmäßige Verteilung für negative und positive Residuen zu erkennen. Damit bestätigt sich das hohe Bestimmtheitsmaß. Die Verteilung der Residuen um den angepassten Wert folgt immer noch einem Muster. Die Reihenfolge der Residuen zeigt keine Auffälligkeit, sodass Abhängigkeiten zwischen den Residuen ausgeschlossen werden. Die Datenreduktion durch Entfernung des Faktors Körnung erhöht die Aussagekraft des Regressionsmodells signifikant und erlaubt eine Analyse der Haupteffekte Härte und Anpresskraft.

Einfluss der Anpresskraft und Werkzeughärte auf die Schleifprofiltiefe

In **Abbildung 5-17** ist der Zusammenhang der Schleifprofiltiefe in Abhängigkeit der Werkzeughärte und Anpresskraft dargestellt. Die Schleifprofiltiefe korreliert proportional mit der Härte des Werkzeugs. Die Schleifprofiltiefe steigt mit der Anpresskraft an.

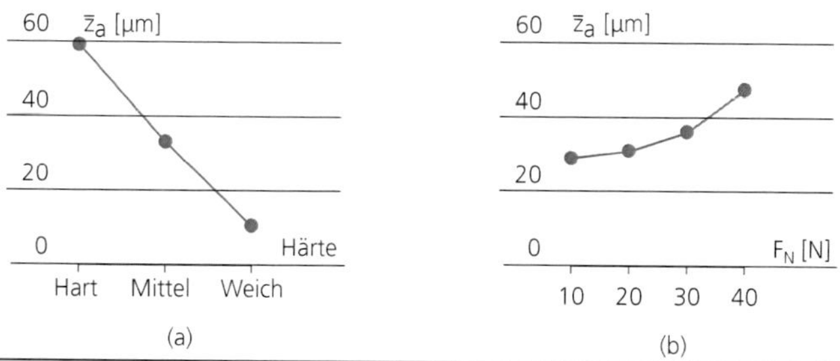

Zusätzliche Prozessparameter:
$D_{wkz,A}$ = 15 mm $D_{wkz,I}$ = 4 mm α^* = 15° n_s = 12.000 min^{-1} t_h = 1s Körnung = 80

Abbildung 5-17: Haupteffektdiagramm der Schleifprofiltiefe in Abhängigkeit der Werkzeughärte und Anpresskraft
Main effect diagram of grinding profile depth as a function of tool hardness and contact pressure

Die Untersuchung der Schleifprofilbreite (siehe **Abbildung 5-18**) weist eine antiproportionale Korrelation zur Werkzeughärte auf. Je weicher das Werkzeug, desto breiter die erzeugte Schleifspur.

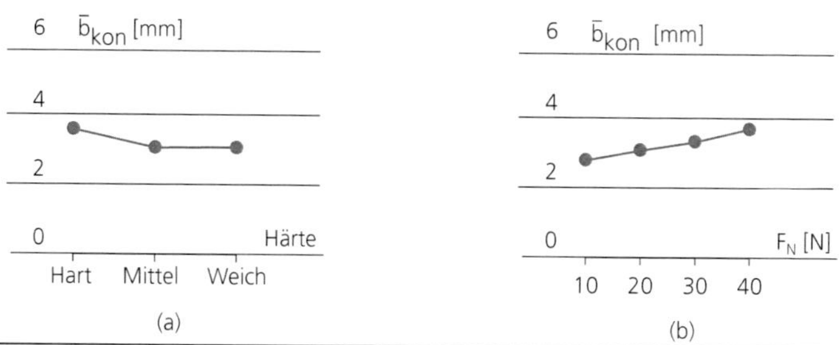

Zusätzliche Prozessparameter:
$D_{wkz,A}$ = 15 mm $D_{wkz,I}$ = 4 mm α^* = 15° n_s = 12.000 min^{-1} t_h = 1s Körnung =80

Abbildung 5-18: Mittlere Schleifprofilbreite in Abhängigkeit der Werkzeughärte (a) und Anpresskraft (b)
Mean grinding profile width as a function of tool hardness (a) and contact force (b)

Ein durchweg proportionaler Zusammenhang der Zwischengröße kann nicht beobachtet werden. So konnte zwischen den Werkzeughärten Mittel und Hart kein proportionaler Abfall der Schleifprofiltiefe beobachtet werden. In Bezug auf die Anpresskraft wird ein linearer Anstieg der Schleifprofilbreite beobachtet.

Einfluss der Haltezeit auf die Schleifprofiltiefe und -breite

Zwecks parametrischer Auslegung der Einstichversuche wurde zunächst experimentell der Einfluss der Haltezeit verschieden harter Werkzeuge in Abhängigkeit der Anpresskraft untersucht. In **Abbildung 5-19** ist die gemessene Schleifprofiltiefe in Abhängigkeit der Haltezeit des Werkzeugs im Eingriff auf die Werkzeugoberfläche dargestellt. Die Aufteilung der Diagramme ist in weiche Werkzeuge des Typs NK180WR+, eine mittelharte Bindung des Typs NK180MR+ und eine harte Bindung des Typs NK180HR+ (Details siehe Kapitel 4.4) unterteilt. Während die Haltezeit bei weichen Werkzeugen einen geringen Einfluss auf die Schleifprofiltiefe hat, erhöht sich die Abhängigkeit signifikant in Richtung härter Werkzeuge.

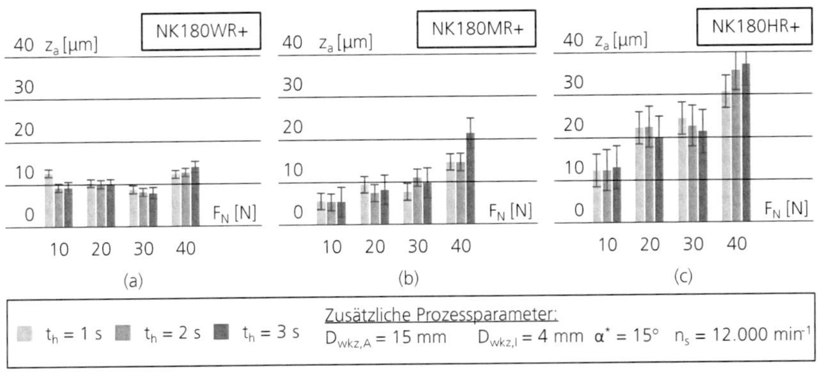

Abbildung 5-19: Einfluss der Haltezeit auf die Schleifprofiltiefe in Abhängigkeit der Anpresskraft und Härte der Gummibindung

Tool engagement (a) and real view as well as measured variables used for profile analysis (b) of the puncture tests.

Der Einfluss der Haltezeit fällt mit einer mittleren Differenz von circa 11% gering aus. Die kann dadurch begründet werden, dass die Randbedingung, die Fräszeiligkeit zu entfernen, bei allen Werkzeughärten bereits ab $t_h = 1$ s erreicht wird. Bei Haltezeiten $t_h > 1$ s ist der zu schleifende Flächenanteil deutlich höher, so dass eine erhöhte Haltezeit eine geringe Änderung der Schleifprofiltiefe bewirkt. Weiter kann festgestellt werden, dass eine höhere Anpresskraft zu einem tendenziell höheren Einfluss der Haltezeit führt.

In **Abbildung 5-20** ist der Einfluss der Haltezeit auf die Kontaktbreite in Abhängigkeit verschiedener Werkzeughärten (Darstellung analog zu Abbildung 5-19) aufgetragen.

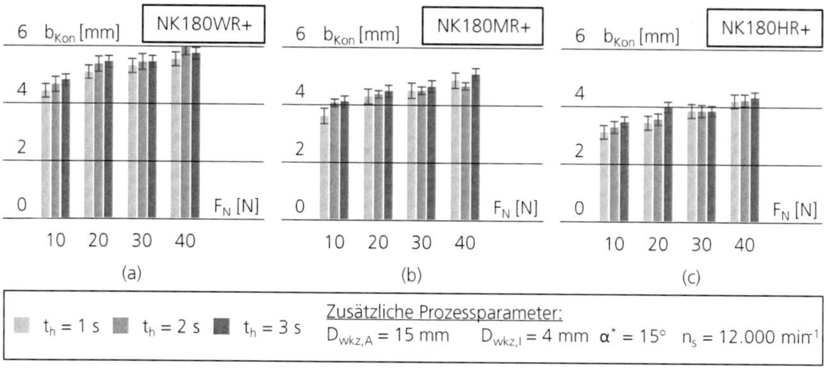

Abbildung 5-20: Einfluss der Haltezeit auf die Schleifprofilbreite in Abhängigkeit der Anpresskraft und Härte der Gummibindung

Tool engagement (a) and real view as well as measured variables used for profile analysis (b) of the puncture tests.

Zu erkennen ist ein linearer Anstieg der gemessenen Kontaktbreite b_{Kon} in Abhängigkeit zur Anpresskraft, während die Streuung der Kontaktbreite in Abhängigkeit der Haltezeit über alle Werkzeughärten hinweg keinen signifikanten Einfluss hat. Für die Auslegung weiterer Versuche und den Vergleich auf Basis des Kraftmodells modellierten zu experimentellen Vergleichswerten wird im Rahmen der Einstichversuche eine Haltezeit von t_h = 1 s gesetzt.

5.2.3 Einzelbahnen

Single paths

Die Einzelbahnuntersuchungen wurden mit 0° und 90° Werkzeugorientierung in Relation zur Vorschubrichtung durchgeführt. Der Versuchsumfang wurde in Analogie zu den Einstichversuchen als vollfaktoriell ausgewählt. Im Rahmen der Auswertung erfolgte eine Prüfung der Regressionsgleichung hin auf die Anpassung der realen Werte. In **Abbildung 5-21** ist das Residuendiagramm dargestellt. Die Standardabweichung wurde zu 2,18 berechnet, das Bestimmheitsmaß R^2 zu 96,84% kalkuliert.

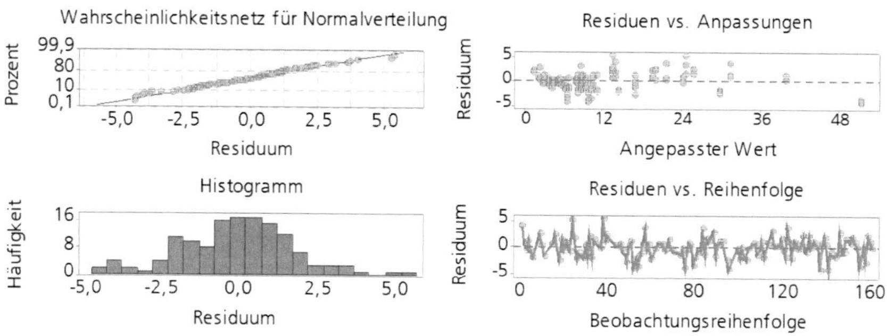

Abbildung 5-21: Residuendiagramm der Schleifprofiltiefe für Bahnversuche mit 0° Werkzeugorientierung in Relation zum Vorschub

Residuals diagram of the grinding profile depth for grinding tests with 0° tool orientation in relation to the feed rate

Die Residuen sind nahe der Referenzgeraden (rote Linie) lokalisiert, was auf eine Normalverteilung hindeutet. Das Histogramm weist eine marginale Schiefe hin zu negativen Werten auf. Eine Auffälligkeit in der Reihenfolge der Residuen ist nicht zu erkennen. Die Residuen über den angepassten Werten weisen ein randomisiertes Verhalten auf. In Kombination mit einer geringen Standardabweichung und einem hohen Bestimmtheitsmaß kann eine Robustheit der Auswertung angenommen und auf eine Faktorreduzierung verzichtet werden.

In **Abbildung 5-22** ist das Haupteffektdiagramm der Schleifprofiltiefe in Abhängigkeit der Werkzeughärte, -körnung, Anpresskraft und des Werkzeugvorschubs dargestellt. In Bezug auf die Härte, Körnung und Anpresskraft besteht ein stringenter Zusammenhang zu den Ergebnissen der Einstichversuche. Der Zusammenhang zur Werkzeughärte ist im Mittel linear ansteigend, zur Körnung linear abfallend und zur Anpresskraft wiederum ansteigend.

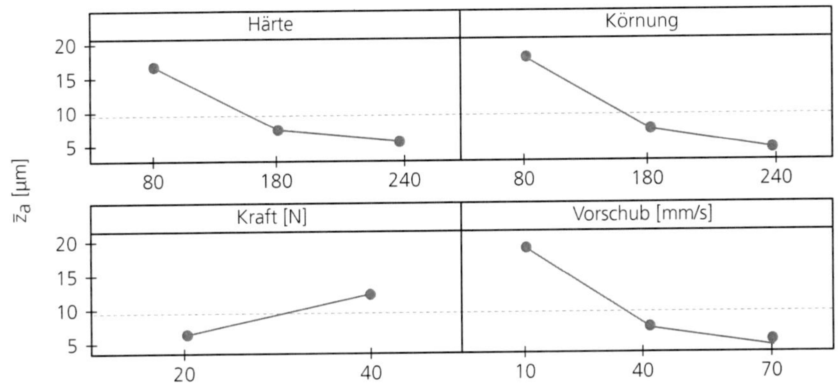

Abbildung 5-22: Haupteffektdiagramm der Schleifprofiltiefe bei einer 0°-Werkzeugorientierung in Relation zum Vorschub
Main effect diagram of the grinding profile depth with a 0° tool orientation in relation to the feed rate

In **Abbildung 5-23** ist das Haupteffektdiagramm der Zielgröße Schleifprofilbreite dargestellt. Auch hier besteht eine Analogie zu den Ergebnissen der Einstichversuche. Eine steigende Werkzeughärte und -körnung führen zu einer geringeren Schleifprofilbreite. Ein Anstieg der Körnung führt zu einer tendenziell niedrigeren Schleifprofilbreite. Die Erhöhung der Anpresskraft führt zu einem Anstieg der Schleifprofilbreite, die Erhöhung des Vorschubs zu einem Abfall.

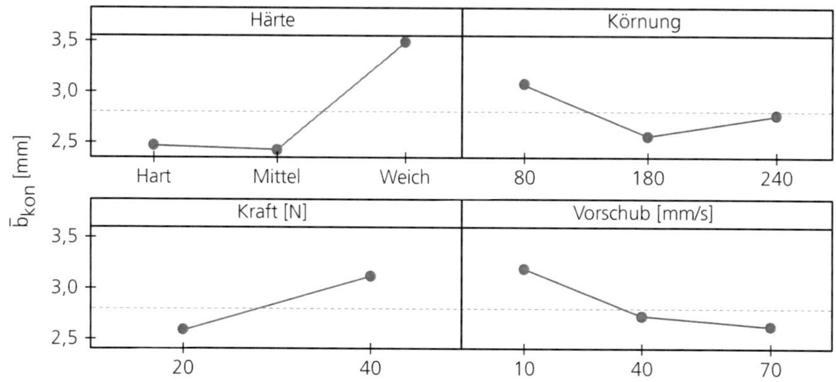

Abbildung 5-23: Haupteffektdiagramm der Schleifprofilbreite bei einer 0°-Werkzeugorientierung in Relation zum Vorschub
Main effect diagram of the grinding profile width with a 0° tool orientation in relation to the feed rate

Insgesamt ist festzuhalten, dass die Zielgrößen der Bahnuntersuchungen analog zu den Ergebnissen der Einstichversuche korrelieren. Lediglich ein Abfall der Proportionalität kann im Vergleich zu den Einstichversuchen in Bezug auf Werkzeughärte und -körnung festgestellt werden.

5.2.4 Flächentests
Area tests

Fokus der flächigen Prozessuntersuchungen auf planen Oberflächen ist es, geeignete Bahnabstandsparameter des Schleifprozesses empirisch zu ermitteln. Ziel ist es, eine Bahnabstandsgröße zu identifizieren, welche im Zusammenspiel mit den Stellgrößen Anpresskraft, Werkzeugvorschub und Werkzeuganstellwinkel die Bedingung einer definierten Schleifprofiltiefe von mindestens Rt > 10 µm erreicht. Dies ist darin begründet, dass die maximale Rautiefe der vorbereiteten Probengeometrien (siehe Kapitel 4.3) bei Rt ~ 10 µm liegt. Entsprechend wird abgeleitet, dass ein Überschreiten der maximalen Fräsrautiefe zu einem vollständigen Entfernen der Fräszeiligkeit führt.

Nach erfolgter Definition des Bahnabstandsparameters werden fortführende Untersuchungen auf verschieden gekrümmten Oberflächen mit konstanter Anpresskraft durchgeführt und der Verlauf der Schleifprofiltiefe analysiert. Ziel ist es, die Abweichung des Schleifprofils des Konstantkraftansatzes zu quantifizieren und die Notwendigkeit des in dieser Arbeit postulierten kontaktzonenabhängigen Variationskraftregelungsansatzes zu falsifizieren.

In **Abbildung 5-24** ist der Einfluss des Bahnabstands auf die Schleifprofiltiefe bei variierender Werkzeugorientierung dargestellt. Die Auswertungen zeigen, dass ein zunehmender Bahnabstand zu einer Abnahme der Schleifprofiltiefe führt. Die Abnahme des Schleifprofils erfolgt unabhängig von der Anpresskraft und dem Werkzeugvorschub, so dass auf eine Darstellung weiterer Abhängigkeiten verzichtet werden kann.

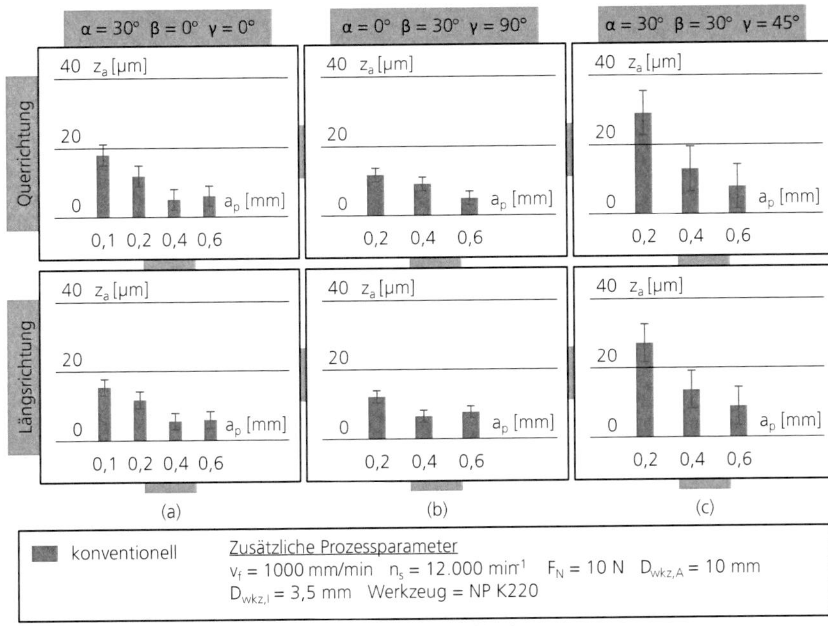

Abbildung 5-24: Einfluss des Bahnabstands auf die Schleifprofiltiefe
Influence of the web spacing on the grinding profile depth

Als Bahnabstandsparameter wird für die Modellvalidierung ein Wert von a_p = 0,2 mm gewählt. Dies ist darin begründet, dass a_p = 0,2 mm durchweg das Kriterium erfüllt, die maximale Rautiefe nach dem Fräsen zu überschreiten. Hierdurch wird ein vollständiges Entfernen der Frässpuren gewährleistet.

5.3 Modellvalidierung

Model validation

Die Modellvalidierung wird in zwei Stufen durchgeführt. Zunächst erfolgen Einstichversuche, um das entwickelte Scheibenmodell durch Analyse der sich abbildendenden Werkzeugtopografie auf einer ebenen Werkstückoberfläche zu bewerten. Anschließend werden Tests an gekrümmten Oberflächen mit definierten konvexen, konkaven und Übergangsradien durchgeführt. Das Schleif-ergebnis wird dann mit den genannten Messinstrumenten hinsichtlich der Varianz, Formcharakteristik und der Schleifprofiltiefen ausgewertet. Zur Validierung des Modells werden die experimentellen Ergebnisse mit der modellbasierten Form ($b_{Kon,mod}$) und Schleifprofiltiefe (z_a) verglichen.

5.3.1 Bestimmung der Modelleingangsgrößen

Determination of the model input variables

Zur Anwendung des in Kapitel 5.1 entwickelten Kontaktzonenmodells müssen die Modelleingangsgrößen festgelegt bzw. bestimmt werden. Notwendige Modelleingangsgrößen sind der Elastitzitätsmodul *E* und die spezifische Abtragskonstante *K* (PRESTON-Konstante). Im Folgenden werden die für die Berechnung notwendigen Schritte beschrieben.

Berechnung der spezifischen Abtragskonstante *K* (Preston-Konstante)

Die Abtragskonstante *K* kann auf Basis der Preston-Gleichung (Gl.5-32) ermittelt werden.

$$\frac{dz_a}{dt} = K \cdot p_0 \cdot \overrightarrow{v_c} \leftrightarrow dz = K \cdot p_{Kon} \cdot \overrightarrow{v_c} \cdot dt \qquad \text{Gl. 5-32}$$

Das Integral wird wie folgt formuliert:

$$\int dz_a = K \cdot p_{Kon} \cdot \overrightarrow{v_c} \cdot \int dt \qquad \text{Gl. 5-33}$$

Durch Integration und Umformen kann Ka wie folgt berechnet werden:

$$z_a = K \cdot p_{Kon} \cdot \overrightarrow{v_c} \cdot t_h \leftrightarrow K = \frac{z_a}{t_h \cdot p_{Kon} \cdot \overrightarrow{v_c}} \qquad \text{Gl. 5-34}$$

Durch Einsetzen der in Kapitel 5.2.2 empirisch ermittelten Werte können spezifischen Preston-Konstanten berechnet werden. Die Mittelwerte der Konstanten sind in Tabelle **Tabelle 5-1** aufgeführt. Die Konstanten wurden auf Basis von je drei Messpunkten ermittelt.

Tabelle 5-1: Spezifische Preston-Konstanten der eingesetzten Schleifstifte
Specific Preston constants of the mounted points used

Werkzeugtyp	Artifex NK180WR+	Artifex NK180MR+	Artifex NK180HR+
Preston-Konstante *K*	0,957	0,548	1,047

Ermittlung des Elastizitätsmoduls des Schleifstifts

Der Elastizitätsmodul der gummigebundenen Werkzeuge wurde auf Basis der Gleichung (Gl. 5-35) für Shore D bestimmt. Der Modul berechnet sich zu: [QI03]

$$E = \frac{0{,}08 * (19547 \cdot H_D + 10 \cdot \sqrt{3820850 \cdot H_D + 418 \cdot H_D - 20900}}{(H_D - 100)^2} \qquad \text{Gl. 5-35}$$

Die Gummihärte H_D wurde mithilfe eines Shore-D-Härteprüfmittels des Typs 3116 der Firma Zwick gemessen. Durch Qi et al. sowie weitere wissenschaftliche Arbeiten, konnte bereits die Anwendbarkeit der beschriebenen Methode für gummibasierte Werkzeuge nachgewiesen werden. [KRET18; QI03]

Ermittlung des kombinierten Elastizitätsmoduls aus Schleifwerkzeug und Werkstück

Der kombinierte Elastizitätsmodul wurde auf Basis von Gl. 5-10 bestimmt. Der E-Modul für den Werkstoff wurde der für Stahl übliche Wert E_1 = 210 GPa und der für das Werkzeug aus Gl. 5-35 ermittelte Wert verwendet. Die in Abhängigkeit der Werkzeughärte ermittelten Werte sind in **Tabelle 5-2** aufgelistet. Als Querkontraktionszahl wurde für ν_1 = 0,5 für Gummi und ν_2 = 0,3 für Stahl verwendet. [ZWIC12; ZWIC14]

Tabelle 5-2: Elastizitätsmoduli der Schleifstifttypen Weich, Mittel, Hart
Elasticity moduli of the mounted point types soft, medium, hard

Schleifstift	Härte H_D [Shore D]	Elastizitätsmodul E [MPa]	Kombinierter Elastizitätsmodul E* [MPa]
ARTIFEX NK180WR+	40,3	35,36	47,14
ARTIFEX NK180MR+	52,7	73,67	98,18
ARTIFEX NK180HR+	61,7	131,55	175,27

5.3.2 Modelleingrenzung
Model delimitation

Ziel ist die Entwicklung und Anwendung eines bahnabstandsgeregelten Variationskraftmodells, welches eine Regelung der Schleifprofiltiefe über die Anpresskraft erlaubt. Aus diesem Grund ist die durch Änderung der Anpresskraft induzierte Schleifprofiltiefe und -breite von Relevanz. Weitere Stellgrößen zur Beeinflussung der Schleifprofiltiefe wie z. B. der Werkzeugvorschub oder die Werkzeugschnittgeschwindigkeit sind im Modell berücksichtigt, werden jedoch nicht im Rahmen der Modellvalidierung betrachtet.

5.3.3 Modellvalidierung der Schleifprofiltiefe und -breite
Model validation of the grinding profile depth and width

Zur Validierung des Anpresskraftmodells wurde das Modellverhalten zunächst mit den Messergebnissen der Grundlagenuntersuchungen verglichen. Untersuchte Zielgrößen sind die Schleifprofiltiefe z_a und die Schleifprofilbreite b_{kon} in Abhängigkeit der Stellgröße Anpresskraft F_N.

In **Abbildung 5-25** ist die modellierte im Vergleich zur gemessenen Schleifprofiltiefe in Abhängigkeit der Anpresskraft F_N bei Schleifwerkzeugen weichen (a), mittleren (b) und harten (c) Härtegrads am Beispiel eines ARTIFEX NK180 Schleifstifts dargestellt. Abbildung 5-25 (d) stellt die Abweichung der modellierten zu den experimentell ermittelten Werten gegenüber. Das weiche Schleifwerkzeug weist einen Trend hin zu einem linear ansteigenden Verhalten auf, Modell und Messergebnis korrelieren jedoch unzureichend. Aus diesem Grund kann nicht abgeleitet werden, dass eine Anpresskrafterhöhung einen Anstieg der Schleifprofiltiefe bewirkt. Werkzeuge mittlerer und hoher Härte weisen eine lineare Korrelation zwischen Anpresskraft und Schleifprofiltiefe auf. Mit zunehmender Werkzeughärte nimmt die Steigung des Proportionalitätstrends zu.

Die Abweichungen zwischen experimentellem Wert und Simulation betragen bei mittleren und harten Werkzeugen circa 5 bis 30%. Das Modellverhalten folgt dem experimentellen Verhalten. Die Ergebnisse lassen die Aussage zu, dass eine Mindesthärte als Randbedingung erfüllt sein muss, um eine für eine Anpresskraftregelung notwendige, hinreichende Abhängigkeit der aufgetragenen Kraft zur Schleifprofiltiefe zu erreichen. Ab einer mittleren Härte folgt das Modellverhalten den experimentellen Ergebnissen. Eine Kraftvariation kann eine vorhersagbare Änderung der Schleifprofiltiefe induzieren. Folglich stellt die Anpresskraft eine valide Stellgröße zur Regelung der Schleifprofiltiefe dar.

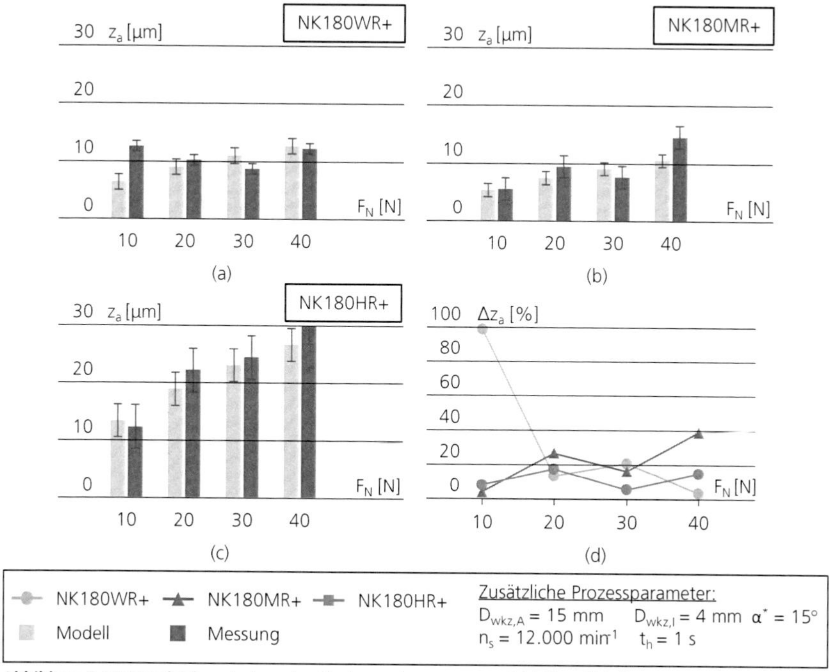

Abbildung 5-25: Vergleich zwischen simulierter und gemessener Schleifprofiltiefe

Comparison between simulated and measured grinding profile depths

In **Abbildung 5-26** ist ein Vergleich zwischen simulierter und experimenteller Schleifprofilbreite dargestellt. Bei allen Werkzeughärten ist ein Anstieg der Schleifprofilbreite bei zunehmender Werkzeuganpresskraft zu beobachten. Simulation und gemessene Werte korrelieren im Trend der Proportionalität. Mit zunehmender Werkzeughärte ist eine Erhöhung der Abweichung zwischen Modell und Simulation zu beobachten.

Der Trendverlauf ist eindeutig, wobei Abweichungen von bis zu 150% auftreten. Während die Steigung der Trends eine hohe Übereinstimmung aufweist, ist eine Abweichung der Absolutwerte zu beobachten. Eine Einführung eines Korrekturwerts in der Modellgleichung wird jedoch als nicht notwendig erachtet, da die Anwendung des Modells als Korrekturmodell und nicht als absolutes Vorhersagemodell abzielt. Ergo ist der Trendverlauf entscheidend und nicht der erreichte Absolutwert. Darüber hinaus ist die in Kapitel 5.1 beschriebene Bahnabstandsanpassungsmethodik von empirisch ermittelten Ausgangswerten abhängig, so dass modellierte Absolutwerte für die Anwendung nicht relevant sind. Aus diesem Grund wird auf die Berechnung und Implementierung von Korrekturwerten an dieser Stelle verzichtet.

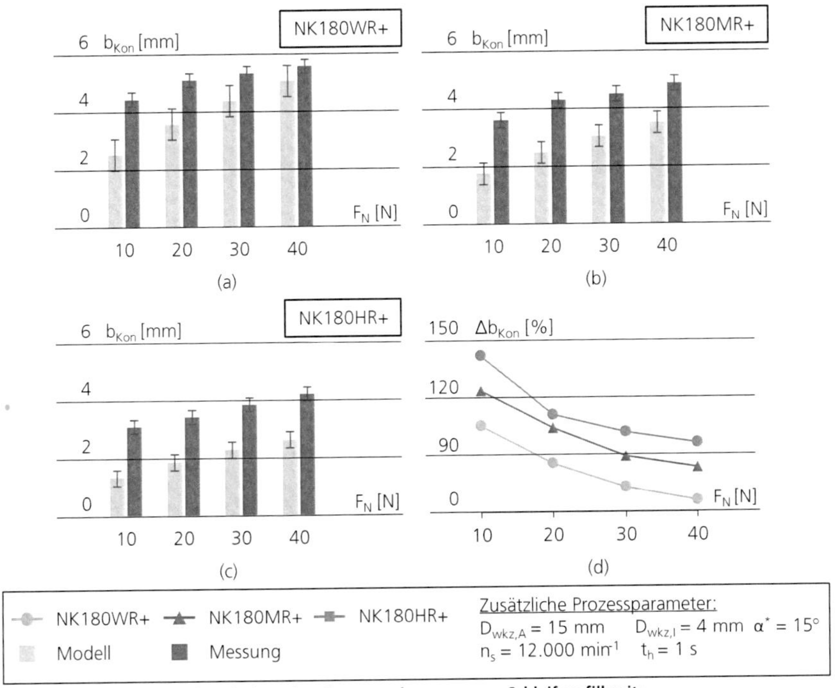

Abbildung 5-26: Vergleich zwischen simulierter und gemessener Schleifprofilbreite

Comparison between simulated and measured grinding profile widths

5.3.4 Modellvalidierung der Kraft- und Bahnabstandsvariation

Model validation of force and path distance variation

In **Abbildung 5-27** ist die Vorgehensweise zur Modellierung der Variationskraftregelung auf gekrümmten Oberflächen dargestellt. Im Anschluss an die CAD-Modellierung folgt die CAM-Planung der zu schleifenden Oberflächen. Die Testbahnen wurden mit der CAM-Software MASTERCAM (Version 2018) der Firma CNC SOFTWARE LLC erstellt [INTE22]. Nach Erstellen der CAM-Bahnen wird die Ausgabe des NC-Codes im Rahmen des Postprocessing durchgeführt. Die radienabhängigen Kraftwerte werden nachträglich dem NC-Code hinzugefügt. Die Anpassung der Kraft- und Bahnabstandswerte erfolgt über Anwendung einer Applikation (siehe Kapitel 5.4). Abschließend wird eine virtuelle Kollisionsprüfung durchgeführt. Nach erfolgreicher Prüfung kann nun die Prozessausführung auf dem Maschinensystem gestartet werden.

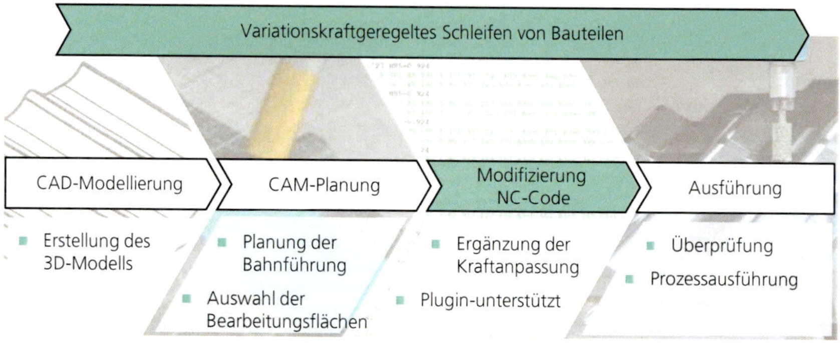

Abbildung 5-27: Prozedur zur Validierung der Variationskraftregelung und Bahnabstandsanpassung
Procedure for validation of variation force control and web distance adjustment

In **Abbildung 5-28** ist schematisch die Versuchsanordnung auf dem Demonstratorbauteil skizziert. Ein Demonstrator ist in vier Testflächen (A-D) unterteilt. Durch die Probenauslegung teilen sich alle Testbereiche eine identische Geometrieradienvariation. Die Radienbereiche sind oberhalb des Bauteils skizziert und unterteilen sich in die Radien, 5 mm, 10 mm und 20 mm. Die Radien treten zudem in konkaver als auch konvexer Anordnung auf. Die Ausgangsoberfläche ist mit einer repräsentativen Schlichtfräsoberfläche (Rz = 4 µm) gefräst.

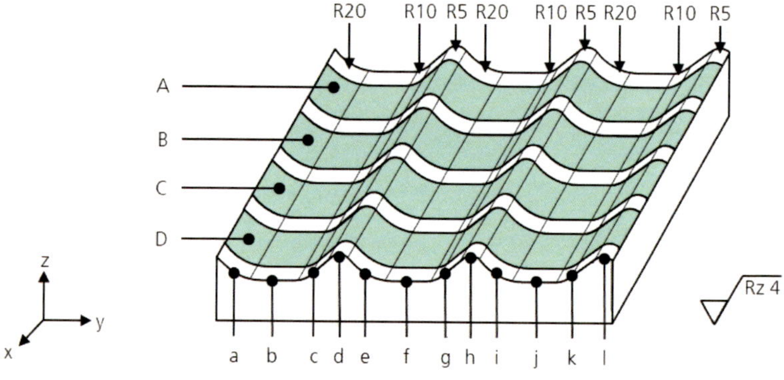

Abbildung 5-28: Versuchsflächenanordnung des variierend gekrümmten Demonstratorbauteils zur Validierung des Variationskraftmodells
Test area arrangement of the variationally curved demonstrator component to validate the variational force model

Im Anschluss an die Testreihe erfolgt eine taktile Vermessung der Oberfläche zur Erfassung der Schleifprofiltiefe. Diese wird an den Punkten (a – l) taktil gemessen und im Rahmen der Auswertung in Diagrammen aufgetragen und miteinander verglichen. So können Wiederholgenauigkeit und Einfluss der Kraftanpassung und Bahnanpassung unabhängig voneinander evaluiert werden.

Tabelle 5-3 ist der Versuchsplan zu entnehmen. Die Untersuchungen werden jeweils separat mit und ohne Kraft- und Bahnabstandsanpassung sowie mit einer kombinierten Bahnabstandsregelung getestet und abschließend ausgewertet. Die Versuche wurden jeweils zweimal wiederholt.

Tabelle 5-3: Versuchsplan

Experimental plan

Fenster	Drehzahl n_s [min^{-1}]	Bahnabstand a_p [mm]	Kraft F_N [N]	Vorschub $\overrightarrow{v_f}$ [mm/min]	Schleifstift
A	12.000	variabel	variabel	1500	Novapax 220, Ø 8 mm
B	12.000	variabel	10	1500	Novapax 220, Ø 8 mm
C	12.000	0,2	10	1500	Novapax 220, Ø 8 mm
D	12.000	0,2	variabel	1500	Novapax 220, Ø 8 mm

In **Abbildung 5-29** ist schematisch der Werkzeugeingriff auf dem Versuchsdemonstrator dargestellt. Als Bahnstrategie wurde eine »S-Raster«-Strategie gewählt, wobei die Orientierung des Werkzeugs mit einem Voreilwinkel α = 30° (weitere Parameter siehe Tabelle 5-3) eingestellt wurde. In Vorschubrichtung ist das Werkzeug voreilend, entgegen der Vorschubrichtung nacheilend. Das Werkzeug wird simultan orthogonal zur Oberfläche geführt, so dass der Kippwinkel β beständig orthogonal zur Oberfläche orientiert ist.

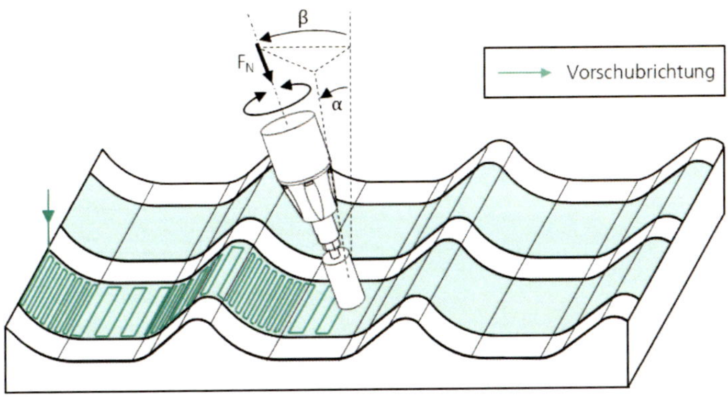

Abbildung 5-29: Orientierung des Werkzeugeingriffs und Visualisierung der Bahnstrategie zur Schleifbearbeitung gekrümmter Oberflächen

Orientation of tool engagement and visualization of the trajectory strategy for grinding of curved surfaces

Einfluss der Kraftanpassung auf die Abweichung der Schleifprofiltiefe

In **Abbildung 5-30** ist der Einfluss der Kraftvariation bzw. kontaktzonengerechten Kraftanpassung im Vergleich zu einem Test mit konstanter Werkzeuganpresskraft (F_N = 10 N) dargestellt. Während in den konvexen R = 5 mm-Radienbereichen hohe Abweichungen von bis zu 25 µm gemessen wurden, bewirkt eine Kraftvariation einen deutlich homogeneren Verlauf des Schleifprofils. Die Anpassung führt zu einer Korrektur von circa 10 µm in den konvexen R = 5 mm-Bereichen. In größeren Radienbereichen ist kein signifikanter Unterschied zwischen konstanter Anpresskraft und Kraftvariation zu beobachten.

Symbol	Drehzahl [min^{-1}]	Bahnabstand [mm]	Kraft [N]	Vorschub [mm/min]	Schleifstift
(hellgrau, Kreis)	12.000	0,2	variabel	340	Novapax 220, Ø 8 mm
(dunkel, Dreieck)	12.000	0,2	10	340	Novapax 220, Ø 8 mm

Weitere Parameter: Voreilwinkel $\alpha = 15°$ Kippwinkel $\beta = 0$

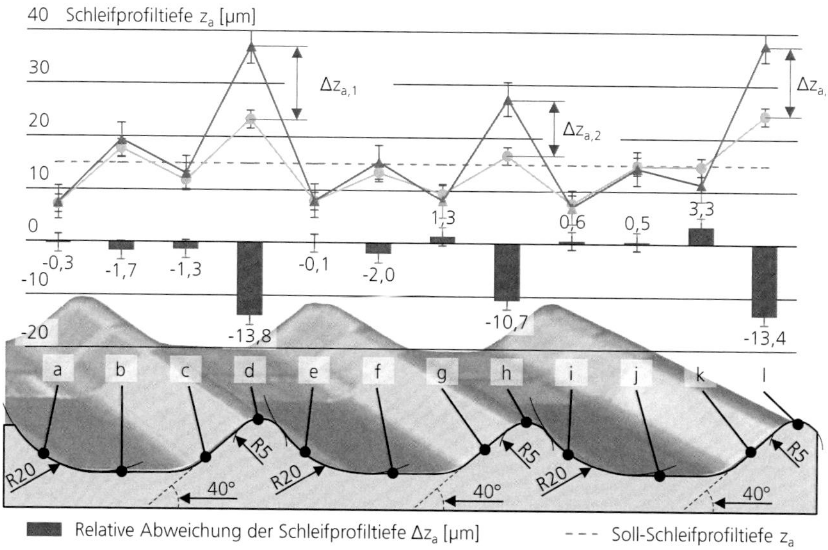

Abbildung 5-30: Schleifprofilverlauf einer variierend gekrümmten Oberfläche mit und ohne Variationskraftregelung

Grinding profile of a variably curved surface with and without variation force control

Einfluss der Bahnabstandsanpassung auf die Abweichung der Schleifprofiltiefe

In **Abbildung 5-31** ist der Einfluss der Bahnabstandsänderung auf die Schleifprofiltiefe dargestellt. Zu erkennen ist, dass in den konvexen $R = 5$ mm Bereichen eine Zunahme der Schleifprofiltiefe vorliegt. Durch Verringerung des Bahnabstands in kleinen Radienbereichen steigt die Werkzeugverweilzeit je geschliffener Flächeneinheit an, wodurch eine Schleifprofilzunahme schlüssig ist. Der in den konkaven Schleifbereichen erhöhte Bahnabstand kann auf Basis der Messergebnisse nicht mit einer Abnahme der Schleifprofiltiefe korreliert werden.

Symbol	Drehzahl [min^{-1}]	Bahnabstand [mm]	Kraft [N]	Vorschub [mm/min]	Schleifstift
—●—	12.000	variabel	10	1500	Novapax 220, Ø 8 mm
—▲—	12.000	0,2	10	1500	Novapax 220, Ø 8 mm

Weitere Parameter: Voreilwinkel α = 15° Kippwinkel β = 0

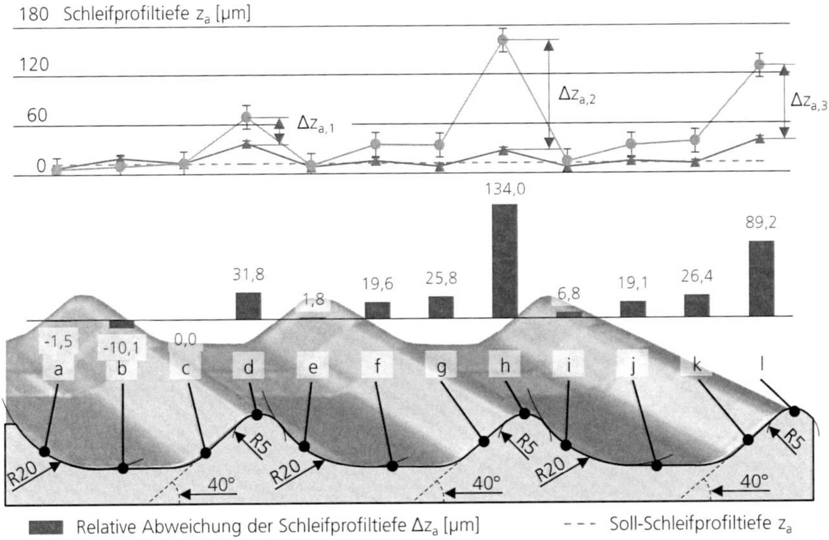

Abbildung 5-31: Schleifprofilverlauf einer variierend gekrümmten Oberfläche mit und ohne Bahnabstandsanpassung

Grinding profile of a variably curved surface with and without tool path distance adjustment

Einfluss der Bahnabstands- und Kraftvariation auf die Abweichung der Schleifprofiltiefe

In **Abbildung 5-32** ist der Einfluss der Kraftvariation und Bahnabstandsänderung im Vergleich zu einer mit konstanter Anpresskraft und Bahnabstand abgezeilten Testfläche anhand eines Auswertungsdiagramms dargestellt. Die variabel in Bezug auf die Kontaktzone angepasste Werkzeugbahn weist eine reproduzierbare, signifikante Kompensation in Richtung eines homogeneren Schleifprofils auf. Dies ist besonders in Bereichen stark gekrümmter Flächen (R = 5 mm) abzulesen. Gering konkav gekrümmte Radienbereiche (R = 20 mm) weisen keine signifikante Abweichung der Schleifprofiltiefe auf. Wie bereits im Kapitel der Variationskraftmodellierung eruiert (siehe Kapitel 5.1.2), ist eine Bahnabstandsanpassung in Extrembereichen aus folgenden Gründen sinnvoll:

- Einstellung einer homogeneren Schleifprofiltiefe
- Feinere Oberflächenstruktur nach dem Schleifen
- Vermeidung eines unterbrochenen Schnitts während der Bearbeitung

Symbol	Drehzahl [min⁻¹]	Bahnabstand [mm]	Kraft [N]	Vorschub [mm/min]	Schleifstift
–●–	12.000	variabel	variabel	1500	Novapax 220, Ø 8 mm
–▲–	12.000	0,2	10	1500	Novapax 220, Ø 8 mm

Weitere Parameter: Voreilwinkel $\alpha = 15°$ Kippwinkel $\beta = 0$

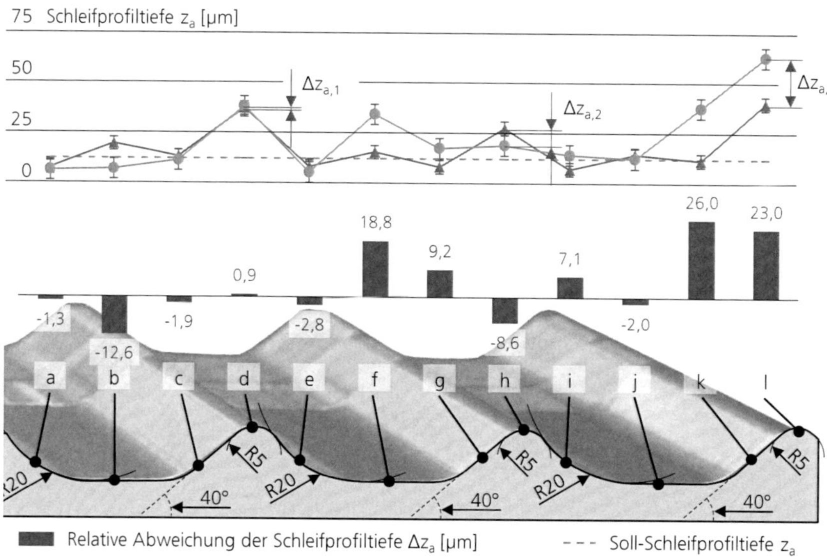

Abbildung 5-32: Schleifprofilverlauf einer variierend gekrümmten Oberfläche mit und ohne Variationskraft- und Bahnabstandsregelung
Grinding profile of a variably curved surface with and without variation force and path distance control

5.4 Anwendungsprogramme

Application programs

Zur Anwendung des Variationskraftmodells wurden eine Applikation und ein CAM-Plugin entwickelt. Die Applikation erlaubt eine direkte Anwendung der entwickelten Systematik unter Verwendung klassischer NC-Programme, bei welcher die geposteten NC-Codes nachträglich durch Kraftwerte ergänzt werden. Das CAM-Plugin berücksichtigt eine Kraftanpassung bereits beim Postprozessieren, so dass eine manuelle Anpassung des Codes entfällt und die Kraftergänzung automatisiert erfolgt.

Applikation für Kraft- und Bahnabstandsberechnung

In **Abbildung 5-33** ist die Bedienoberfläche der mit Matlab entwickelten Applikation dargestellt. Über Eingabefenster werden geometrische Werkzeugeigenschaften, Prozessparameter, Krümmungsradien sowie die E-Moduli und Poissonzahlen der Werkzeug/Werkstück-Paarung eingegeben. Durch den Befehl »Run Code« werden nun die radienabhängigen Anpresskräfte sowie Werkzeugbahnabstände ermittelt.

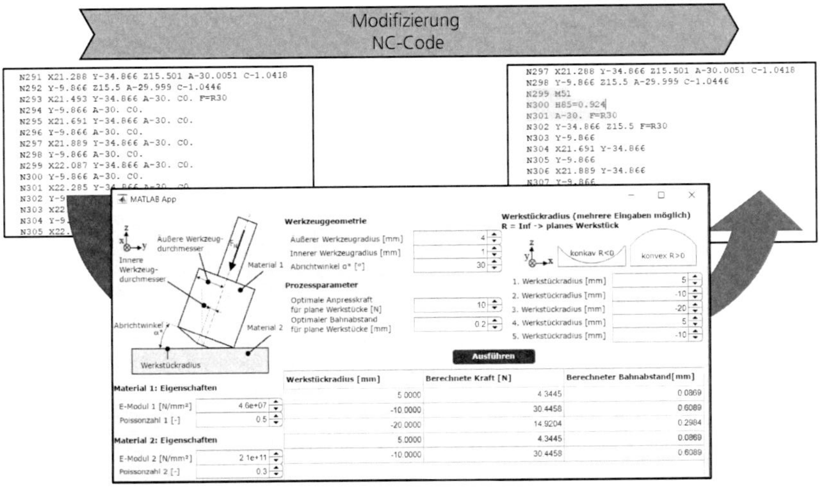

Abbildung 5-33: Matlab-Applikation des entwickelten Variationskraft- und Bahnabstandsmodells
Matlab application of the developed variational force and path distance model

Die berechneten Werte können an den entsprechenden Stellen des NC-Codes ergänzt werden. Eine Berücksichtigung des Bahnabstands kann in der CAM-Umgebung während der Offline-Programmierung vorgenommen werden.

5.5 Zwischenfazit

Interim conclusion

Mithilfe des Kontaktzonenmodells kann modellhaft die variierende Kontaktzone von stirnseitig, kraftgeführten, auf einer Werkzeugoberfläche wirkenden Schleifstiften beschrieben werden. Die Einbindung der auf der HERTZschen Pressung beruhenden, geometrischen Lösung (Das Scheibenmodell) erlaubt eine Beschreibung des v-förmigen Abdruckprofils von Schleifstiften. In Verbindung mit bestehenden Beschreibungsmodellen und unter der Berücksichtigung einer flächigen Bearbeitung wurde ein Variationskraftkraftmodell entwickelt, mit welchem ein konstantes Schleifprofil bei durch eine variierende Krümmung induzierten Kontaktzonenänderungen realisiert werden kann. Des Weiteren wurden folgende Entwicklungsschritte vorgenommen:

- Modellhafte Berücksichtigung von Radienübergängen
- Modellhaft und experimentell validierte Kraft- und Bahnabstandsanpassung bei Änderung des Werkzeugkrümmungsradius im Rahmen einer flächigen Bearbeitung
- Entwicklung von Arbeitsablauf, Applikation und Plugins zur Anwendung

Mit der Durchführung der Modellierung, Versuchsreihen und Analyse können somit Forschungsfrage 1 (*Wie kann modellhaft die variierende Kontaktzone beim flächigen, kraftgeführten Stirnschleifen von gekrümmten Oberflächen beschrieben werden?*) und Forschungsfrage 2 (*Kann mithilfe einer Variationskraftregelung eine konstante Schleifprofiltiefe bei der Bearbeitung von variierend gekrümmten Oberflächen erreicht werden?*) als beantwortet erachtet werden.

6 Der schwingungsunterstützte Schleifprozess

The vibration-assisted grinding process

Mit dem schwingungsunterstützten Schleifen mit Schleifstiften soll ein Prozess entwickelt werden, welcher das Auftreten kinematisch induzierter Schleifspuren minimiert, eine homogenere Oberflächenbeschaffenheit generiert und dadurch manuelle Nachbearbeitungsaufwände reduziert. Die durch die Schwingungsunterstützung induzierte Oszillation kann sowohl werkstück- als auch werkzeugseitig erreicht werden. Im Folgenden werden Prozess und Kinematik des schwingungsunterstützten Schleifprozesses beschrieben und mathematisch formuliert. In den fortlaufenden Unterkapiteln werden Untersuchungen mit werkstückseitiger Schwingungsanregung auf flachen Proben durchgeführt. Die Untersuchungen dienen dazu, den grundlegenden Einfluss einer Schwingungsunterstützung auf die Oberflächentopografie im Vergleich zu einem nicht-schwingungsunterstützten Prozess zu identifizieren.

6.1 Prozess und Kinematik

Process and kinematics

Die Werkzeugtrajektorie eines schwingungsangeregten Schleifprozesses mit Schleifstiften kann wie folgt beschrieben werden: Die induzierte Schwingungsbewegung mit der Frequenz f_{osz} und Gesamtauslenkung x_{osz} ist sinusförmig. Die Einführung einer überlagerten Schwingung führt zu einer Überlagerung der Wirkbewegung zwischen Werkzeug und Werkstück. Die Schwingbewegungen im Werkzeugeingriff sind in **Abbildung 6-1**(a-b) dargestellt.

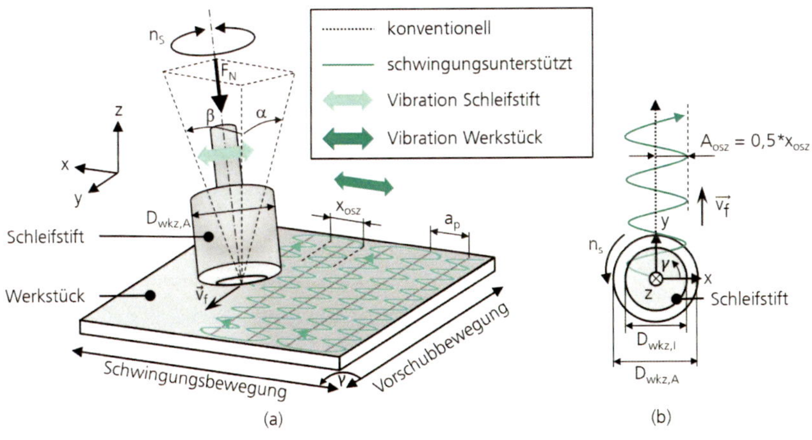

Abbildung 6-1: Abbildung der werkstück- und werkzeugseitigen Prozesskinematik des stirnseitigen Schleifens in isometrischer (a) Ansicht und Draufsicht (b)

Illustration of the process tool kinematics of face-side, low-frequency grinding with oscillating tool (a) and workpiece (b), respectively

Im Folgenden wird das Modell zur Beschreibung der Kinematik zum schwingungsangeregten Seiten-Quer-Schleifprozess kurz erläutert [HÄHN19]. Auf Basis des bekannten Modells erfolgt eine Anpassung an die Kinematik des Planschleifprozesses mit Schwingungsunterstützung. Das Modell für den Seiten-Quer-Schleifprozess beschreibt die Kinematik eines sich auf dem mittleren Radius

$R_{wkz,m}$ befindlichen Schleifkorns (**Abbildung 6-2**). Der Eingriff des Schleifstifts erfolgt dabei stirnseitig mit voller Fläche (siehe Abbildung 6-2 (a)).

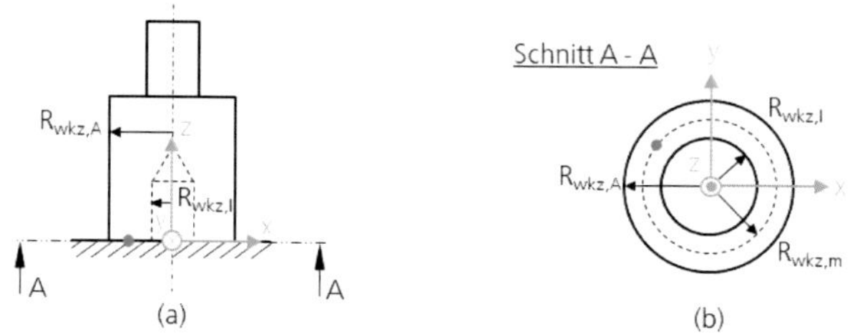

Abbildung 6-2: Abbildung der werkstück- und werkzeugseitigen Prozesskinematik des stirnseitigen Schleifens in isometrischer (a) Ansicht und Draufsicht (b)
Illustration of the process tool kinematics of face-side, low-frequency grinding with oscillating tool (a) and workpiece (b), respectively

Die Trajektorie des Schleifkorns auf dem Schleifstift lässt sich über eine Kreisbahn beschreiben (Gl. **6-1**). Der Radius $R_{wkz,m}$, auf welchem sich das Schleifkorn bewegt, ergibt sich aus der Mittelung des äußeren $R_{wkz,A}$ und des inneren Werkzeugradius $R_{wkz,I}$. Der Hilfswinkel ξ für den zeitlichen Verlauf der Bewegung resultiert aus der Rotationsgeschwindigkeit n_s und der Zeit t.

$$\vec{l_S} = \begin{pmatrix} l_{s,x} \\ l_{s,y} \\ l_{s,z} \end{pmatrix} = \begin{pmatrix} R_{wkz,m} \cdot cos(\xi) \\ R_{wkz,m} \cdot sin(\xi) \\ 0 \end{pmatrix}$$

$$R_{wkz,m} = \frac{R_{wkz,A} + R_{wkz,I}}{2} \qquad \text{Gl. 6-1}$$

$$\xi = 2\pi \cdot \frac{n_s}{60} \cdot t$$

Die Vorschubbahn des Schleifstifts verläuft in einer gradlinigen Bewegung entlang der y-Achse. Diese ist abhängig von der Vorschubgeschwindigkeit $\vec{v_f}$ und der Zeit t (Gl. 6-2).

$$\vec{l_f} = \begin{pmatrix} l_{f,x} \\ l_{f,y} \\ l_{f,z} \end{pmatrix} = \begin{pmatrix} 0 \\ \vec{v_f} \cdot t \\ 0 \end{pmatrix} \qquad \text{Gl. 6-2}$$

Eine Beschreibung der Oszillationsbewegungsrichtung erfolgt durch den Überlagerungswinkel γ (Gl. 6-3). Ausgehend von der Vorschubrichtung gibt dieser den Winkel zwischen der Richtung des Vorschubs und der Oszillationsbewegung an. Die Oszillation selbst erfolgt in sinusförmiger Anregung. Dabei wird die zeitliche Komponente, welche die Anregungsfrequenz f_{osz} berücksichtigt, durch den Hilfswinkel σ beschrieben.

$$\vec{l_v} = \begin{pmatrix} l_{v,x} \\ l_{v,y} \\ l_{v,z} \end{pmatrix} = \begin{pmatrix} \left(1 - \frac{\gamma}{90°}\right) \cdot \frac{x_{osz}}{2} \cdot sin(\sigma) \\ \left(\frac{\gamma}{90°}\right) \cdot \frac{x_{osz}}{2} \cdot sin(\sigma) \\ 0 \end{pmatrix} \qquad \text{Gl. 6-3}$$

$$\sigma = 2\pi \cdot f \cdot t$$

Eine Überlagerung der Teilterme liefert die vollständige Beschreibung der Kornbahn entlang der Vorschubrichtung (Gl. 6-4):

$$\overrightarrow{l_{abs}} = \vec{l_S} + \vec{l_f} + \vec{l_v}$$

$$\vec{l}_{abs} = \begin{pmatrix} l_{abs,x} \\ l_{abs,y} \\ l_{abs,z} \end{pmatrix} = \begin{pmatrix} \left(1 - \frac{\gamma}{90°} \cdot \frac{x_{osz}}{2}\right) \cdot sin(\sigma) + R_{wkz,m} \cdot cos(\xi) \\ \left(\frac{\gamma}{90°}\right) \cdot \frac{x_{osz}}{2} \cdot sin(\sigma) + \vec{v_f} \cdot t + R_{wkz,m} \cdot sin(\xi) \\ 0 \end{pmatrix} \quad \text{Gl. 6-4}$$

Zur Beschreibung der Kornbahnbewegung für einen im Winkel α^* abgerichteten und zweifach angestellten Schleifstift (**Abbildung 6-3** (a)) erfolgt eine Anpassung des bekannten Modells. Für die multiaxiale Rotation des Schleifstifts wird eine Drehachse n_{rot} eingeführt, welche durch den Ursprung des Koordinatensystems und parallel zur Hilfsgeraden $l_{3\text{-}4}$ verläuft (Abbildung 6-3 (a)). Die Drehachse wird um den Überlagerungswinkel γ entlang der z-Achse rotiert. Definiert wird der Überlagerungswinkel γ dabei über dessen Stufenwinkel ϕ. Der Winkel ϕ ist direkt von dem Neigungswinkel α und Kippwinkel β abhängig (Abbildung 6-3 (b)). Die Rotation um die Drehachse n_{rot} selbst erfolgt durch den Drehwinkel δ (Abbildung 6-3 (c)).

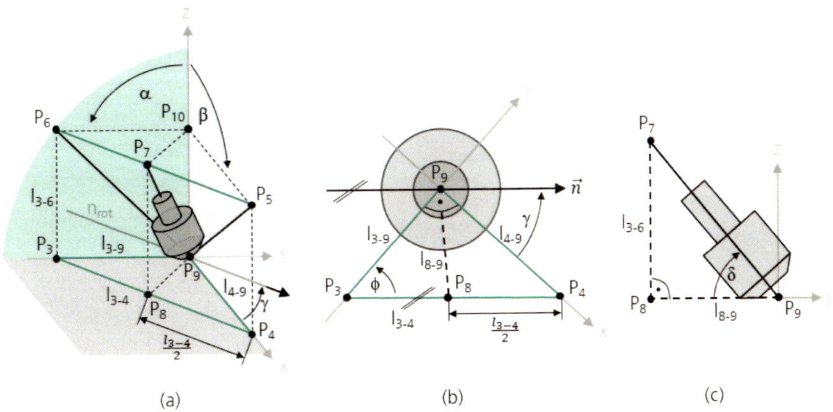

Abbildung 6-3: Abbildung der werkstück- und werkzeugseitigen Prozesskinematik des stirnseitigen Schleifens in isometrischer (a) Ansicht und Draufsicht (b)

Illustration of the process tool kinematics of face-side, low-frequency grinding with oscillating tool (a) and workpiece (b), respectively

Die für die Rotation benötigten Winkel ε und δ werden durch Größen des rechtwinkeligen Dreiecks (P_3-P_4-P_9) beschrieben, welches im vierten Quadranten der x-y-Ebene liegt und dessen rechter Winkel den Koordinatenursprung berührt. Zusätzlich wird ein Hilfsdreieck (P_6-P_5-P_{10}) eingeführt, welches einzig um die Höhe $l_{3\text{-}6}$ in z-Richtung verschoben ist. Die Seiten $l_{3\text{-}9}$ und $l_{4\text{-}9}$ des Dreiecks lassen sich durch den Cotangens von α bzw. β und die Versatzhöhe $l_{3\text{-}6}$ beschreiben (Gl. 6-5). Über den Satz des Pythagoras kann die Seite $l_{3\text{-}4}$ ausgedrückt werden. [SCHE17]

$$cot(\alpha) = \frac{l_{3-6}}{l_{3-9}} \rightarrow l_{3-9} = \frac{l_{3-6}}{cot(\alpha)}$$

$$cot(\beta) = \frac{l_{3-6}}{l_{4-9}} \rightarrow l_{4-9} = \frac{l_{3-6}}{cot(\beta)} \qquad \text{Gl. 6-5}$$

$$l_{3-9}{}^2 + l_{4-9}{}^2 = l_{3-4}{}^2 \rightarrow l_{3-4}{}^2 = \left(\frac{l_{3-6}}{cot(\alpha)^2} + \frac{l_{3-6}}{cot(\beta)^2}\right) \rightarrow l_{3-4} = \sqrt{\left(\frac{l_{3-6}}{cot(\alpha)^2} + \frac{l_{3-6}}{cot(\beta)^2}\right)}$$

Mithilfe des Arcustangens von den Seiten $l_{3\text{-}9}$ und $l_{4\text{-}9}$ kann der Stufenwinkel ϕ des Komplementärwinkels des Überlagerungswinkels γ beschrieben werden (Gl. 6-6).

$$tan(\phi) = \frac{l_{3-9}}{l_{4-9}} = \frac{\frac{l_{3-4}}{cot(\alpha)}}{\frac{l_{3-4}}{cot(\beta)}} = \frac{cot(\beta)}{cot(\alpha)} \rightarrow \phi = arctan\left(\frac{cot(\beta)}{cot(\alpha)}\right) \qquad \text{Gl. 6-6}$$

$$\gamma = 90° - \phi \rightarrow \gamma = 90° - arctan\left(\frac{cot(\beta)}{cot(\alpha)}\right)$$

Für den Rotationswinkel δ um die Drehachse n_{rot} wird zunächst das Dreieck (P_7-P_8-P_9) vollständig beschrieben. Der Ausdruck für die Seitenhalbierende $l_{8\text{-}9}$ vereinfacht sich in einem rechtwinkligen Dreieck durch den Satz des Pythagoras dabei zur Hälfte der Hypotenuse $l_{3\text{-}4}$. Der Rotationswinkel δ wird dann durch den Cotangens und das Einsetzen der Gl. 6-7 wie folgt definiert:

$$l_{8-9} = \frac{\sqrt{2\cdot(l_{3-9}{}^2 + l_{4-9}{}^2) - l_{3-4}{}^2}}{2} = \frac{\sqrt{2\cdot(l_{3-4}{}^2) - l_{3-4}{}^2}}{2} = \frac{\sqrt{l_{3-4}{}^2}}{2} = \frac{l_{3-4}}{2}$$

$$cot(\delta) = \frac{l_{3-6}}{l_{8-9}} \rightarrow \delta = tan\left(\frac{l_{3-6}}{\sqrt{\left(\frac{l_{3-6}}{cot^2(\alpha)} + \frac{l_{3-6}}{cot^2(\beta)}\right)}}\right) = tan\left(\frac{1}{\sqrt{\left(\frac{1}{cot^2(\alpha)} + \frac{1}{cot^2(\beta)}\right)}}\right) \qquad \text{Gl. 6-7}$$

In einem weiteren Schritt werden die Gleichungen auf etwaige Definitionslücken im für die Anwendung relevanten Bereich $\alpha, \beta \in [0°; 45°]$ untersucht. Eine solche Definitionslücke ergibt sich in Gl. 6-6 für den Fall, dass gilt $\alpha = 0° \vee \beta = 0°$ und in Gl. 6-7 für den Fall, dass gilt $\alpha = 0° \vee \beta = 0°$. Aus der Praxis werden für diese Fälle folgende Annahmen getroffen:

$\underline{\forall\, \alpha = 0°:}$

$$\delta = tan\left(\frac{1}{\sqrt{\left(\frac{1}{cot^2(\beta)}\right)}}\right)$$

$$\gamma = 90°$$

$\underline{\forall\, \beta = 0°:}$ Gl. 6-8

$$\delta = tan\left(\frac{1}{\sqrt{\left(\frac{1}{cot^2(\alpha)}\right)}}\right)$$

$$\gamma = 0°$$

$\forall\, \alpha = \beta = 0°$:

$\delta = 90°$

$\gamma = 0°$

Mit den zuvor erläuterten Größen kann nun der beschreibende Vektor der Kornbewegung $\overrightarrow{l_s}$ transformiert werden. Dazu erfolgt in einem ersten Schritt die translatorische Verschiebung um den Radius $R_{wkz,m}$ mittels der Translationsmatrix $T_y(R_{wkz,m})$, welchem sich dann die Rotation um die Drehachse n_{rot} mit der Rotationsmatrix $R_{n_{rot}}(\delta)$ anschließt. Abschließend erfolgt die Drehung der z-Achse durch die Rotationsmatrix $R_z(\varepsilon)$.

$$R_z(\varepsilon) = \begin{pmatrix} cos(\varepsilon) & -sin(\varepsilon) & 0 & 0 \\ sin(\varepsilon) & cos(\varepsilon) & 0 & 0 \\ 0 & 0 & 1 & 0 \\ 0 & 0 & 0 & 1 \end{pmatrix}$$

$$R_{n_{rot}}(\delta) = \begin{pmatrix} 1 & 0 & 0 & 0 \\ 0 & cos(\delta) & -sin(\delta) & 0 \\ 0 & sin(\delta) & cos(\delta) & 0 \\ 0 & 0 & 0 & 1 \end{pmatrix}$$

$$T_y(R_{wkz,m}) = \begin{pmatrix} 1 & 0 & 0 & 0 \\ 0 & 1 & 0 & R_{wkz,m} \\ 0 & 0 & 1 & 0 \\ 0 & 0 & 0 & 1 \end{pmatrix} \qquad \text{Gl. 6-9}$$

$$\overrightarrow{l_{s,rot}} = R_z(\varepsilon) \cdot R_{n_{rot}}(\delta) \cdot T_y(R_{wkz,m}) \cdot \vec{L_s}$$

$$\overrightarrow{l_{s,rot}} = \begin{pmatrix} R_{wkz,m} \cdot (cos(\varepsilon) \cdot cos(\xi) - sin(\varepsilon)\, cos(\delta) \cdot (sin(\xi) + 1)) \\ R_{wkz,m} \cdot (sin(\varepsilon) \cdot cos(\xi) + cos(\varepsilon) \cdot cos(\delta) \cdot (sin(\xi) + 1)) \\ R_{wkz,m} \cdot sin(\delta) \cdot (sin(\xi) + 1) \\ 1 \end{pmatrix}$$

Im Folgenden wird für die weitere Beschreibung der Kornbahn eine Fallunterscheidung vorgenommen. Zu unterscheiden ist dabei die Anregung des Werkstücks bei konventionell geführtem Werkzeug und die Oszillation des Werkzeugs selbst bei ruhendem Werkstück. Zunächst erfolgt die Betrachtung des oszillierenden Werkstücks.

Die oszillierende Bewegung erfolgt in diesem Fall unabhängig von den Eingriffsparametern des Werkzeugs und wird durch den Überlagerungswinkel γ in seiner Richtung bestimmt. Der Überlagerungswinkel wird dazu als Parameter vorgegeben, so dass Gl. 6-3 aus dem ursprünglichen Modell direkt übernommen werden kann [HÄHN19]. Die kombinierte Kornbewegung entlang der Vorschubachse ergibt sich ohne die Oszillation aus der Überlagerung mit dem Vorschub (Gl. 6-10).

$$\overrightarrow{l_{abs,rot}} = \overrightarrow{l_{s,rot}} + \overrightarrow{l_f}$$

$$\overrightarrow{l_{abs,rot}} = \begin{pmatrix} R_{wkz,m} \cdot (cos(\varepsilon) \cdot cos(\xi) - sin(\varepsilon) \cdot cos(\delta) \cdot (sin(\xi) + 1)) \\ R_{wkz,m} \cdot (sin(\varepsilon) \cdot cos(\xi) + cos(\varepsilon) \cdot cos(\delta) \cdot (sin(\xi) + 1)) + \overrightarrow{v_f} \cdot t \\ R_{wkz,m} \cdot sin(\delta) \cdot (sin(\xi) + 1) \end{pmatrix} \qquad \text{Gl. 6-10}$$

Die zugehörige Oszillationsbewegung des Werkstücks wird separat gebildet. Dies geschieht durch eine Überlagerung der Oszillation mit der Vorschubgeschwindigkeit (Gl. 6-11).

$$\overrightarrow{l_{osz,\mathrm{abs}}} = \overrightarrow{l_v} + \overrightarrow{\mathrm{l_f}}$$

$$\overrightarrow{l_{osz,\mathrm{abs}}} = \begin{pmatrix} \frac{\gamma}{90°} \cdot \frac{x_{osz}}{2} \cdot sin(\sigma) \\ \left(1 - \frac{\gamma}{90°}\right) \cdot \frac{x_{osz}}{2} \cdot sin(\sigma) + \overrightarrow{v_f} \cdot t \\ 0 \end{pmatrix} \qquad \text{Gl. 6-11}$$

Während der Oszillation des Werkzeugs entlang einer Achse ist der Überlagerungswinkel nicht mehr frei wählbar. Dies ist dadurch bedingt, dass die Oszillationsrichtung immer parallel zur Ebene des Eingriffs verlaufen muss. Ist dies nicht gegeben, kommt es zu Unterbrechungen des Werkzeugeingriffs und zur Variation der Anpresskraft durch die Oszillationsbewegung.

Der Überlagerungswinkel γ ist der Wechselwinkel des Winkels ϕ und kann durch den Voreilwinkel α und den Neigungswinkel β mit Gl. 6-6 beschrieben werden. Die vollständige Modellierung der Kornbewegung ergibt sich durch die Überlagerung des Vorschubs mit der Kornbewegung auf dem Schleifstift und der Oszillationsbewegung:

$$\overrightarrow{l_{abs,rot}} = \overrightarrow{l_{s,rot}} + \overrightarrow{\mathrm{l_f}} + \overrightarrow{\mathrm{l_v}}$$

$$\overrightarrow{l_{abs,rot}} =$$

$$\begin{pmatrix} R_{wkz,m} \cdot \big(cos(\varepsilon) \cdot cos(\xi) - sin(\varepsilon) \cdot cos(\delta) \cdot (sin(\xi) + 1)\big) + \mathrm{l_{v,x}} \\ R_{wkz,m} \cdot \big(sin(\varepsilon) \cdot cos(\xi) + cos(\varepsilon) \cdot cos(\delta) \cdot (sin(\xi) + 1)\big) + \overrightarrow{v_f} \cdot t + \mathrm{l_{v,y}} \\ R_{wkz,m} \cdot sin(\delta) \cdot (sin(\xi) + 1) \end{pmatrix} \qquad \text{Gl. 6-12}$$

Das angepasste Modell lässt sich in MatLab implementieren und die Kornbewegung für beide Fälle der Anregung simulieren.

6.2 Grundlagenuntersuchungen mit werkstückseitiger Anregung

Basic investigations with excitation on the workpiece side

Der Fokus der Grundlagenuntersuchungen liegt auf der Identifikation des Einflusses der Schwingungsunterstützung und der Abhängigkeit der Prozessstellgrößen auf die Oberfläche. Die formulierte Zielstellung der Reduktion von kinematisch induzierten Bearbeitungsspuren wird untersucht. Es erfolgt eine Gegenüberstellung des konventionellen zu einem mit Schwingungsunterstützung (Oszillation) durchgeführten Prozess. Es werden zunächst Einzelbahnuntersuchungen ausgeführt und analysiert. Nach erfolgter Eingrenzung geeigneter Prozessstellgrößen wird der Versuchsraum auf flächenhafte Untersuchungen überführt. Zur Minimierung von Störeinflüssen werden die Grundlagenuntersuchungen auf ebenen Werkstückproben durchgeführt.

6.2.1 Auswertungsstrategie

Evaluation strategy

Die Analyse der durchgeführten Einzelbahnversuche und Flächentests wird nach einem festgelegten Schema durchgeführt. Auf Basis von mithilfe des Fokusvariationsverfahrens (FV) durchgeführten makroskopischen Aufnahmen erfolgt zunächst eine qualitative, visuelle Analyse der Oberflächentopografie.

Zur Quantifizierung beobachteter Einflüsse werden weißlichtinterferometrische Aufnahmen (WLI) hinzugezogen. Es werden sowohl Oberflächenrauheit als auch Welligkeit optisch und messtechnisch untersucht. Die flächig erfassten Rauheitswerte werden zudem mit profilometrisch erfassten Messwerten abgeglichen, um Ungenauigkeiten zu berücksichtigen. Schleifprofiltiefe und -breite werden taktil erfasst und ausgewertet.

6.2.2 Eingrenzung des Untersuchungsraums

Delimitation of the examination area

Auf Basis von Voruntersuchungen wird die Bandbreite der Schwingfrequenz auf f_{osz} = 25 Hz, 37 Hz, 50 Hz bei Auslenkungen von x_{osz} = 0,5 mm, 1,5 mm, 3 mm festgelegt. Dies ist darin begründet, dass systembedingt ein signifikanter Abfall der maximalen Schwingungsamplitude bei höheren Frequenzen zu beobachten ist und ein dauerhafter Betrieb bei hohen Frequenzen zu Funktionsstörungen führen kann. Als Prozessstellgröße wird die Werkzeugorientierung variiert. Die klassischen Prozessstellgrößen Spindeldrehzahl, Werkzeugvorschub und Anpresskraft werden konstant gehalten. Bei den flächenhaften Untersuchungen wird als Prozessstellgröße der Werkzeugbahnabstand variiert.

6.2.3 Einzelbahnen

Single paths

Zur Untersuchung des Einflusses der Schwingungsunterstützung auf die Topografie der Schleifspur werden Einzelbahnen auf planen Versuchsproben abgefahren und analysiert. Die Orientierung der Trajektorie des Werkzeugkorns in Relation zur Bewegungsrichtung der Schwingung wird durch Variation der Werkzeuganstellung variiert. So können wesentliche Einflüsse des Überlagerung zwischen Kornbewegung und Richtung der Oszillation analysiert werden.

Einfluss der Werkstückoszillation bei variierendem Werkzeuganstellwinkel

Basierend auf der in der kinematischen Modellbildung beschriebenen Fallabhängigkeit der Schwingungsbewegung, besteht bereits ein strikter mathematischer Zusammenhang in Art und Ausprägung der Schleifkornbewegung und des damit erzeugten Schliffbildes. Um diese zu analysieren, wird die Kornorientierung in Relation zur Oszillationsbewegung und drei Überlagerungszustände γ = 0°, 45°, 90° unterteilt. Bei γ = 0° sind der Richtungsvektor der Oszillation und der Kornbewegung annähernd parallel zueinander orientiert, bei γ = 45° annähernd diagonal zueinander und bei γ = 90° zeichnet sich eine näherungsweise orthogonale Orientierung ab.

In **Abbildung 6-4** ist sind makroskopische Nahaufnahmen von Einzelbahnversuchen dargestellt, welche mit einem variierenden Voreilwinkel α durchgeführt wurden.

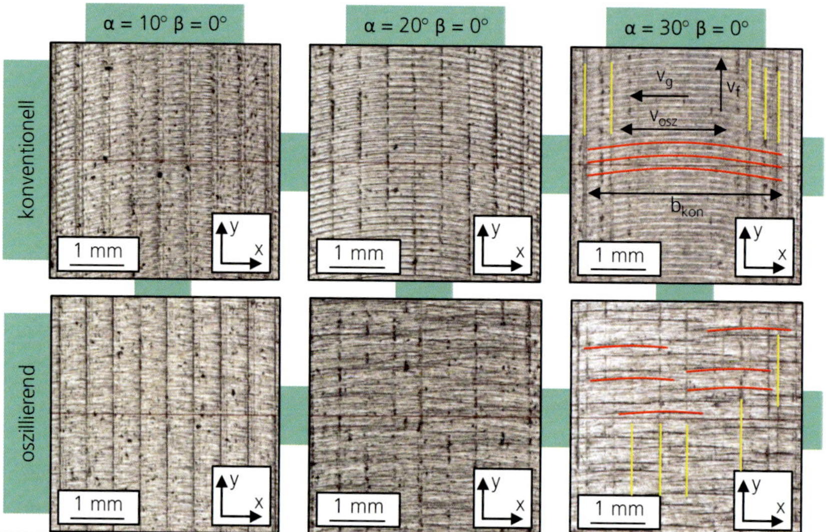

Zusätzliche Prozessparameter
f_{osz} = 50 Hz x_{osz} = 1,5 mm $\gamma \sim 0°$ n_s = 12.000 min^{-1} v_f = 1000 mm/min F_N = 10 N
$D_{wkz,A}$ = 10 mm $D_{wkz,I}$ = 3,5 mm Werkzeug = NP K220

Abbildung 6-4: Variation des Werkzeugvoreilwinkels
Variation of the tool lead angle

Die konventionell geschliffenen Bahnen weisen ein prägnantes Schliffbild auf, auf welchem wiederholende, bogenförmige Korneingriffsbahnen (rot markiert) zu erkennen sind. Die mit oszillierendem Werkstück geschliffene Bahn erzeugt eine unregelmäßige Verteilung kürzerer, bogenförmiger Eingriffsbahnen (rot markiert). Das Schliffbild wirkt in y-Richtung erweitert. Darüber hinaus bewirkt die Werkstückoszillation eine Reduktion des Bogenwinkels. Die Breite der Schleifbahn ist bei konventionell geschliffenen Bahnen durch eine Abnahme der Schleifprofiltiefe hin zu größeren x-Werten zu erkennen und kann teilweise klar eingegrenzt werden. Bei oszillierend geschliffenen Versuchsbahnen kann dies im Rahmen der auf circa 3 mm in Breite und Höhe limitierten Makroaufnahmen nicht erkannt werden. Die Fräsbahnen sind gelb markiert und bei beiden Verfahren mitunter deutlich erkenn- und von Korneindringbahnen (bogenförmig in Richtung der x-Achse) abgrenzbar.

In **Abbildung 6-5** ist eine Gegenüberstellung einer konventionell geschliffenen Einzelbahn im Vergleich zu einer mit Schwingungsunterstützung geschliffenen Bahn bei variierendem Werkzeugkippwinkel β dargestellt. Während der konventionell durchgeführte Prozess ein in Orientierung der y-Achse gerichtetes Schliffbild mit optisch wellig erscheinender Ausprägung erzeugt, wird durch die Schwingungsunterstützung ein signifikant homogeneres Schliffbild erreicht.

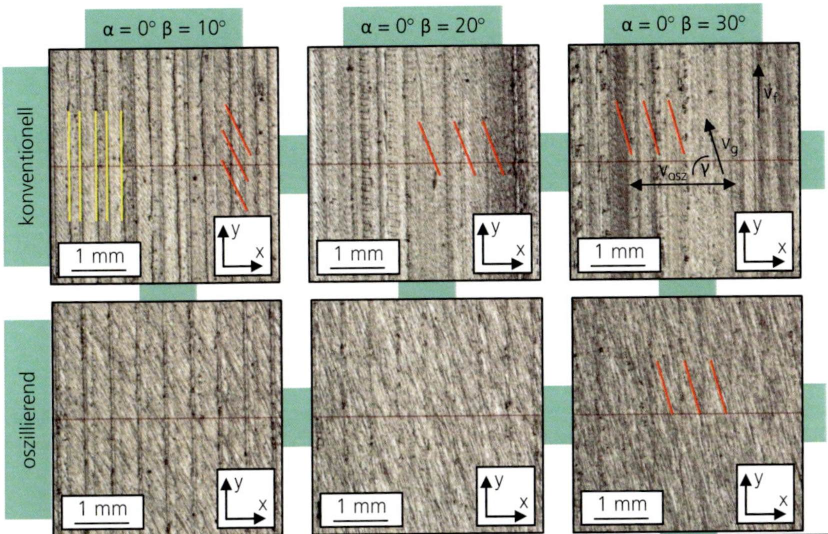

Zusätzliche Prozessparameter
f_{osz} = 50 Hz x_{osz} = 1,5 mm $\gamma \sim 90°$ n_s = 12.000 min^{-1} v_f = 1000 mm/min F_N = 10 N
$D_{wkz,A}$ = 10 mm $D_{wkz,I}$ = 3,5 mm Werkzeug = NP K220

Abbildung 6-5: Variation des Werkzeugkippwinkels
Variation of the tool tilt angle

Der Einfluss der Schwingungsunterstützung ist bei einem Kornüberlagerungswinkel von $\gamma = 90°$ in Bezug auf den Einfluss auf die Oberflächentopografie auf Basis der optischen Analyse deutlicher ausgeprägt.

In **Abbildung 6-6** ist das Ergebnis einer Bahnführung mit verschieden eingestellten Voreil- und Kippwinkeln dargestellt. Auch hier kann eine Reduktion der Ausprägung einzelner Korneingriffsbahnen beobachtet werden. Die Ungleichmäßigkeit der Korneingriffsbahnen nimmt zu, der Bogenwinkel vergrößert sich, die Schliffbildbreite erweitert sich in Richtung der x-Achse. Sowohl auf makroskopischer als auch auf mikroskopischer Ebene der Korneingriffbahn, wird ein Einfluss der Schwingungsunterstützung festgestellt.

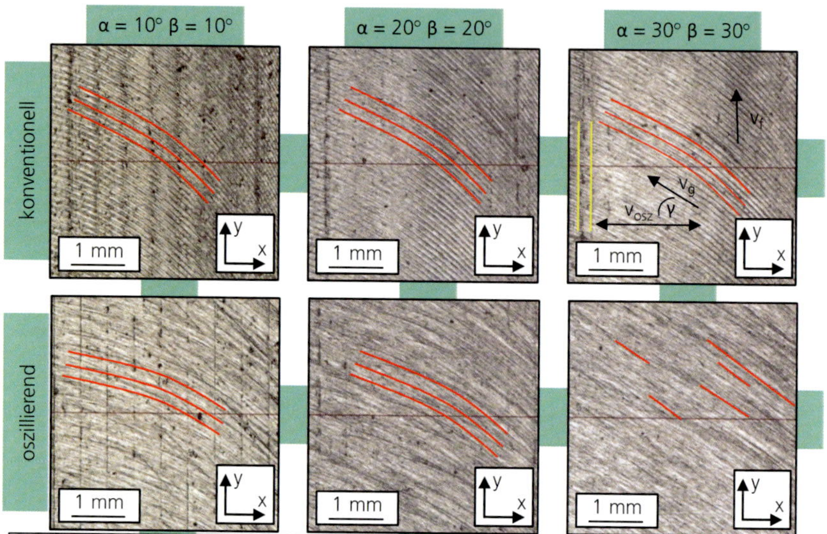

Zusätzliche Prozessparameter

f_{osz} = 50 Hz x_{osz} = 1,5 mm γ ~ 45° n_s = 12.000 min^{-1} v_f = 1000 mm/min F_N = 10 N

$D_{wkz,A}$ = 10 mm $D_{wkz,I}$ = 3,5 mm Werkzeug = NP K220

Abbildung 6-6: Variation des Werkzeugvoreil- und Kippwinkels

Variation of the tool lead and tilt angle

In **Abbildung 6-7** ist der Einfluss der Schwingungsunterstützung auf die Ausprägung der Korneindringbahn zu erkennen. Die mit Schwingungsunterstützung geschliffene Oberfläche wirkt heterogener und weist weniger ausgeprägte Korneindringbahnen auf, was auf eine Verbesserung der Oberflächengüte schließen lässt.

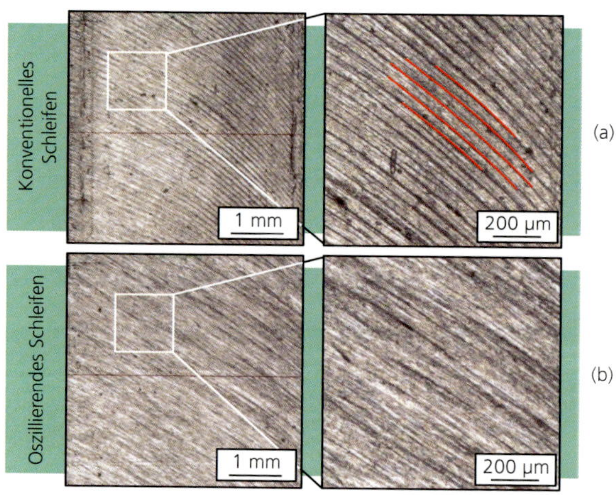

Abbildung 6-7: Reduktion des Korneindringbahnmusters durch Schwingungsunterstützung

Reduction of the grain penetration pattern by vibration excitation

Einfluss der Werkstückoszillation bei variierender Anregungsfrequenz

In **Abbildung 6-8** ist der Einfluss der Werkstückstückozillationsfrequenz auf die Oberflächenbeschaffenheit dargestellt. Die Anregungsfrequenz wurde in drei Stufen zu f_{osz} = 25 Hz, 37 Hz und 50 Hz variiert. Visuell ist zu erkennen, dass die Korneindringbahnen bei zunehmender Anregungsfrequenz weniger ausgeprägt sind, wodurch eine tendenziell inhomogenere Oberflächenstruktur erzeugt wird. Die in vertikaler Richtung verlaufenden Fräsriefen sind bei zunehmender Anregungsfrequenz deutlicher zu erkennen. Ein ausgeprägtes Fräsbild lässt auf eine geringere Schleifprofiltiefe bei zunehmender Anregungsfrequenz schließen.

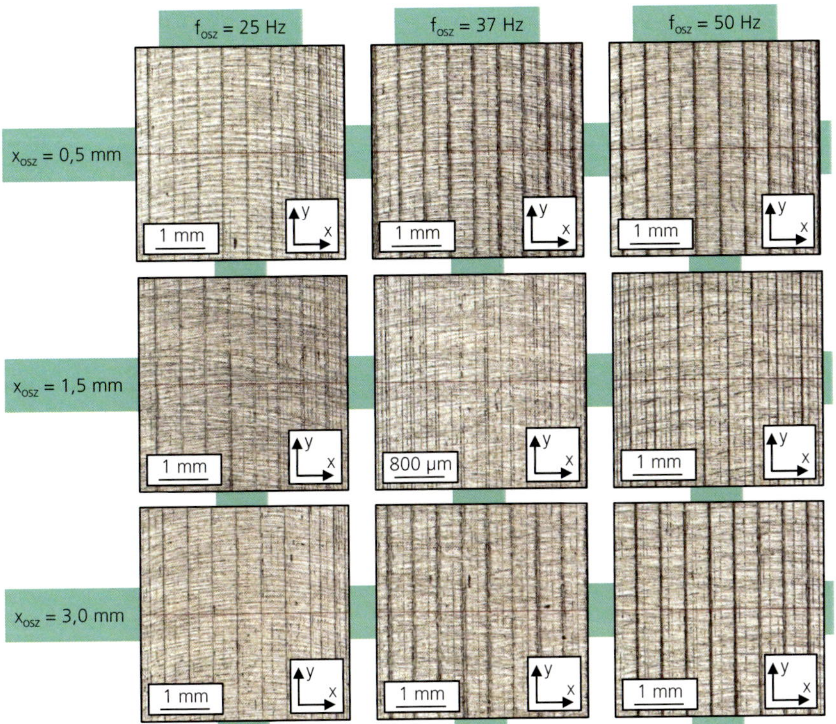

Zusätzliche Prozessparameter
x_{osz} = 1,5 mm α = 10° β = 0° γ = 0° n_s = 12.000 min^{-1} v_f = 1000 mm/min F_N = 10 N
$D_{wkz,A}$ = 10 mm $D_{wkz,I}$ = 3,5 mm Werkzeug = NP K220

Abbildung 6-8: Einfluss der Werkzeugoszillationsfrequenz
Influence of the tool oscillation frequency

Fazit der optischen Analyse der Oberflächentopografie

Insgesamt ist durchweg ein Einfluss der Schwingungsanregung auf die Oberflächentopografie zu erkennen. Optisch beeinflusst ein zunehmender Überlagerungswinkel das entstehende Schleifprofilmuster. Die Korneindringspur ist im Vergleich zu einer konventionellen Korneindringbahn weniger prägnant ausgebildet. Bei einem Überlagerungswinkel $\gamma = 90°$ kann ein optisch positiver Eindruck hin zu einer geringer ausgeprägten Welligkeit vernommen werden.

In **Abbildung 6-9** ist die Auswertung der WLI-Messungen des Schleifprofils der Einzelbahnen für die Variation des Werkzeuganstellwinkels α dargestellt. Die Auswertung zeigt eine tendenziell geringere Ausprägung der Korneindringbahnen. Darüber hinaus weist die Auswertung der Rauheit auf einen Trend hin zu niedrigeren Werten auf. Ein wesentlicher Einfluss auf die Oberflächenwelligkeit kann anhand der Messungen nicht abgeleitet werden. Ein steigender Werkzeugvoreilwinkel führt zu einer niedrigeren Oberflächenrauheit.

Deutlich zu erkennen ist, dass die bei einem Voreilwinkel $\alpha = 10°$ vorhandenen Frässpuren bei ansteigendem Voreilwinkel nicht mehr zu erkennen sind. Sowohl die mittlere arithmetische Höhe (*Sa*) als auch die mittlere quadratische Höhe (*Sq*) fallen mit zunehmendem Voreilwinkel niedriger aus.

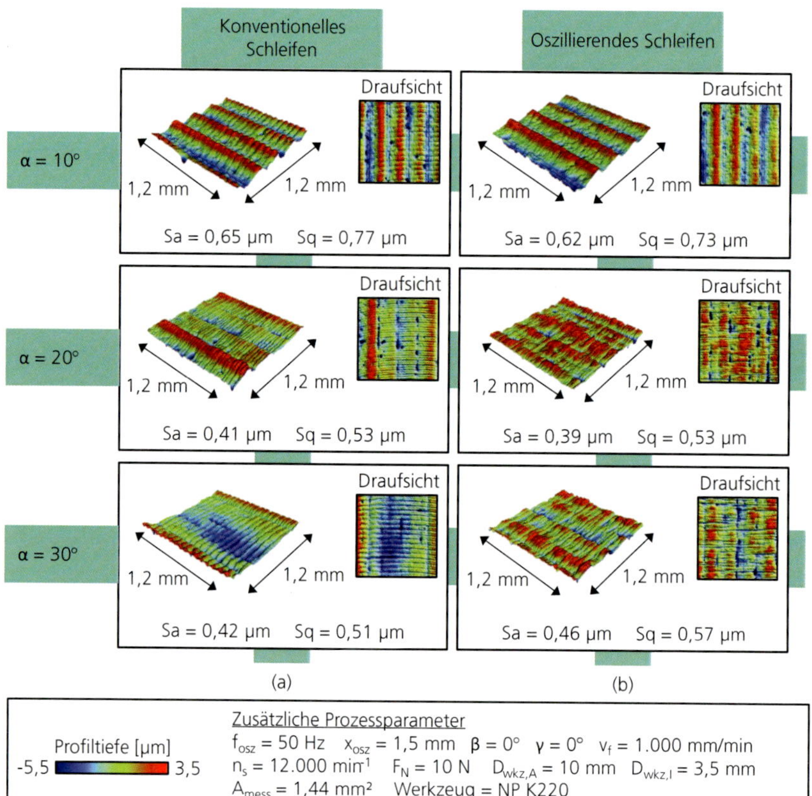

Abbildung 6-9: Variation des Werkzeuganstellwinkels α

Variation of the tool approach angle α

In **Abbildung 6-10** ist die WLI-Messung des Schleifprofils der Einzelbahnen für die Variation des Werkzeuganstellwinkels *β* dargestellt. Die Profilwelligkeit wird durch Abnahme des *Sa*- und *Sq*-

Wertes signifikant beeinflusst. Die Verbesserung der *Sa*-Werte beträgt circa 30 bis 70%, die Verbesserung der *Sq*-Werte von 27 bis 43%. Die optische Analyse der Aufsichtaufnahmen lässt eine Zunahme der Profilheterogenität mit ansteigendem Kippwinkel *β* vermuten. Eine Stützung der Aussage durch einen quantifizierbaren Wert ist anhand der *Sa* und *Sq*-Werte naheliegend. Ein Trend hin zu besseren Werten ist erkennbar. Die Varianz der Verbesserung tritt in einer Bandbreite von 6 bis 30% auf.

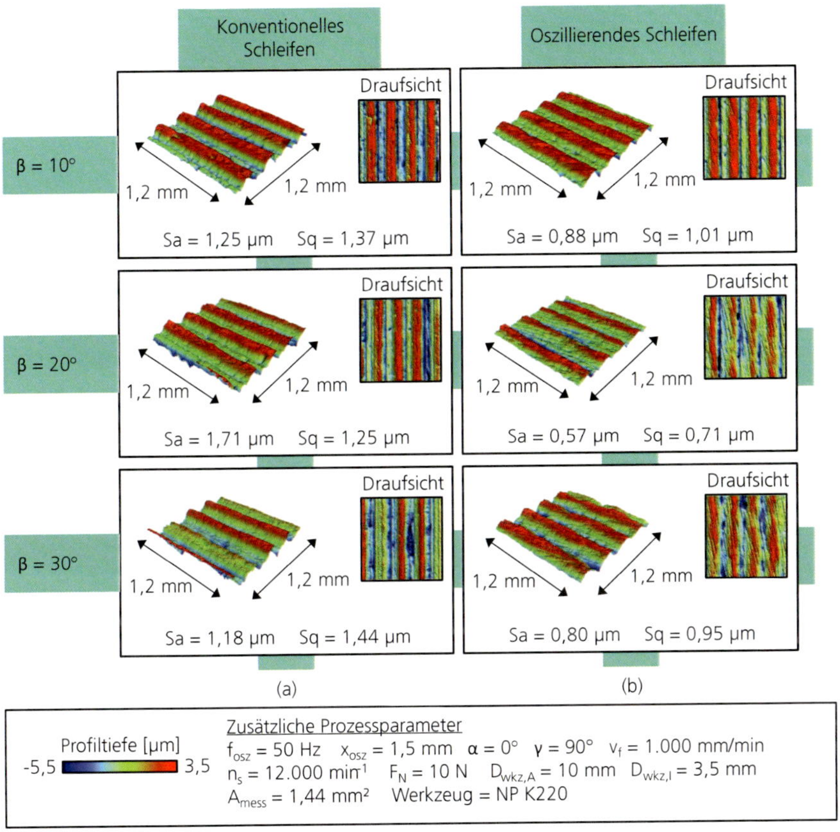

Abbildung 6-10: Variation des Werkzeuganstellwinkels β

Variation of the tool approach angle β

Zusammenfassend kann geschlussfolgert werden, dass die Schwingungsunterstützung bei einem Anstellwinkel *β* zu einer signifikanten Verbesserung der mittleren arithmetischen und quadratischen Höhen *Sa*, *Sq* und damit zu einer verbesserten Oberflächengüte führt. Darüber hinaus werden die Heterogenität des Schleifprofils erhöht und Welligkeiten reduziert.

In **Abbildung 6-11** ist die Auswertung des Schleifprofils der Einzelbahnen bei Variation des Werkzeugvoreil- und Kippwinkels *β* dargestellt. Sowohl *Sa*, als auch *Sq*-Werte werden durch die Schwingungsunterstützung positiv beeinflusst. Durch das oszillierende Schleifen ist eine

Verbesserung der *Sa*-Werte um circa 16 bis 40% zu beobachten. Die *Sq*-Werte konnten um circa 18 bis 40% verbessert werden. Neben einer Verbesserung der Oberflächenrauheit wird die Heterogenität des Schleifprofils erhöht. Dies ist auf den Draufsichten erkennbar.

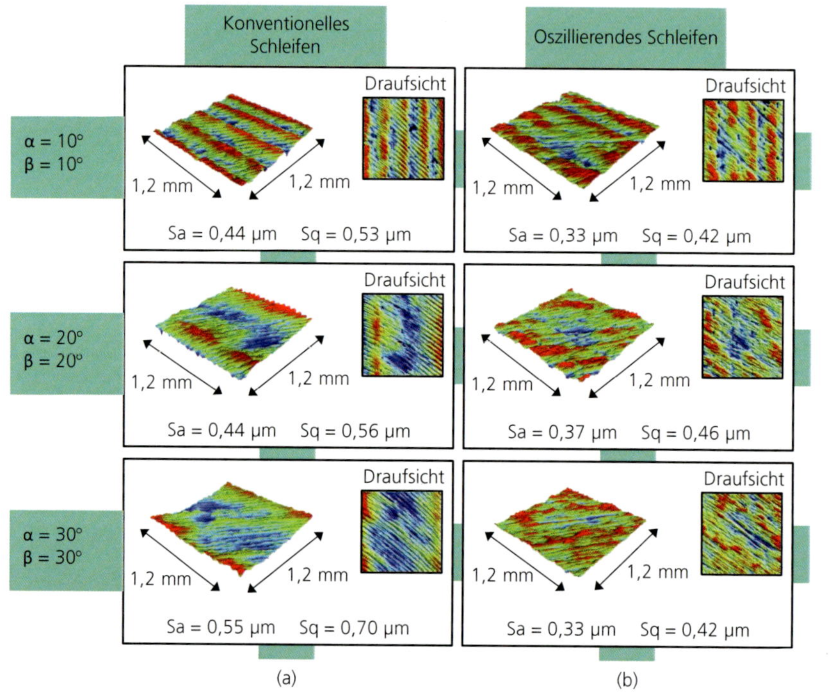

Abbildung 6-11: Variation des Werkzeuganstellwinkels α und β
Variation of the tool approach angle α and β

Des Weiteren erfolgt eine Reduktion der Präsenz der Korneindringbahnen. Ein »Schraffurmuster« ist weiterhin erkennbar, wirkt jedoch weniger ausgeprägt. Dies zeigen bereits die optischen Analysen (siehe Abbildung 6-7) und kann durch Auswertung der WLI-Messungen gestützt werden.

In **Abbildung 6-12** ist die WLI-Auswertung des Schleifprofils der Einzelbahnen bei Variation der Werkstückanregungsfrequenz bei einem Werkzeugvoreilwinkel von α = 30° dargestellt. Eine Erhöhung der Anregungsfrequenz führt zu einer Erhöhung der *Sa* und *Sq*-Werte. Eine Erhöhung der Schwingungsauslenkung x_{osz} resultiert ebenfalls in höheren *Sa*- und *Sq*-Werten. Die Abweichung hin zu höheren Werten fällt jedoch geringer aus als bei einer Frequenzerhöhung. Weitere Einflüsse einer Frequenzerhöhung können anhand der WLI-Aufnahmen nicht geschlussfolgert werden.

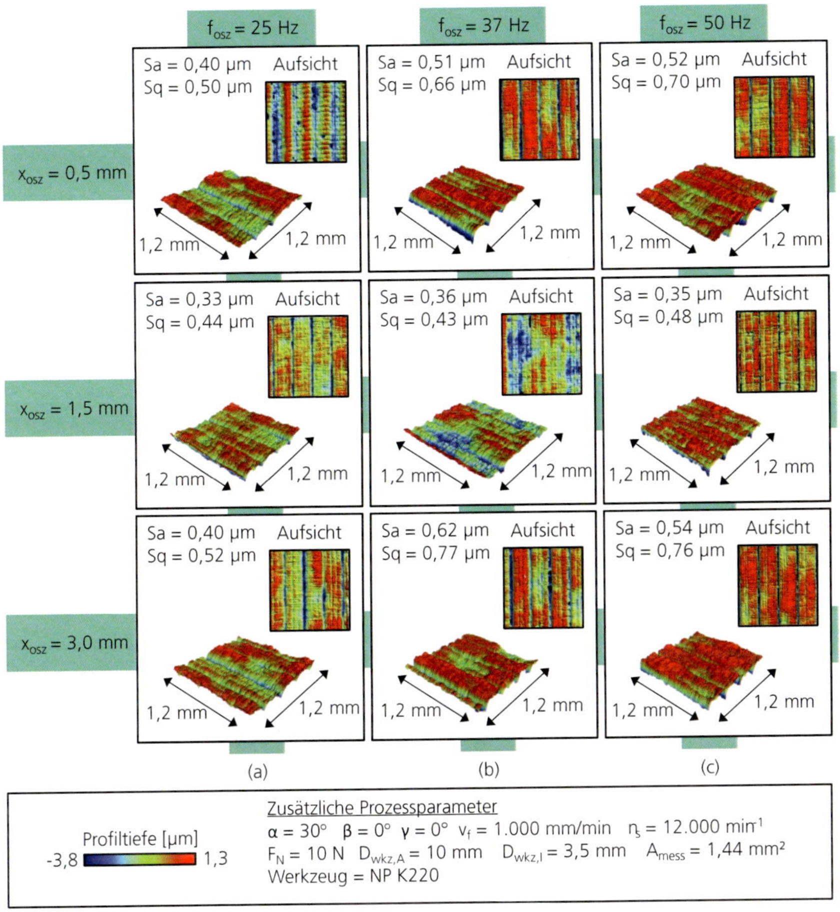

Abbildung 6-12: Einfluss der Werkzeugoszillationsfrequenz

Influence of the tool oscillation frequency

In **Abbildung 6-13** ist der Einfluss der Werkstückoszillation in Abhängigkeit der Werkzeugorientierung auf den *Sa*-Wert dargestellt. Die Auswertung zeigt, dass ein relativer Sprung bei einem Orientierungswinkel $\gamma = 90°$ hin zu niedrigeren *Sa*-Werten auftritt.

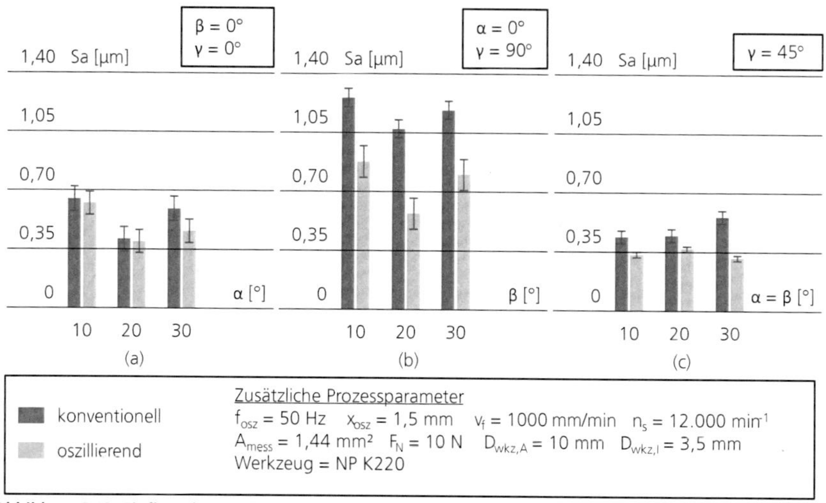

Abbildung 6-13: Einfluss der Werkstückoszillation in Abhängigkeit der Werkzeugorientierung auf den Sa-Wert

Influence of workpiece oscillation as a function of tool orientation on the Sa value

In **Abbildung 6-14** ist der Einfluss der Werkstückoszillation in Abhängigkeit der Werkzeugorientierung auf den *Sq*-Wert zusammengefasst dargestellt. Auch hier fällt der Sprung hin zu niedrigeren Werten bei einem Orientierungswinkel γ = 90° am stärksten aus.

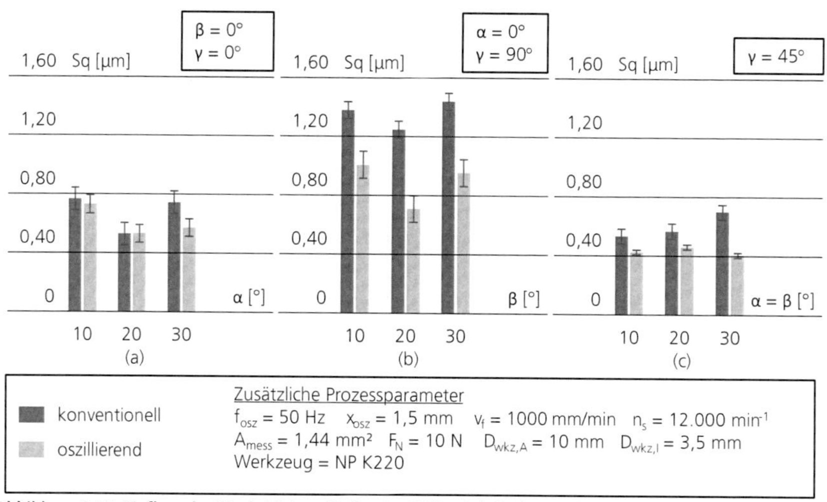

Abbildung 6-14: Einfluss der Werkstückoszillation in Abhängigkeit der Werkzeugorientierung auf den Sq-Wert

Influence of workpiece oscillation as a function of tool orientation on the Sq value

In **Abbildung 6-15** ist der Einfluss der Werkstückoszillationsfrequenz in Abhängigkeit der Werkstückauslenkungsbreite x_{osz} auf den *Sa*-, und *Sq*-Wert dargestellt. Bei einer Oszillation von

x_{osz} = 0,5 mm ist ein leichter Anstieg der *Sa*- und *Sq*-Werte bei steigender Frequenz zu beobachten.

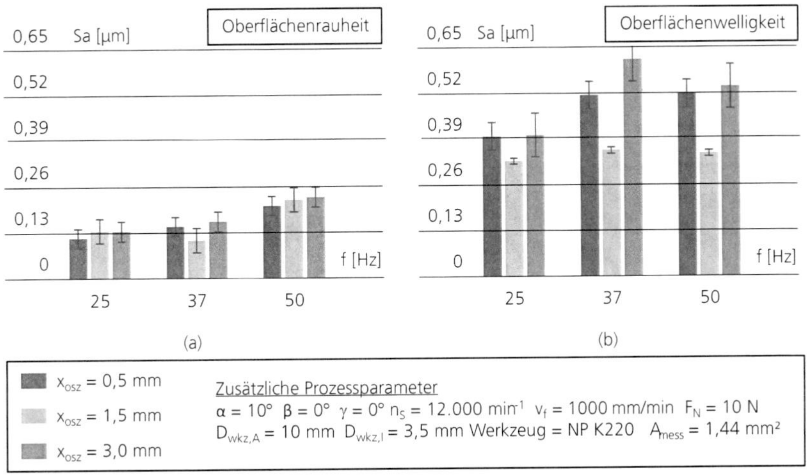

Abbildung 6-15: Einfluss der Werkstückoszillationsfrequenz in Abhängigkeit der Oszillationshubes x_{osz}
Influence of the workpiece oscillation frequency shown as a function of the oscillation stroke x_{osz}

Bei x_{osz} = 1,5 mm ist kein Trend erkennbar. Die Rauheitswerte erscheinen über die betrachte Frequenzbreite konstant. Bei einer Oszillation von x_{osz} = 1,5 mm ist ebenfalls kein Trend erkennbar. Zwar kann eine Zunahme der Profilrauheit von f_{osz} = 25 Hz auf f_{osz} = 37 Hz beobachtet werden, jedoch verstetigt diese sich nicht bei f_{osz} = 50 Hz.

Einfluss der Schwingungsunterstützung auf die Schleifprofiltiefe und -breite

In **Abbildung 6-16** ist der Einfluss der Schwingungsunterstützung auf die Schleifprofiltiefe einer konventionellen Schleifbearbeitung gegenübergestellt. Insgesamt ist zu beobachten, dass ein Anstieg des Werkzeugvoreilwinkels zu einer Erhöhung der Schleifprofiltiefe führt.

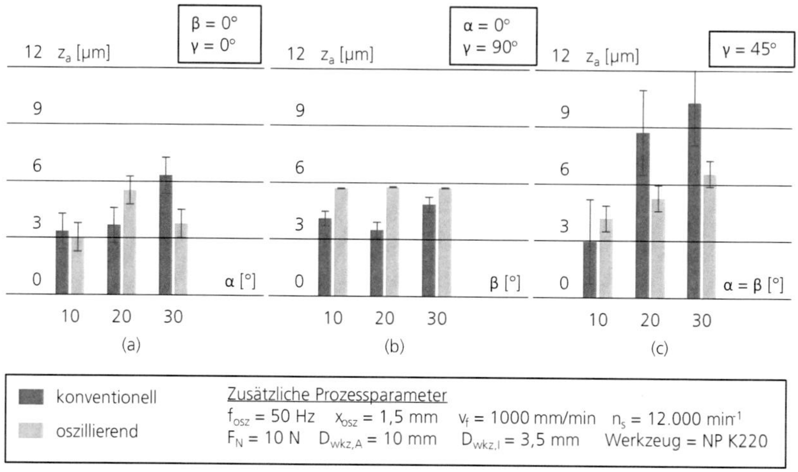

Abbildung 6-16: Einfluss der Schwingungsunterstützung auf die Schleifprofiltiefe
Influence of vibration excitation on the grinding profile depth

Dies ist sowohl bei einer konventionellen Schleifbearbeitung zu beobachten als auch bei Schwingungsunterstützung. Dies gilt für einen Kornüberlagerungswinkel von $\gamma = 0°$ und 45°. Bei $\gamma = 90°$ ist sowohl bei konventionell als auch bei oszillierend durchgeführtem Prozess ein Trend zu vernehmen. **Abbildung 6-17** stellt die Schleifprofilbreite von konventionell und oszillierend geschliffenen Einzelbahnen in Abhängigkeit des Werkzeugorientierung gegenüber.

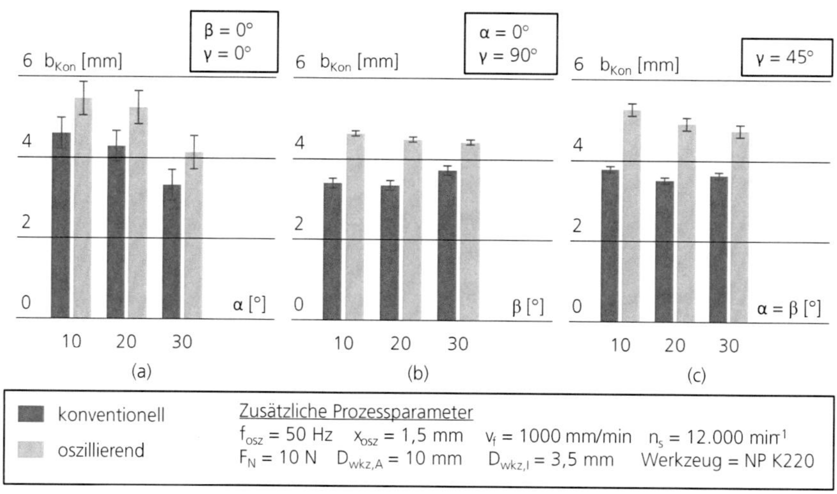

Abbildung 6-17: Einfluss der Schwingungsunterstützung auf die Schleifprofilbreite
Influence of vibration excitation on the grinding profile width

Insgesamt kann bei Kornüberlagerungswinkeln $\gamma = 0°$, 45°, 90° beobachtet werden, dass die Schleifprofilbreite b_{Kon} bei oszillierendem Werkzeug zunimmt. Für einen Überlagerungswinkel

γ = 90° wird sowohl eine Zunahme der Schleifprofiltiefe als auch -breite beobachtet. Auf Basis der Beobachtungen kann abgeleitet werden, dass der durch eine Schwingungsunterstützung erhöhte Energieeintrag in einer Erhöhung des Materialabtrags münden kann.

6.2.4 Flächentests

Area tests

Im Anschluss an die Bahnuntersuchungen wurde die flächige Schleifbearbeitung mit Schwingungsunterstützung untersucht. Vordergründig ist die Analyse des Einflusses der Schwingungsunterstützung bei variierenden Werkzeugbahnabständen Ziel der Untersuchungen.

Zunächst wird eine Analyse der 3D-Topografie mittels FV-Makroaufnahmen durchgeführt. Zum einen erfolgt eine optische Analyse der Beschaffenheit und zum anderen werden zur Quantifizierung der Beobachtung *Sa*- und *Sq*-Werte unter Einbezug eines Welligkeitsfilters auf Basis des FV-Verfahrens einbezogen. Die Werte beziehen sich auf die Topografie der dargestellten Gesamtfläche, welche sich zu A_{mess} = 7,84 mm^2 berechnet. Im Vergleich zu *Sa*- und *Sq*-Messungen mittels der WLI-Methode lassen sich mit dem FV-Verfahren deutlich größere Bereiche bei vertretbarem Messaufwand erfassen und auswerten. Ungenauigkeiten in Bezug auf Korrektheit der Absolutwerte sind vernachlässigbar, da relative Änderungen der Messwerte grundlegend auf eine Erniedrigung oder Erhöhung der Oberflächenwelligkeit schließen lassen.

Zur Erfassung der Rauheit wurden lokale Messungen mittels WLI durchgeführt und mit profilometrischen Messungen hinterlegt.

Einflüsse der Schwingungsunterstützung auf die Schleifprofiltiefe wurden mithilfe profilometrischer Messungen der Schleifprofiltiefe erfasst und untersucht.

Einfluss des Werkzeugbahnabstands auf die Oberflächentopografie

In **Abbildung 6-18** ist die Oberflächentopografie anhand von Makroaufnahmen dargestellt. Der Überlagerungswinkel beträgt γ = 0°. Die konventionell geschliffenen Flächen weisen mit zunehmendem Bahnabstand ein korrelierend prägnanter erscheinendes Schleifmuster auf. Dieses ist durch deutlich ausgeprägte Bearbeitungsspuren, sowohl in Form von Korneindringbahnen als auch durch Auftreten eines Welligkeitsmusters sichtbar. Im Vergleich erscheint das mit Schwingungsaunterstützung geschliffene Muster gleichmäßiger und weist keine deutlich erkennbaren Bearbeitungsspuren in y-Richtung bei zunehmendem Werkzeugbahnabstand auf. Über die gesamte Messprofilgröße ist ein homogenes Schraffurmuster zu erkennen.

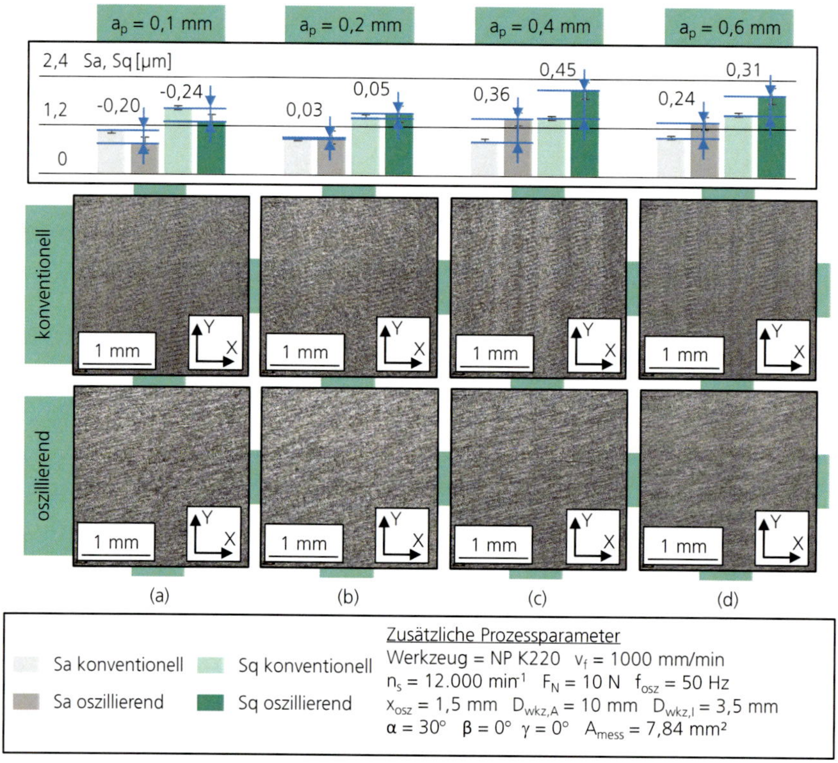

Abbildung 6-18: Oberflächentopografie in Abhängigkeit des Bahnabstands a_p bei Voreilwinkel α

Overview of development and test planning with process variables and measured variables

Bei Zunahme des Bahnabstands weist die konventionell geschliffene Topografie ein Welligkeitsmuster auf, welches in Ausprägung mit dem Bahnabstand korreliert.

In **Abbildung 6-19** ist die FV-Auswertung einer flächigen Bearbeitung bei einem Werkzeuganstellwinkel von *β* = 30° dargestellt. Während das Schliffbild der konventionell bearbeiteten Oberfläche inhomogen und wellig erscheint, weist das oszillierend geschliffene Bearbeitungsmuster eine feine heterogene Struktur bei gleichmäßiger Reflexion bzw. Schattierung auf. Dies deutet auf ein homogeneres Schleifprofil hin und kann durch die *Sa*-, *Sq*-Werte bestätigt werden. Bei allen Bahnabständen tritt durchweg eine Verbesserung der Oberflächenwelligkeit auf. Die Beträge der Abweichungen in *Sa* und *Sq* verbessern sich um bis zu 100%.

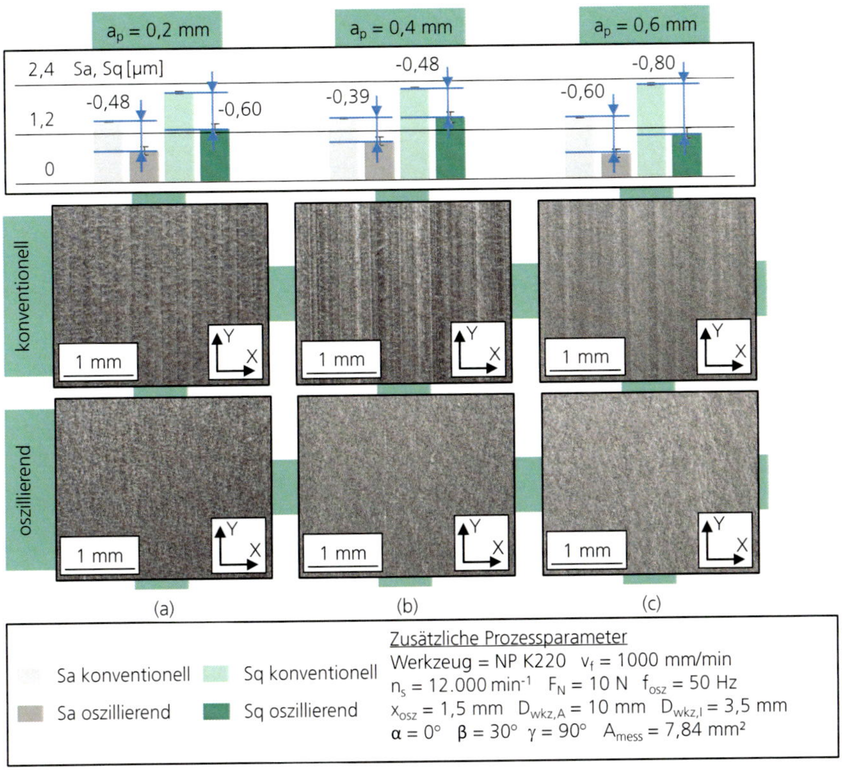

Abbildung 6-19: Oberflächentopografie in Abhängigkeit des Bahnabstands a_p bei Kippwinkel β

Overview of development and test planning with process variables and measured variables

Im Vergleich ist optisch bei Schwingungsunterstützung keine Korrelation eines zunehmenden Schleifprofilmusters bei steigendem Bahnabstand zu erkennen. Bei konventioneller Bearbeitung sind sowohl Kornbewegung als auch Richtung der Frässpuren parallel zueinander orientiert. Dies wird bei einer Schleifbearbeitung vermieden, wobei stets möglichst ein orthogonal zur Vorbearbeitungsrichtung verlaufender Schliff angesetzt wird, um die Rauheitsspitzen zu brechen und ein gleichmäßiges Profil zu erreichen. Dies ist bei dem Kornüberlagerungswinkel $\gamma = 90°$ der Fall.

Eine Schleifbearbeitung mit Schwingungsunterstützung birgt das Potenzial diese Regel zu brechen, was den Freiheitsgrad in der Automatisierung von Schleifprozessen erhöhen kann. Dies ist zum Beispiel dann von Vorteil, wenn eine eingeschränkte Werkzeugzugänglichkeit eine freie Wahl der Werkzeugorientierung nicht ermöglicht oder prozessbedingt eine quer zur Fräsrichtung orientierte Schleifbearbeitung nicht wirtschaftlich durchgeführt werden kann. Die Wirtschaftlichkeit können in diesem Kontext erhöhte Programmieraufwände beeinflussen.

Abbildung 6-20 zeigt die Auswertung einer schwingungsunterstützten Schleifbearbeitung bei einem Kornüberlagerungswinkel von $\gamma = 45°$ im Vergleich zu einer konventionellen Bearbeitung. Das Schliffbild der konventionell bearbeiteten Oberflächen weist eine deutliche Zunahme der Struktur bei Erhöhung des Bahnabstands auf. Die Schliffbilder wirken zunehmend inhomogen. Bei

a_p = 0,6 mm ist eine deutlich ausgeprägte Schraffur zu erkennen. Rein optisch entsteht die Wahrnehmung eines ungleichmäßigen, welligen Schliffbildes mit eindeutig identifizierbaren Schleifspuren. Das mit Werkstückoszillation bearbeitete Schliffbild wirkt homogen. Das Schliffmuster hat einen gleichmäßigen Kontrast, kinematische Schleifbahnen können nicht identifiziert werden. Eine Quantifizierung der Wahrnehmung lässt sich nur eingeschränkt vornehmen da ΔSa, ΔSq nicht durchweg signifikant hin zu niedrigeren Werten abweichen. Optisch ist eine klare Homogenisierung des Schliffbildes zu erkennen.

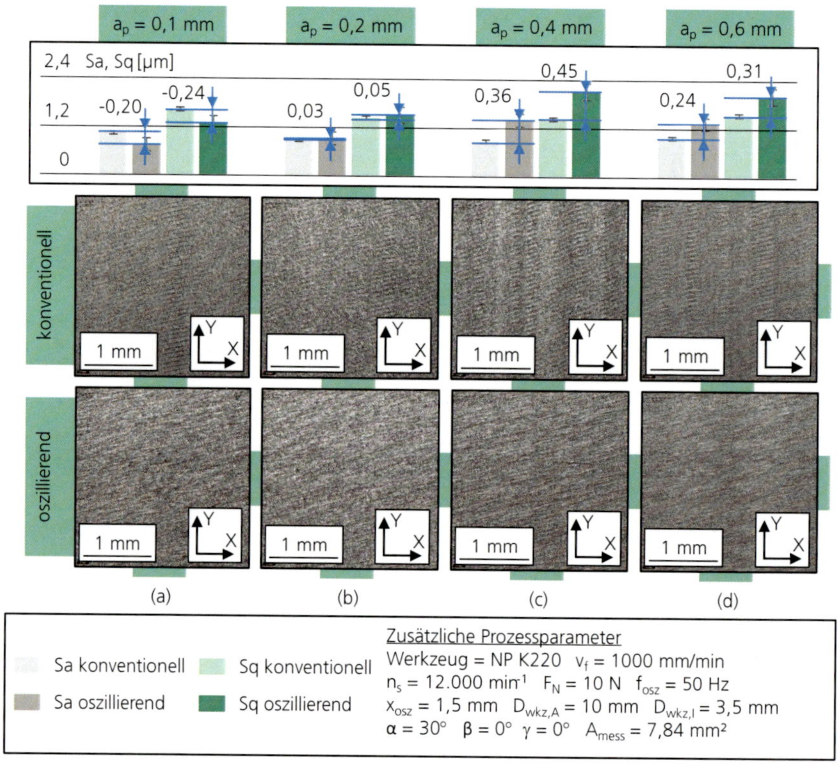

Abbildung 6-20: Oberflächentopografie in Abhängigkeit des Bahnabstands a_p bei eingestelltem Voreilwinkel α und Kippwinkel β

Surface topography as a function of web distance a_p with set lead angle α and tilt angle β

Einfluss des Werkzeugbahnabstands und -anstellwinkels auf die Oberflächenrauheit

Abbildung 6-21 zeigt die Auswertung punkthafter WLI-Messungen zur Analyse des Einflusses der Schwingungsunterstützung auf die Oberflächenrauheit am Beispiel einer flächig mit der Werkzeugorientierung β = 30° bearbeiteten Versuchsprobe. Die Messungen zeigen optisch einen positiven Einfluss auf das Schliffbild, was bereits mit der Auswertung der FV-Messungen sowohl qualifiziert als auch quantifiziert werden konnte. Ein Einfluss der Schwingungsunterstützung auf die punktuell erfasste Rauheit kann nicht festgestellt werden. Die Auswertung ergibt, dass sowohl eine Abweichung hin zu besseren als auch zu schlechteren Messwerten auftritt, was auf lokale

Messwertabweichungen jedoch keinen prozessseitigen Einfluss zurückgeführt werden kann. Die Messergebnisse der WLI-Aufnahmen wurden mit profilometrischen Messungen verglichen. Auch hier zeigt sich, dass kein klarer Trend hin zu einer Verbesserung oder Verschlechterung der Rauheit erkennbar ist.

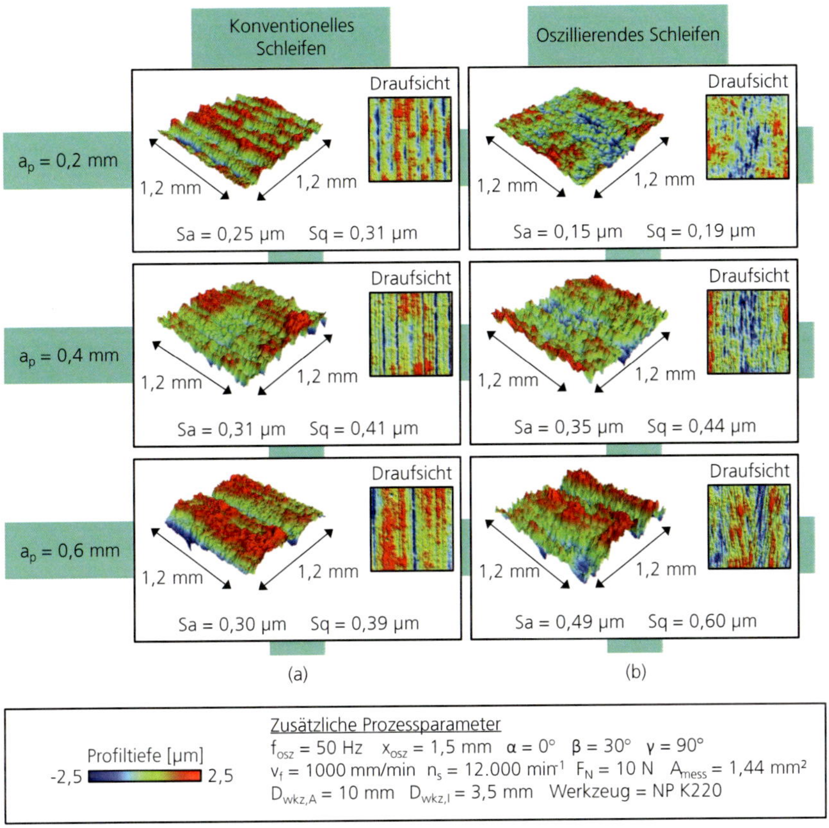

Abbildung 6-21: Oberflächentopografie in Abhängigkeit des Bahnabstands a_p bei dem Werkzeuganstellwinkel β

Surface topography as a function of the path distance ap at the tool setting angle β

Einfluss des Werkzeugbahnabstands und -anstellwinkels auf die Schleifprofiltiefe

In **Abbildung 6-22** ist der Einfluss der Schwingungsunterstützung auf die Schleifprofiltiefe in Abhängigkeit der Werkzeugorientierung dargestellt. Bei einem Überlagerungswinkel von γ = 0° kann bei Bahnabständen a_p = 0,1 - 0,4 mm eine Erniedrigung der Schleifprofiltiefe beobachtet werden. Ab einem Bahnabstand von a_p = 0,6 mm gleichen sich beide Werte wieder an.

Ein Trend hin zu einer abfallenden Schleifprofiltiefe bei Erhöhung des Bahnabstands a_p wird nicht durchgehend festgestellt. Bei γ = 45° kann bei kleinen und bei großen Bahnabständen ein positiver Einfluss der Schwingungsunterstützung auf eine höhere Schleifprofiltiefe z_p beobachtet werden. Die Beobachtungen entsprechen grundlegend der ARCHARD-Gleichung. Demnach führt der durch die Schwingungsunterstützung erhöhte Energieeintrag bzw. die erhöhte Reibung auf die Oberfläche zu einem erhöhten Materialabtrag und bzw. oder einer vergrößerten Schleiffläche. [ARCH53; DAMB05, S. 65]

Bei einem Kornüberlagerungswinkel von $\gamma = 90°$ birgt die Schwingungsunterstützung des Potenzial die Bearbeitungszeit bei gleichbleibender Schleifprofiltiefe zu verkürzen, da ein höheres spezifisches Zeitspanvolumen erreicht wird. So kann beispielsweise die Gesamtbearbeitungsdauer bei Wahl eines $a_p = 0{,}6$ mm anstatt $a_p = 0{,}2$ mm um bis zu 50 - 70% verkürzt werden.

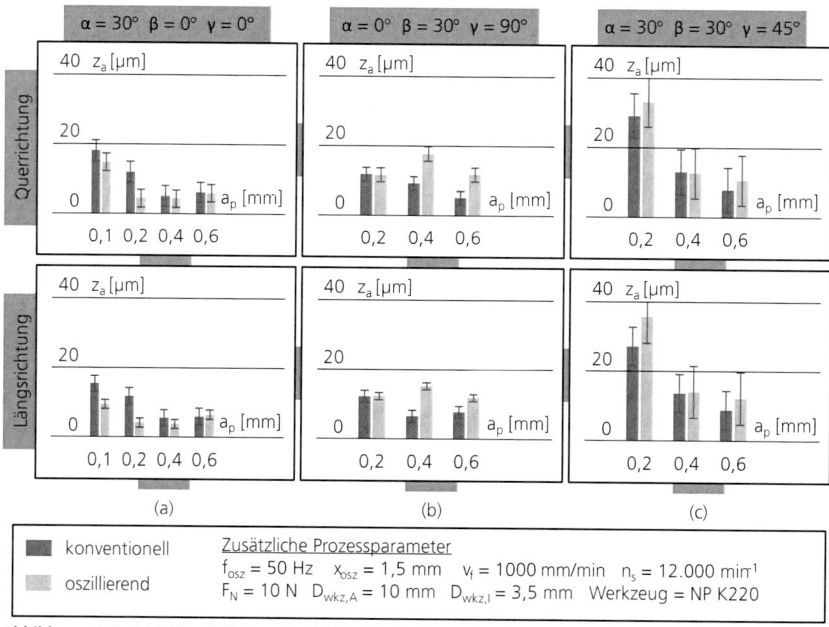

Abbildung 6-22: Schleifprofiltiefe z_p in Abhängigkeit des Bahnabstands ap bei Voreilwinkel α und Kippwinkel β

Grinding profile depth z_p as a function of the path distance ap with lead angle α and tilt angle

6.2.5 Randzonenbetrachtung

Edge zone consideration

Zur Untersuchung des Einflusses der Schwingungsunterstützung auf die Gefügerandzone wurden STEM-Messungen ausgeführt und analysiert. Auffälligkeiten bzw. Einfluss der Schwingungsunterstützung auf die Gefügerandzone können nicht unter den untersuchten Prozessbedingungen festgestellt werden.

6.3 Zwischenfazit

Interim conclusion

Durch die modellhafte Beschreibung der Prozesskinematik eines werkstück- und werkzeugseitig schwingungsangeregten Schleifprozesses mit stirnseitig wirkenden rotatorischen Schleifstiften wurde zunächst eine theoretische Beschreibung der Einflussgrößen durchgeführt. Auf Basis des theoretischen Gestaltungsrahmens wurden anschließend Versuche durchgeführt, um den Einfluss der Prozessvariablen zu untersuchen und die Randbedingungen für eine Prozessauslegung einzugrenzen. Darüber hinaus wurde der Einfluss einer Schwingungsunterstützung in einem Frequenzbereich von 27 bis 50 Hz und einem Oszillationshub von 0,75 bis 3 mm und dessen Auswirkungen auf die Oberflächengüte untersucht. So kann der Eintrag einer Schwingungsunterstützung in Abhängigkeit des Kornüberlagerungswinkels folgende vorteilhafte Eigenschaften aufweisen:

- Reduktion kinematisch induzierter Bearbeitungsspuren während des Schleifens
- Verbesserung der Homogenität des Schliffbilds
- Einbringung von Oberflächenstrukturen durch z.B. gezielte Kornüberlagerung
- Erhöhung der Werkzeugzugänglichkeit durch verminderten Einfluss einer Änderung der Werkzeugorientierung auf das Schliffbild
- Potenzielle Zeit- und Kosteneinsparung durch Substitution von manuellen Nachbearbeitungsschritten (z.B. Kreuzschliff)
- Potenzielle Reduktion der Bearbeitungszeit durch größeren Bahnabstand bei homogenem Schliffbild
- Alternative zu Prozessen mit komplexer Bahnführung, dadurch reduzierter Programmieraufwand

Mit der Durchführung der kinematischen Modellierung, den anschließenden Versuchsreihen und der messtechnischen Analyse kann somit Forschungsfrage 3 *(Was sind die grundlegenden Einflussgrößen des schwingungsangeregten Stirnschleifens und was ist der Einfluss der Schwingungsunterstützung auf die Oberflächenintegrität?)* als beantwortet erachtet werden.

7 Variationskraftgeregeltes Schwingungsunterstützungssystem

Variation force-controlled, vibration-assistance system

Die Modellentwicklung in Kapitel 5 und Grundlagenuntersuchungen für die Prozessentwicklung des schwingungsangeregten Schleifen in Kapitel 6 bilden die Basis zur Entwicklung eines Gesamtsystems für das variationskraftgeregelte, schwingungsangeregte Schleifen von gekrümmten Werkzeugstahloberflächen. Hierfür wird ein Schleifmodul entwickelt, welches an ein Handhabungssystem montiert werden kann und eine hinreichend anpassungsfähige Kinematik zur Schleifbearbeitung von gekrümmten Oberflächenkonturen besitzt. Als Handhabungssystem soll ein Industrieroboter eingesetzt werden.

Die Vorgehensweise zur Konstruktion und Entwicklung des Moduls orientiert sich an der VDI-Richtlinie 2221. Ausgehend von den ermittelten Anforderungen werden die dazugehörigen Funktionen definiert und in einer Funktionsstruktur dargestellt. Im Anschluss werden für die Funktionsstruktur mögliche Prinziplösungen erarbeitet, welche in Vorentwürfen münden. Anhand ausgewählter Bewertungskriterien erfolgt eine Priorisierung und Auswahl eines Entwurfes, welcher als Gesamtentwurf ausgearbeitet und realisiert wird. [VDI93]

In Kapitel 7.1 werden die Systemanforderungen und -randbedingungen präzisiert und in einem Anforderungskatalog aufgelistet. Im Anschluss erfolgt in Kapitel 7.2 die Darstellung der Funktionsstruktur des Systems, auf dessen Basis die Konzeptentwicklung durchgeführt wird. Im Anschluss an die Konzipierung erfolgt die Systemrealisierung. In Kapitel 7.3 werden zur Systemqualifikation Prozessuntersuchungen auf einem gekrümmten Demonstratorbauteil durchgeführt. Im Rahmen der messtechnischen Auswertung der Oberflächen erfolgt eine abschließende Bewertung des Prozesses.

7.1 Anforderungen und Randbedingungen

Requirements and boundary conditions

In **Tabelle 7-1** sind die Hauptanforderungen an das Schwingungsmodul in Form einer Anforderungsliste aufgestellt. Die Hauptanforderungen sind in Kinematik, Kraftaktorik und Sonstiges unterteilt. Die an das System geforderten Eigenschaften resultieren im Wesentlichen aus den in den Kapiteln 5 und 6 gewonnen Erkenntnissen. So wurden die in dem Untersuchungsraum gewählten Prozessparameter als Bandbreite definiert, um das System flexibel einstellen zu können.

Die Parameter Drehzahl, Oszillationshub und Schwingfrequenz sind insofern einstellbar. So können die als wesentlich identifizierten Stellgrößen justiert werden. Die gewählten Wertminima und -maxima orientieren sich an bauartbedingten Limitierungen und an erfahrungsbasierten, spezifischen für das Schleifen mit Schleifstiften angewandtem Prozesswissen. Elementarer Bestandteil des Feinbearbeitungsmoduls ist eine Motorspindel, welche in Kombination mit dem restlichen Aufbau eine schwingungsunterstützte Schleifbearbeitung in Form einer am Schleifstift resultierenden Oszillationsbewegung realisieren soll. Als Motorspindel wurde eine ISEL Typ iSA 750 mit integrierter Werkzeugkühlung ausgewählt. Die Spindel baut mit einem Gesamtgewicht von circa 2,6 kg leicht und verfügt über ein Nenndrehmoment von 0,34 Nm. Die Maximaldrehzahl beträgt 28.000 min^{-1} [ISEL22].

Tabelle 7-1: Anforderungen an das Schwingungssystem
List of requirements on the vibration system

Aspekt	Anforderung	Wert	Bemerkung
Kinematik			
1	Spindeldrehzahl	0 - 24.000 min^{-1}	Elektrisch, ISEL ISA 750
2	Oszillationshub	0 - 3 mm	stufenlos einstellbar
3	Schwingfrequenz	0 - 100 Hz	über Druckluft 0 - 6 bar
4	Schwingungsform	-	sinusförmig
5	Schwingungsbewegung	-	translatorisch, arretierbar, gedämpft
Kraftaktorik			
6	Kraftbereich	0 - 40 N	stufenlos über Druckluft, 0 - 4 bar
7	Kraftauflösung	10%	
8	Ausgleichshub	5 mm	
Sonstiges			
9	Werkzeugschaft-durchmesser	1 - 6 mm	
10	Gesamtgewicht	≤ 60 kg	Roboter ABB IRB 4400/60
11	Abmessungen (LxBxH)	45 x 25 x 25 cm	möglichst gute Zugänglichkeit
12	Sicherheit	-	Vermeidung Kanten

Zur Umsetzung der gewünschten Schwingbewegung muss die Spindel translatorisch geführt werden. Der Hub der Schwingbewegung soll von 0 bis 3 mm stufenlos einstellbar sein, die Schwingfrequenz 0 bis 100 Hz betragen. Um eine konventionelle Schleifbearbeitung mit dem System zu ermöglichen, soll die Schwingbewegung arretierbar sein. Um durch die Schwingung auf das Handhabungssystem induzierte Unwuchten zu minimieren, soll das System gedämpft werden. Die Variationskraftregelung soll axial in einem Kraftbereich von 0 bis 40 N stufenlos über eine Druckluftregelung einstellbar sein. Die Kraftauflösung soll 10% betragen und der Ausgleichhub bei 5 mm liegen. Als Handhabungssystem wird ein ABB IRB 4400 / 60 Industrieroboter gewählt.

Aufgrund der 6-Achs-Knickarmkinematik zeichnet sich der Roboter im Vergleich zu einer Werkzeugmaschine durch einen sehr hohen kinematischen Freiheitsgrad aus, welcher notwendig ist, um die Schwingbewegung möglichst flexibel orientiert an dem zu bearbeitenden Werkstück auszurichten. Das Feinbearbeitungsmodul soll Werkzeugschaftdurchmesser von 0 bis 6 mm spannen können. Um eine möglichst gute Werkzeugzugänglichkeit zu erreichen, soll das Gesamtsystem möglichst klein bauen, jedoch Abmaße von 45 x 25 x 25 cm nicht überschreiten. Aus Sicherheitsgründen sollen Kanten im Rahmen der Systemkonstruktion möglichst vermieden werden. Zur Sicherung der Funktion des Moduls ist weiter darauf zu achten, dass das System gekapselt ist. So wird ein Eindringen von Schleifstäuben und Spänen vermieden.

7.2 Entwicklung und Aufbau

Development and structure

Die Entwicklung des prototypische Systems wird in Teilschritten durchgeführt. Zunächst erfolgt die Darstellung der Funktionsstruktur des Systems. Im Anschluss werden auf Basis der Funktionsstruktur Prinziplösungen zur Umsetzung der Funktionen entwickelt. Auf Basis der Prinziplösungen werden Vorentwürfe erstellt. Anhand einer kennzahlenbasierten Priorisierung wird dann ein Gesamtentwurf abgeleitet und gestalterisch finalisiert und gefertigt.

7.2.1 Funktionsstruktur

Functional structure

Die Anforderungen an das Modul können in Haupt- und Teilfunktionen gegliedert werden. Durch die Gliederung wird eine Aufschlüsselung in Baugruppen ermöglicht, welche wiederum in prinzipielle Lösungen prototypisiert werden können. Bei Funktionsstrukturen kann eine Gliederung nach dem »Input-Output«-Modell oder nach dem »Substantiv-Verb«-Modell vorgenommen werden. Ersteres ist für Produkte geeignet, die einen Durchlauf von Gütern oder einen Prozessablauf behandeln. Sie zeichnen sich durch eine Ein- und Ausgangsgröße, sowie einen Fluss durch das Produkt aus. Die »Substantiv-Verb-Modell«-Methodik eignet sich für Produkte, bei denen die Abhängigkeit einzelner Funktionen zueinander vordergründig ist. So wird die Komplexität einer Funktion verringert, indem sie Abhängigkeiten zu anderen Funktionen aufweist. [BEND21]

In **Abbildung 7-1** ist die Funktionsstruktur des Feinbearbeitungsmoduls / Endeffektors dargestellt. Das System wird als Endeffektor kategorisiert, da es als Schnittstelle eines Robotersystems eingesetzt wird. Die Gliederung der Funktionsstruktur ist nach dem »Substantiv-Verb«-Modell von oben nach unten gegliedert dargestellt [BEND21; VDI93].

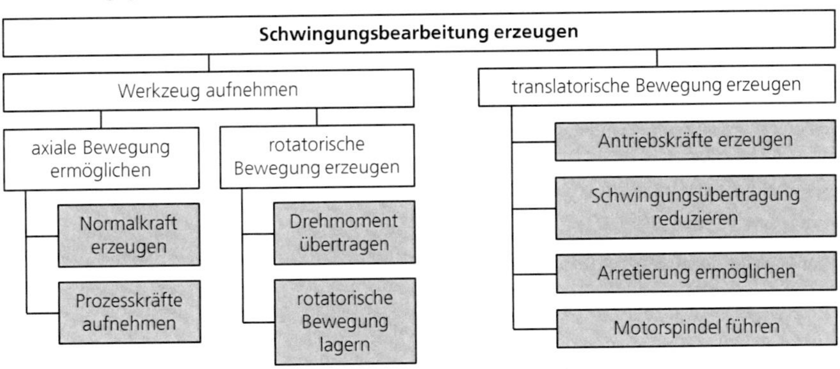

Abbildung 7-1: Funktionsstruktur des Feinbearbeitungsmoduls / Endeffektors
Functional structure of the fine machining module / end effector

Die Hauptfunktion des Gesamtsystems ist das Erzeugen einer schwingungsangeregten Schleifbearbeitung. Hierfür muss einerseits ein Werkzeug aufgenommen und andererseits eine translatorische Bewegung erzeugt werden. Die Funktion »Werkzeug aufnehmen« wird weiter in die Bewegungskomponenten »axiale Bewegung ermöglichen« und »rotatorische Bewegung erzeugen« unterteilt. Die axiale Bewegung muss mit einer regelbaren Normalkraft hinterlegt werden um wirkende Prozesskräfte aufnehmen können.

Das rotatorische Pendant muss ein Drehmoment übertragen und rotatorisch gelagert sein. Zur Realisierung einer translatorischen Bewegung müssen Antriebskräfte erzeugt werden können. Um den Oszillationshub einzustellen, muss die Schwingungsübertragung reduzierbar bzw. einstellbar sein. Um die Schwingungsbewegung auszusetzen, muss eine Arretierung möglich sein. Das translatorische System soll die Motorspindel führen können.

Prinziplösungen des Feinbearbeitungsmoduls

In **Tabelle 7-2** sind vier mögliche Prinzipstrukturvarianten dargestellt, mit welchen der Endeffektor realisiert werden kann. Die grün markierten Bereiche sind prinzipielle Lösungen, die für den Endeffektor umgesetzt werden.

Tabelle 7-2: Prinzipielle Lösungen für die geforderten Funktionen des Endeffektors
Principle solutions for the required functions of the end effector

Funktion	Variante 1	Variante 2	Variante 3	Variante 4
Antriebskräfte erzeugen	elektrisch	pneumatisch	magnetisch	hydraulisch
Schwingungsübertragung reduzieren	Massenausgleich	fluidische Dämpfer	mechanische Dämpfer	hydrostatisch
Arretierung ermöglichen	Kraftschluss	Formschluss		
Spindel führen	Gleitführung	Wälzführung		
Normalkraft erzeugen	mechanisch	pneumatisch	hydraulisch	
Prozesskräfte aufnehmen	Wälzlager	Gleitlager		

Die Erzeugung der translatorischen Bewegung kann mittels elektrischer, pneumatischer oder hydraulischer Systeme erfolgen. Elektrische Linearantriebe zeichnen sich durch einen großen Bauraum aus und erfordern eine zusätzliche Anbindung an Steuerelektronik, was zusätzliches Gewicht bedeutet. Eine hydraulische Erzeugung der Bewegung ist zwar möglich, jedoch mit Nachteilen hinsichtlich Dynamik und Steuerung aufgrund des Hydraulikmediums verbunden. Elektromagnetische Antriebe sind dynamisch, erfordern jedoch ebenfalls komplexe Steuerelektronik und können empfindlich auf Kontamination mit metallischen Stäuben und Spänen reagieren. Pneumatische Antriebe sind hochdynamisch, die Druckluft als Medium ist gut verfügbar und einfach steuerbar. Aus diesen Gründen wurde die pneumatische Variante gewählt. Als Schwingungsdämpfer werden mechanische Dämpfer verwendet, da sie einfach zu realisieren und leicht sind. Obwohl komplexere Varianten wie ein Masseausgleichssystem effizienter sind, sind sie größer, schwerer und konstruktiv zu aufwendig für ein prototypisches Testsystem.

Für die Spindelführung wird eine wartungsfreie Gleitführung ausgewählt, die sich bei dynamischen Wechsellasten als vorteilhaft gegenüber einer Wälzlagerführung erweist. Zur stufenlosen Kraftregelung wird eine pneumatische Kraftansteuerung eingesetzt. Diese kann ohne zusätzlichen konstruktiven Aufwand mithilfe eines Werkzeughalters der HI.AUTOMIZE GMBH, der auf dem Markt verfügbar ist, integriert werden. [HIA21]

Die Aufnahme der Prozesskräfte erfolgt bei dem System über eine Gleitlagerung. Die Führung der Motorspindel ist durch eine Gleit- oder eine Wälzführung möglich. Die Wälzführung ermöglicht eine höhere Steifigkeit durch eine Lagervorspannung. Jedoch bringt sie durch die Wälzkörper ein größeres Gewicht mit sich. Die Gleitführung bietet durch die größere Auflagefläche Dämpfungseigenschaften und ein geringeres Gewicht. Während des Prozesses sind nur kleine Relativbewegungen zu erwarten. Aus den genannten Gründen werden Gleitlager im Endeffektor verwendet.

Die Arretierung der Motorspindel zur konventionellen (nicht schwingungsunterstützten) Bearbeitung kann entweder kraftschlüssig durch das Klemmen auf der Führung oder formschlüssig beispielsweise durch Bolzen erfolgen. Aufgrund des begrenzten Bauraumes wird die formschlüssige Variante mit Bolzen ausgewählt.

7.2.2 Vorentwürfe

Preliminary designs

Folgend werden in **Tabelle 7-3** drei Vorentwürfe vorgestellt und miteinander verglichen. Die Vorentwürfe enthalten in der Spalte des Moduls die gewählten prinzipiellen Lösungen.

Tabelle 7-3: Vorentwürfe des Endeffektors

Preliminary drafts

Modul	Variante 1	Variante 2	Variante 3
Pneumatische Erzeugung der Antriebskräfte	Pneumatikzylinder	Pneumatischer Muskel ◆1 ◆2 ◆3	
Dämpferelemente zur Schwingungsisolierung	Elastomerelemente ◆1 ◆2	Federpakete ◆3	Fluiddämpfer
Arretierung durch Formschluss	Bolzen ◆2	Passschraube ◆1	Klemmhebel ◆3
Spindelführung	Profilführung ◆1	Schienenführung ◆2	Flachführung ◆3
Normalkrafterzeugung, pneumatisch	einseitig wirkender Kolben ◆1 ◆2 ◆3		
Gleitlager zur Aufnahme der Prozesskräfte	Feststoffgleitlager ◆1 ◆2 ◆3	Hydrostatisches Gleitlager	Hydrodynamisches Gleitlager

◆1 Vorentwurf 1 ◆2 Vorentwurf 2 ◆3 Vorentwurf 3

Zu jeder Lösung sind unterschiedliche Varianten aufgestellt, mit welchen sich die Prinziplösung technisch umsetzen lässt. Die Auswahl zur Entwicklung der Vorentwürfe ist farblich unterteilt. Bei allen Vorentwürfen werden zur Erzeugung der Schwingungsbewegung pneumatische Muskeln der Firma FESTO ausgelegt. Die Muskeln bestehen aus zylinderförmigem Gewebe, welches sich durch eine Druckluftzufuhr zusammenzieht und bei einer Entlüftung wieder ausdehnt. Hierdurch wird eine axiale Beschleunigung induziert, welche in einer Schwingbewegung mündet. Im Vergleich zu Pneumatikzylindern können aufgrund der niedrigen bewegten Massen des Schwingsystems dynamisch hohe Frequenzen bei vergleichbaren Hüben erreicht werden.

Die Schwingungsreduktion in den Vorentwürfen eins und zwei wird durch die Integration von Elastomerelementen in mechanischer Form realisiert. Diese Elemente weisen sowohl dämpfende als auch federnde Eigenschaften auf, die durch die Auswahl des Werkstoffs beeinflusst werden können. Im dritten Vorentwurf sind Federpakete vorgesehen, um die Übertragung der Schwingungen auf die Roboterkinematik zu reduzieren.

Die Arretierung der Spindelführung durch Formschluss kann in den drei Vorentwürfen auf unterschiedliche Weise umgesetzt werden. Vorentwurf eins nutzt zwei Passschrauben, die eine Bewegung der Motorspindel auf der Führung verhindern sollen. In Vorentwurf zwei sind Bolzen vorgesehen, die in speziell dafür vorgesehene Bohrungen montiert werden. Der dritte Vorentwurf verwendet Klemmhebel, die durch manuelles Anziehen in Bohrungen eintauchen und somit eine Bewegung verhindern.

Auch bei der Gleitführung der Motorspindel unterscheiden sich die drei Vorentwürfe in Bezug auf die gewählten Bauelemente. Vorentwurf eins setzt auf eine Profilführung, auf der Gleitschuhe auf profilierten Bereichen einer Schiene gleiten. Vorentwurf zwei sieht eine Schienenführung mit Umgriff vor, auf der ein Gleitschuh geführt wird. Vorentwurf drei verwendet eine Flachführung.

In allen drei Vorentwürfen wird für die pneumatische Erzeugung der Normalkraft ein einseitig wirkender Kolben verwendet, der auf einer Seite mit Druckluft beaufschlagt wird. Hinsichtlich der Auswahl der Gleitlager zur Aufnahme der auftretenden Prozesskräfte setzen alle Vorentwürfe auf Feststoffgleitlager. Zur Auswahl eines Vorentwurfs, der anschließend konstruktiv ausgestaltet wird, erfolgt eine Bewertung der vorhandenen drei Vorentwürfe. Dies geschieht durch eine Nutzwertanalyse, bei der die Entwürfe miteinander verglichen werden. [BEND21].

Im nächsten Schritt werden Vergleichskriterien festgelegt und durch Vergleiche mit entsprechenden Gewichtungsfaktoren versehen. Diese Gewichtungsfaktoren fließen in die Bewertung der Vorentwürfe ein und geben an, welchen Einfluss das jeweilige Vergleichskriterium auf die Gesamtbewertung hat.

Entwurfspriorisierung anhand von Vergleichskriterien

In **Tabelle 7-4** sind die identifizierten Vergleichskriterien aufgeführt. Die Gewichtungsfaktoren der einzelnen Vergleichskriterien werden durch die Anzahl der positiven paarweisen Vergleiche für jedes Kriterium im Verhältnis zur Gesamtanzahl der Vergleiche ermittelt. Das Vergleichskriterium mit der höchsten Gewichtung (Wert 0,3) beschreibt die Zuverlässigkeit des Systems (e).

Das Vergleichskriterium mit dem zweithöchsten Gewichtungsfaktor (Wert 0,25) ist die Schwingungsisolierung (c). Die Zuverlässigkeit des Systems hat in den paarweisen Vergleichen einen höheren Stellenwert im Vergleich zur Schwingungsisolierung, da eine stabile Prozessführung nicht möglich ist, wenn zu viele Schwingungsbewegungen des Endeffektors auf die Roboterkinematik übertragen werden. Ein weiteres entscheidendes Vergleichskriterium ist das Gesamtgewicht des Endeffektors (a). Ein zu großes Gewicht könnte dazu führen, dass der Roboter den Endeffektor nicht mehr sicher führen kann, was die Reproduzierbarkeit und Qualität der Prozessführung beeinträchtigen würde. Die darauf folgenden Kriterien beziehen sich auf die Größe der Störkontur des Endeffektors (b) und die translatorische Spindelführung (d).

Tabelle 7-4: **Nach Gewichtung eingeteilte Vergleichskriterien zur Bewertung der Vorentwürfe**
Comparison criteria divided by weighting for the evaluation of the preliminary designs

Nr.	Vergleichskriterium	Gewichtung	Vergleich mit						
			a	b	c	d	e	f	g
a	Gewicht Endeffektor	0,15		a	c	a	e	a	a
b	Größe Störkontur Endeffektor	0,10			c	d	e	b	b
c	Schwingungsisolierung	0,25				c	e	c	c
d	translatorische Spindelführung	0,10					e	f	d
e	Zuverlässigkeit System	0,30						e	e
f	Fertigungsaufwand	0,05							g
g	Montagefreundlichkeit	0,05							

Die Größe der Störkontur spielt eine entscheidende Rolle für die Zugänglichkeit der zu bearbeitenden Werkzeugformen. Ebenso von hoher Bedeutung ist die translatorische Führung der Motorspindel, da sie die Grundlage für die Schwingungsbewegung des Werkzeugs bildet. Die beiden am geringsten gewichteten Vergleichskriterien sind der Fertigungsaufwand (f) und die Montagefreundlichkeit (g). Da es sich in der vorliegenden Arbeit um die Entwicklung und den Aufbau eines Prototyps handelt, sind der Fertigungsaufwand und die Montagefreundlichkeit als weniger wichtig einzustufen.

Im nächsten Schritt werden die Vorentwürfe hinsichtlich der Erfüllung der Vergleichskriterien bewertet. Der Erfüllungsgrad jedes Kriteriums wird auf einer Skala von eins bis zehn beschrieben, wobei zehn für vollständige Erfüllung und eins für Nichterfüllung steht. Anschließend wird durch die Multiplikation des Erfüllungsgrades mit dem Gewichtungsfaktor ein Teilnutzwert für jedes einzelne Vergleichskriterium ermittelt. Die Summe dieser Teilnutzwerte ergibt den Gesamtnutzwert eines Vorentwurfs. Abschließend werden die Gesamtnutzwerte miteinander verglichen.

Auswahl eines Vorentwurfs anhand einer Nutzwertanalyse

Tabelle 7-5 zeigt die Teilnutzwerte der Vorentwürfe für die einzelnen Vergleichskriterien und die resultierenden Gesamtnutzwerte.

Die unterschiedliche Bewertung der drei Vorentwürfe hinsichtlich des Vergleichskriteriums "Gesamtgewicht" resultiert hauptsächlich aus der Art der translatorischen Führung der Motorspindel. Die Flachführung pro Längeneinheit stellt dabei die leichteste Variante dar und erreicht daher den höchsten Erfüllungsgrad. Im Gegensatz dazu ist die Schienenführung bezogen auf die Längeneinheit die schwerste Ausführung, was zu ihrem geringsten Erfüllungsgrad unter den drei Vorentwürfen führt.

In Bezug auf die Größe der Störkontur unterscheiden sich die Vorentwürfe durch die Art der Schwingungsisolierung und die Baugröße der translatorischen Führung der Motorspindel. Elastomerelemente benötigen weniger Bauraum im Vergleich zu Federpaketen oder Zug-/Druckfedern. Zudem beansprucht eine Flachführung weniger Platz als eine Profil- oder Schienenführung. Daher wird Vorentwurf drei mit dem höchsten Erfüllungsgrad bezüglich der Größe der Störkontur bewertet, gefolgt von Vorentwurf eins und zwei.

Tabelle 7-5: Auswahl eines Vorentwurfs anhand einer Nutzwertanalyse
Selection of a preliminary design based on a utility analysis

Nr.	Vergleichs-kriterium	Gewichtung	Vorentwurf 1		Vorentwurf 2		Vorentwurf 3	
			EF	TW	EF	TW	EF	TW
a	Gewicht Endeffektor	0,15	7	1,05	6	0,90	8	1,20
b	Größe Störkontur Endeffektor	0,10	8	0,80	7	0,70	9	0,90
c	Schwingungs-isolierung	0,25	8	2,00	6	1,50	8	2,00
d	translatorische Spindelführung	0,10	9	0,90	10	1,00	6	0,60
e	Zuverlässigkeit System	0,30	8	2,40	8	2,40	8	2,40
f	Fertigungs-aufwand	0,05	8	0,40	8	0,40	8	0,40
g	Montage-freundlichkeit	0,05	9	0,45	9	0,45	9	0,45
	Summe	1,00		**8,00**		7,35		7,95

EF: Erfüllungsgrad
TW: Teilnutzwert

7.2.3 Der Gesamtentwurf

The overall design

In **Abbildung 7-2** ist der Gesamtentwurf des Endeffektors in Seiten- und Hinteransicht ohne Gehäuse und Axialkraftregelungssystem dargestellt. Die Motorspindel ist auf einem Halter des Schwingungsmoduls montiert. Das Modul ist schwingend in orthogonaler Anordnung zur Spindeldrehachse (siehe x_{osz}-Pfeilrichtung in Abbildung 7-2 (b)) gelagert. Die schwingende Lagerung wird durch einen gleitgelagerten Linearführungsschlitten realisiert. Über seitliche Halterplatten sind jeweils einseitig an dem Linearschlitten pneumatische Muskeln montiert.

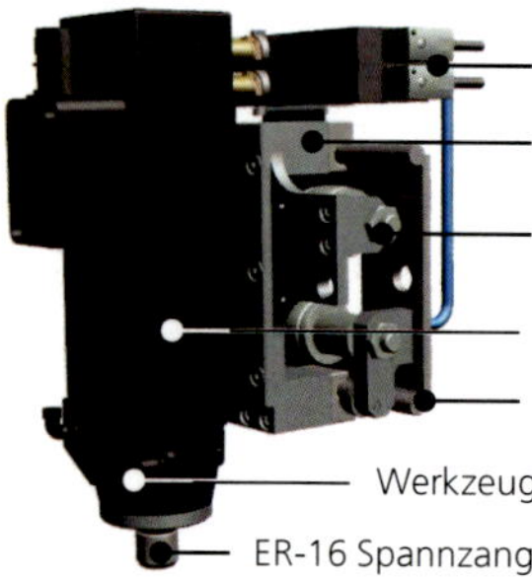

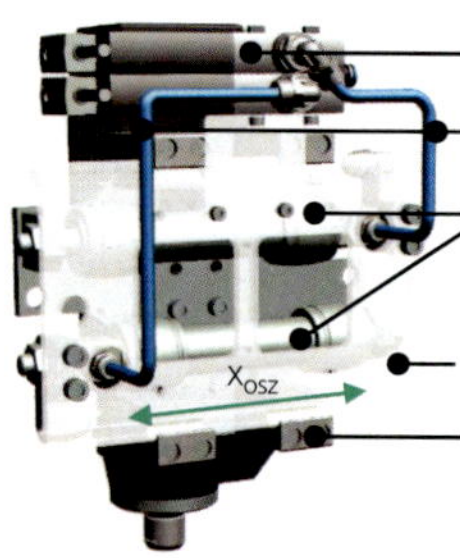

Abbildung 7-2: Seitliche (a) und Hinteransicht (b) des Gesamtentwurfs
Lateral (a) and rear view (b) of the overall design

Durch die Kontraktion und Ausdehnung der Muskel wird die Oszillationsbewegung realisiert. Beide Muskeln sind in Reihe geschaltet und werden über zwei Pneumatikventile angesteuert. Die Regelung der Pneumatikventile erfolgt außerhalb des Systems über ein Oszilloskop (siehe Kapitel 4.2). Über eine modifizierte Werkzeuginnenkühlung wird durch die ER-16 Spannzangenaufnahme Druckluft (0 – 4 bar) geleitet. Die Druckluft wird über ein Proportionaldruckluftregelungsventil geleitet und ermöglicht die Kraftregelung eines an die ER-16 Spannaufnahme montierten, druckluftgeregelten, axial-nachgiebigen iCTS-Werkzeugsystems. [HIA21]

In **Abbildung 7-3** ist der in einem Gehäuse gefasste Gesamtentwurf dargestellt. Aus dem Gehäuse führen die Druckluftanbindung zur Versorgung der pneumatischen Muskeln und der elektrische Signaleingang zur Ansteuerung der Muskelregelungsventile. Die Arretierung des Systems ist durch eine am Gehäuse angebrachte Bohrung möglich, in welche ein Bolzen in eine an der Halteplatte angebrachte Gewindebohrung geschraubt werden kann. In Abbildung 7-3 (b) sind die Roboterschnittstelle Elastomerelemente zur Systemdämpfung und Gleitlager der Schlittenführung dargestellt. Die Elastomerelemente wirken beidseitig schwingungsdämpfend.

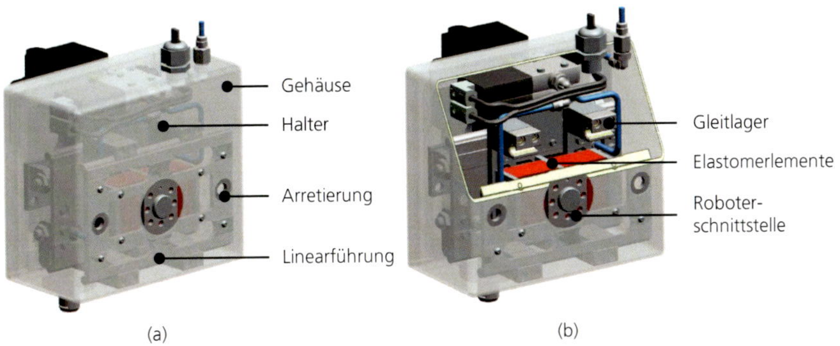

Abbildung 7-3: Systemhinteransichten mit Gehäuse und Roboterschnittstelle
System rear views with housing and robot interface

In **Abbildung 7-4** ist der Gesamtentwurf mit Gehäuse, Kabelage zur Medienversorgung und einem axial-nachgiebigen iCTS-Anpresskraftregelungssystem dargestellt. Der Schwingbereich wird durch Bürsten staub- und spangeschützt gekapselt. Die Entlüftung der pneumatischen Muskeln erfolgt innerhalb des Gehäuses, so der induzierte Luftdruck eine Sperrluftfunktion übernimmt.

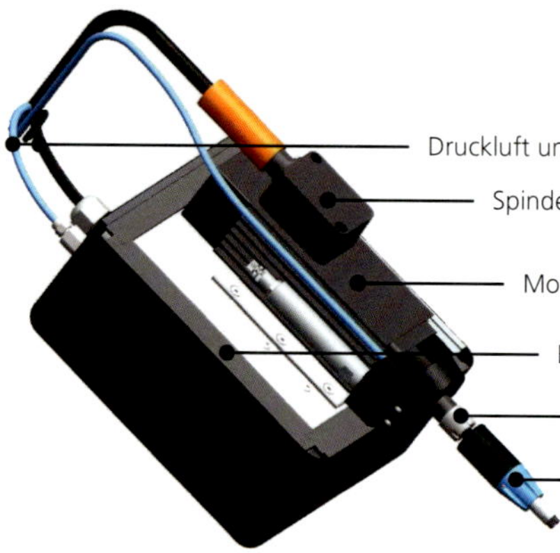

Abbildung 7-4: Isometrische Ansicht des Gesamtentwurfs des Endeffektors
Isometric view of the overall design of the end effector

7.2.4 Schwingungsisolierung
Vibration isolation

Um die Übertragung von Schwingungen vom Endeffektor auf die Roboterkinematik zu minimieren, werden die auftretenden Schwingungskräfte durch die Anwendung geringer Erregerkräfte reduziert. Dies wird durch die Verwendung leichter Komponenten bei der Konzeption des Endeffektors erreicht, was wiederum zu geringeren Schwingungskräften aufgrund von Massenträgheit führt. Eine vollständige Kompensation der Schwingungskräfte erfordert jedoch eine gegenläufig schwingende Masse. Aufgrund der Einhaltung des Gesamtgewichts des Endeffektors ist die Umsetzung eines solchen Konzepts nicht machbar. Andernfalls könnte der Endeffektor von Leichtbaurobotern nicht mehr bewegt werden. Im Folgenden wird ein Konzept zur Reduzierung der Übertragung von Schwingungskräften vorgestellt, wobei drei Prinzipien zur Schwingungsreduktion unterschieden werden können. [BEND21; VDI11; WITT17]

Die Schwingungstilgung dient dazu, die Auswirkungen von Erregerkräften und -momenten durch Massekräfte auszugleichen. Dabei erfolgt eine Reduktion der Schwingungen an bestimmten Punkten oder Teilen einer Struktur bei bestimmten Frequenzen. Aufgrund des Ziels, die Schwingungsübertragung des Endeffektors über den gesamten Frequenzbereich der Anforderungsliste zu minimieren, erscheint die Anwendung von Schwingungstilgung in diesem speziellen Anwendungsfall wenig vielversprechend. [VDI11; WITT17]

Die Schwingungsdämpfung transformiert die Bewegungsenergie der Schwingung in andere Energieformen um, die für das Schwingungssystem keine Wirkung entfalten. Typischerweise wird kinetische Energie durch innere Reibung von Dämpfungselementen in Wärme umgewandelt, wodurch die Gesamtschwingung des Systems abnimmt. Im Fall des Endeffektors würde die Anwendung von Schwingungsdämpfung dazu führen, dass der Bewegung der Motorspindel Energie entzogen wird, was wiederum zu einer Verringerung des Hubs der Spindelbewegung führen könnte. Da dies der Hauptfunktion des Endeffektors entgegenwirken würde und das Ziel ausschließlich darin besteht, die Schwingungsübertragung auf die Roboterkinematik zu reduzieren, wird auf die Anwendung von Schwingungsdämpfung am Endeffektor verzichtet. [VDI11; WITT17]

Die Schwingungsisolierung stellt die dritte Möglichkeit zur Verringerung von Schwingungen dar. Dabei wird zwischen Empfängerisolierung und Quellenisolierung differenziert. Unter Empfängerisolierung versteht man die Verminderung der Übertragung von Schwingungsanregungen auf das zu isolierende Objekt. Bei der Quellenisolierung hingegen werden die Schwingungen einer Maschine oder Anlage so reduziert, dass sie geringfügig auf die umgebende Umwelt übertragen werden. [VDI11; WITT17]

Um die Übertragung von Schwingungen auf die Roboterkinematik zu minimieren, wird eine Quellen-isolierung implementiert, um den Roboter vor schädlichen Vibrationen zu schützen. Neben der Art der Isolierung gibt es eine Unterscheidung zwischen aktiven und passiven Elementen zur Schwingungsisolierung. Zu den passiven Elementen gehören Federn und Dämpfer sowie Materialien, die federnde und dämpfende Eigenschaften kombinieren. Im Gegensatz dazu gehören Aktoren, Sensoren, Regler und Energiequellen zu den aktiven Elementen.

Aufgrund des erhöhten apparativen Aufwands bei der Verwendung aktiver Elemente zur Schwingungsisolierung entscheidet man sich im Endeffektor für den Einsatz passiver Elemente. Für die Analyse und Auslegung der Schwingungsisolierung des Endeffektors wird das sogenannte Ein-Massen-Schwinger-Modell verwendet. Das Vorgehen zur Bestimmung des Systemverhaltens orientiert sich dabei an der Richtlinie VDI 2026 [VDI11].

Das Ein-Massen-Schwinger-Modell ermöglicht eine erste Einschätzung des Systemverhaltens und kann analytisch berechnet werden.

In **Abbildung 7-5**(a) ist das Ein-Massen-Schwinger-Modell mit resultierender Schwingungsverlaufskurve (Abbildung 7-5 (b)) und berechneter Eigenfrequenz (Abbildung 7-5 (c)) dargestellt.

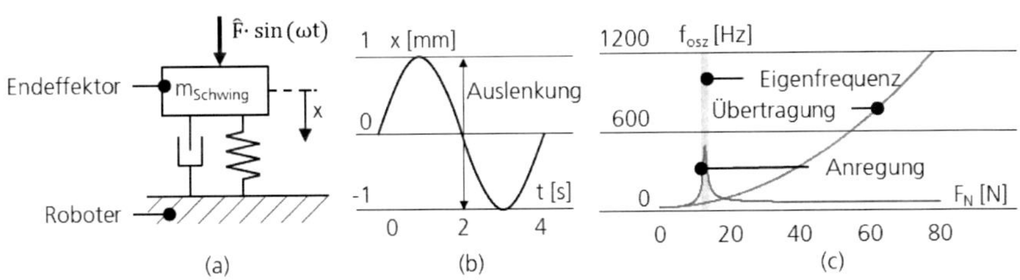

Abbildung 7-5: Ein-Massen-Schwinger Modell des Endeffektors mit Darstellung des Schwingungsverlaufs (a) und rechnerisch ermittelte Systemeigenfrequenz (b)
Single-mass oscillator model of the end effector with representation of the oscillation curve (a) and computationally determined system natural frequency (b).

Die schwingende Masse $m_{Schwing}$ kann durch folgende Bewegungsgleichung in Abhängigkeit der Koordinate x, der Dämpfungskonstanten d_d, der Federkonstante c_{Feder}, der Kreisfrequenz $\vec{\omega}$, der anregenden Kraftamplitude $\widehat{F}$ und der Zeit t wie folgt ermittelt werden:

$$m_{Schwing} \cdot \ddot{x} + d_d \cdot \dot{x} + c_{Feder} \cdot x = \widehat{F} \cdot sin(\vec{\omega} \cdot t) \qquad \text{Gl. 7-1}$$

$$\hat{F} = m_{Schwing} \cdot \vec{\omega}^2 \cdot \frac{x_{osz}}{2} = m_{Schwing} \cdot (2\pi \cdot f_{osz})^2 \cdot \frac{x_{osz}}{2}$$ Gl. 7-2

$$\widehat{F_F} = c_{Feder} \cdot x + d_d \cdot \dot{x}$$ Gl. 7-3

$$\widehat{F_F} = k_4 \cdot \alpha_4 \cdot \hat{F}$$

$$\alpha_4(\omega) = \sqrt{\frac{1 + 4 \cdot \vartheta(\vec{\omega})^2 \cdot \eta(\vec{\omega})^2}{(1 - \eta(\vec{\omega})^2)^2 + 4 \cdot \vartheta(\vec{\omega})^2 \cdot \eta(\vec{\omega})^2}}$$ Gl. 7-4

$$\vartheta(\vec{\omega}) = \frac{d_d(\vec{\omega})}{2 \cdot \sqrt{c_{Feder} \cdot m_{Schwing}}}$$

$$\eta(\vec{\omega}) = \frac{f}{f_0(\vec{\omega})}$$ Gl. 7-5

Die Eigenfrequenz f_0 berechnet sich zu:

$$f_0(\vec{\omega}) = \frac{1}{2\pi} \cdot \sqrt{\frac{c_{dyn}(\vec{\omega})}{m_{Schwing}}}$$ Gl. 7-6

Elastomerelementen weisen lastabhängige Materialeigenschaften auf. Die Steifigkeit c_{dyn} (Gl. 7-7) ist von der aufgebrachten Belastung abhängig [VDI14]. Zusätzlich tritt bei zunehmender Belastungsfrequenz eine kinematische Versteifung auf. Der Dämpfungskoeffizient d_d ist abhängig von der Eigenfrequenz, der schwingenden Masse und dem Verlustfaktor $\eta_{Verlust}$ der Elastomerelemente.

$$c_{dyn}(\vec{\omega}) = \sqrt{(c_{Feder} - m^* \cdot \vec{\omega}^2)^2 + (\vec{\omega} \cdot d_d)^2}$$

$$c_{Feder} = \frac{E_{Druck} + A_{Elastomer}}{d_{Elastomer}} = \frac{E_{Druck} + h_{Elastomer} \cdot b_{Elastomer}}{d_{Elastomer}}$$ Gl. 7-7

$$d_d = 2 \cdot \pi \cdot f_0 \cdot m_{Schwing} \cdot \eta_{Verlust}$$

Der Druckelastizitätsmodul E_{Druck} (Gl. 7-8) kann über die Shore-A Härte H_A der Elastomerelemente mit Hilfe von den empirisch ermittelten Konstanten C_0 bis C_4 wie folgt bestimmt werden [KUNZ06].

$$E_{Druck} = \frac{1 - C_0^2}{2 \cdot C_4 \cdot C_3} \cdot \frac{C_1 + C_2 \cdot H_A}{100 - H_A} \cdot (2{,}6 - 0{,}002 \cdot H_A)$$ Gl. 7-8

$C_0 = 0{,}5$; $C_1 = 0{,}549$ N; $C_2 = 0{,}07516$ N; $C_3 = 0{,}025$ mm; $C_4 = 0{,}395$ mm

Das aus Abbildung 7-5 (b) zu entnehmende berechnete Schwingverhalten des Systems wurde unter Einbezug der in **Tabelle 7-6** aufgelisteten Werte ermittelt.

Tabelle 7-6: Verwendete Werte zur Berechnung des Systemschwingverhaltens
Values used to calculate the system vibration behavior

Hub [mm]	$m_{Schwing}$ [kg]	H_A [Shore A]	$h_{Elastomer}$ [mm]	$b_{Elastomer}$ [mm]	$d_{Elastomer}$ [mm]	$\eta_{Verlust}$	m^* [kg]	k_4
2	5	5	31	59	50	0,07	0,02	1

7.2.5 Festigkeitsnachweise zur Prüfung der Systembelastbarkeit

Strength checks for testing the system load-bearing capacity

Zwecks sicheren Einsatzes des Systems wurde die Belastbarkeit der Hauptkomponenten des Endeffektors mithilfe von Festigkeitsnachweisen geprüft [WITT17]. Auf eine detaillierte Nennung der statischen Systemprüfung wird an dieser Stelle aufgrund des Umfangs und des prototypischen Charakters des Effektors verzichtet.

7.2.6 Systemerprobung

System testing

Im Rahmen der Vorbereitung des Endeffektor auf den Versuchseinsatz erfolgt zunächst die prozesstechnologische Qualifikation des Systems. So wird das Systemverhalten messtechnisch geprüft und die gewünschten Funktionen im Rahmen einer Systemerprobung auf flachen Geometrien untersucht.

Zunächst erfolgt die Messung der Eigenschwingung des Effektors und Roboters, so dass gemessene Resonanzen während des Prozesses vermieden und unerwünschte Schwingungen minimiert werden. Daraufhin erfolgt die Prüfung der Anpresskraftregelung in Kombination mit Schwingungsunterstützung. So können Dependenzen beider Eingangsregelgrößen erfasst bzw. ausgeschlossen werden. Abschließend erfolgt ein Systemfunktionstest auf einer planen Geometrie.

Versuchsaufbau des Gesamtsystems

Abbildung 7-6 zeigt den Versuchsaufbau des auf einem ABB IRB 4400/60 Industrieroboter montierten Endeffektors. Vorderhalb des Roboters ist eine Spannplatte angebracht, auf welcher ein Schraubstock montiert ist. Der Schraubstock spannt das Werkstück. Oberhalb des Werkstücks ist das Schwingungssystem orientiert. Die Orientierung des Roboters wird während der Versuche simultan angesteuert, so dass die Orientierung des iCTS-Werkzeugsystems orthogonal zur Werkzeugoberfläche steht.

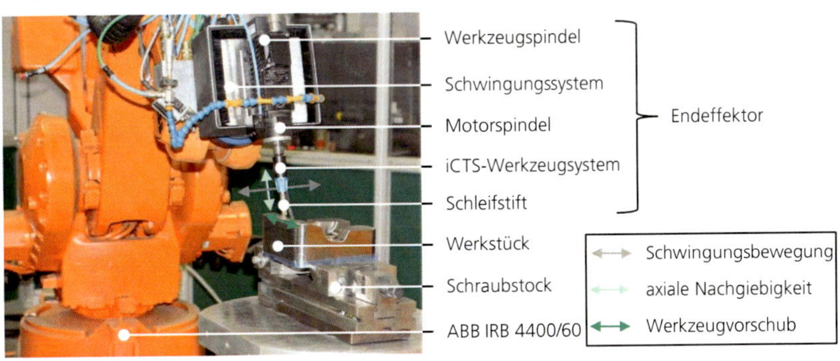

Abbildung 7-6: Versuchsaufbau des Endeffektor für das variationskraftgeregelte, schwingungsangeregte Schleifen

Experimental setup of the end effector for variation force-controlled vibration excited grinding

Gemessene Eigenschwingung des Systems

In **Abbildung 7-7** ist der Versuchsaufbau zur Erfassung auftretender Schwingungen dargestellt. In einem zweiteiligen Versuch wurde die Oszillation des Schleifstifts (a) und des Roboters (b) gemessen und auftretende Resonanzfrequenzbereiche erfasst.

Die Messungen wurden mithilfe eines Laserabstandssensors des Typs ILD1420 NDT der Firma MicroEpsilon durchgeführt [MICR22]. Die Auswertung der Schwingungen erfolgte analog zu der in Kapitel 4.5 vorgestellten Methodik.

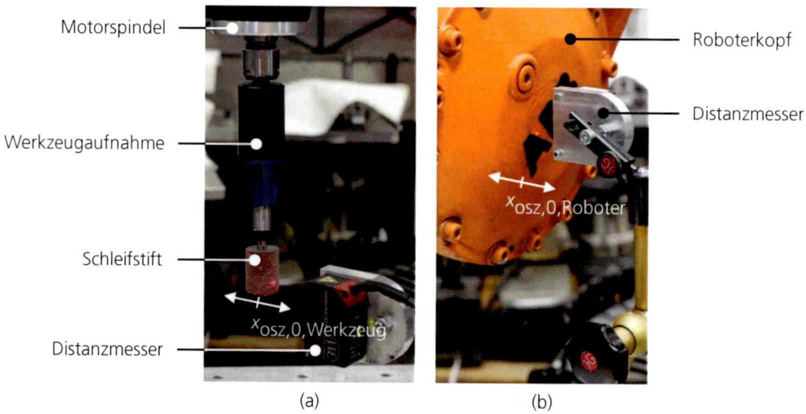

Abbildung 7-7: Aufbau zur Messung des Schwingungsverhaltens des Schleifstiftes (a) und Roboters (b)
Setup for measuring the vibration behavior of the mounted point (a) and robot (b)

In **Abbildung 7-8** sind die Auswertung der Schwingungsbewegung des Systems dargestellt. Sowohl Resonanzfrequenz des Schleifstifts als auch Eigenfrequenz des Roboters liegen unterhalb des für die Schleifuntersuchungen zu prüfenden Frequenzbereiches von 35 bis 55 Hz.

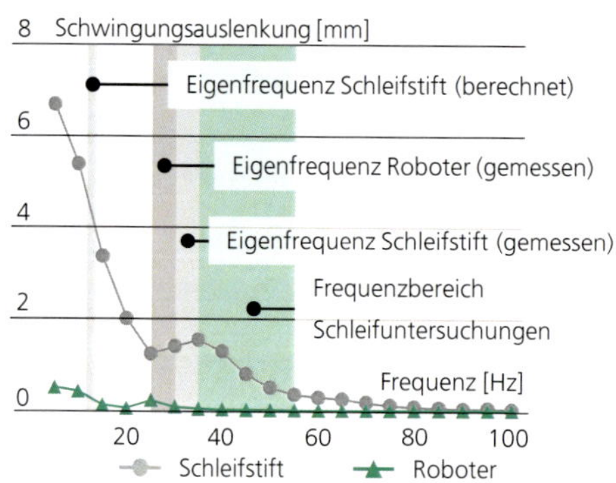

Abbildung 7-8: Schwingverhalten des Systems und Resonanzfrequenzen von Schleifstift / Roboter
Vibration behavior of the system and resonance frequency mounted point / robot

Testversuche auf planer Oberflächengeometrie

In **Abbildung 7-9** ist die Auswertung der für die Systemerprobung durchgeführten Versuche dargestellt. Die Auswertung der Oberflächentopografie basiert auf mit dem FV-Verfahren durchgeführten Aufnahmen. Der Einfluss der Schwingungsunterstützung ist deutlich zu erkennen, der Schleifprofilverlauf den Grundlagenuntersuchungen ähnelnd. Für die Übertragung der Systematik auf gekrümmte Oberflächengeometrien wird f_{osz} = 35 Hz als Anregungsfrequenz festgelegt.

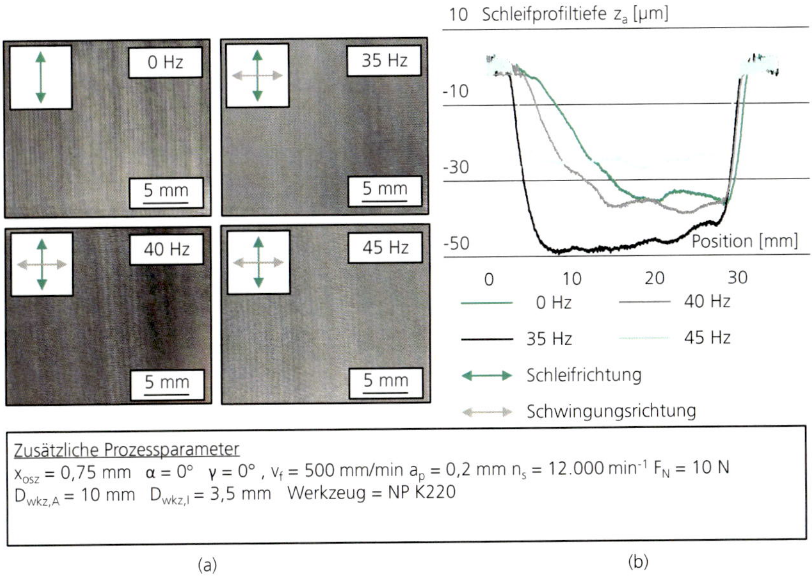

Abbildung 7-9: FV-Aufnahmen der Systemerprobung (a) und gemessene Schleifprofiltiefe (b) des Systemtestversuchs
FV-images of system testing (a) and measured grinding profile depth (b) of the system test trial

7.3 Prozessuntersuchungen an gekrümmten Demonstratorgeometrien zur Systemqualifizierung

Process investigations on curved demonstrator geometries for system qualification

Zur Qualifizierung des Systems auf gekrümmten Oberflächen, wird eine Versuchsreihe auf einer verschieden gekrümmten Demonstratorgeometrie durchgeführt. In **Abbildung 7-10** ist das Vorgehen zur Auswahl der Prozessparameter und die Messstrategie zur Systemqualifizierung auf gekrümmten Oberflächen dargestellt. Auf Basis der Versuchsergebnisse der Systemerprobung wurde die Schwingfrequenz f_{osz} = 35 Hz und Oszillationshub x_{osz} = 0,75 mm ausgewählt. Zur Qualifizierung des Gesamtsystems werden Bearbeitungsfenster auf verschiedenen Radienbereichen (siehe Kapitel 4.3) des Airbag-Cover Demonstrators ausgewählt und geschliffen. Die Vorbereitung der Versuche erfolgt zum über eine Berechnung der Anpresskräfte mithilfe der in Kapitel 5.4 vorgestellten Applikation. Als Bahnstrategie wird die »S-Raster«-Strategie (siehe Kapitel 2.3.3) gewählt. Die Auswertung der Versuche erfolgt über fotografische Makroaufnahmen, 3D-topografische WLI-Messungen und profilometrische Rauheitsmessungen.

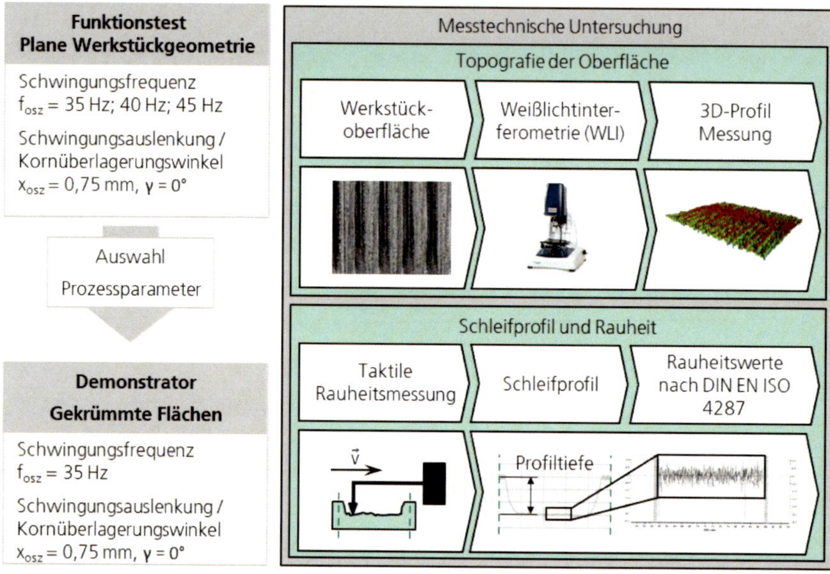

Abbildung 7-10: Auswahl der Prozessparameter und Messstrategie
Selection of process parameters and measurement strategy

Auswertung und Analyse

In **Abbildung 7-11** sind fotografische Makroaufnahmen der konventionell geschliffenen Radienbereichen mit schwingungsangeregt geschliffenen Flächen gegenübergestellt. Die Schwingungsunterstützung bewirkt optisch eine homogenisierte Schattierung der Oberflächenbeschaffenheit und Reduktion in Schleifrichtung orientierter kinematisch induzierter Bearbeitungsspuren. Der Einfluss der Schwingungsunterstützung ist mitunter deutlich durch ein Schraffurmuster zu erkennen. Profilometrische Messungen zeigen keinen signifikanten Einfluss der Schwingungsunterstützung auf die Oberflächenrauheit.

In Abbildung 7-11 sind zudem WLI-Aufnahmen der geschliffenen Einzelflächen dargestellt. Die Schwingungsunterstützung bewirkt ein »Verschwimmen« der Korneindringbewegung durch Überlagerung verschieden orientierter Eindringbahnen. Die Auswertung der *Sa* und *Sq*-Werte lässt nicht auf eine stringente Verbesserung der Oberflächenwelligkeit durch die mit Schwingungsunterstützung geschliffenen Flächen schließen. Eine deutliche Reduktion der kinematisch induzierten Rauheit wird jedoch in allen Fällen erreicht. Ebenso zeichnet sich ein verschieden orientiertes Schliffbild ab, welches für nachfolgende Feinbearbeitungsverfahren als vorteilhaft angesehen wird, da in Nachfolgeschritten die Entfernung kinematisch induzierter Schleifspuren entfällt.

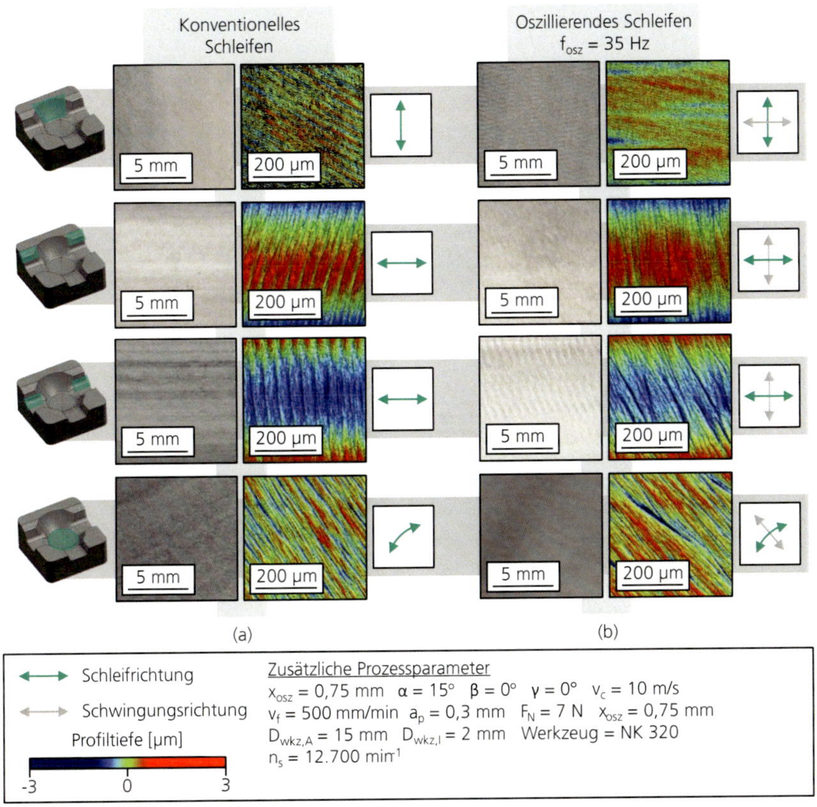

Abbildung 7-11: Gegenüberstellung makroskopischer fotografischer Aufnahmen und WLI-Messungen konventionell (a) und mit oszillierendem Werkzeug geschliffener Krümmungsbereiche (b)
Comparison of macroscopic photographic images and WLI measurements of conventionally (a) and with oscillating tool ground curvature regions (b).

7.4 Zwischenfazit
Interim conclusion

Mit Entwicklung eines Feinbearbeitungsmoduls für das variationskraftgeregelte, schwingungsunterstützte Schleifen von gekrümmten Oberflächen ist prototypisch eine technische Umsetzung des in Kapitel 6 untersuchten Prozesses erfolgt. Mit einem stirnseitig wirkenden, oszillierenden Schleifstift besteht eine flexible Prozesskinematik, welche potenziell für eine automatisierte Feinbearbeitung von stark variierenden Oberflächenkrümmungsbereichen eingesetzt werden kann. Forschungsfrage 4 »*Wie kann eine technische Umsetzung eines variationskraftgeregelten Schwingungsunterstützungsprozesses zum Schleifen gekrümmter Oberflächen erfolgen?*« wurde somit erfolgreich beantwortet.

8 Zusammenfassung und Ausblick

Summary and outlook

Die Branche des Werkzeug- und Formenbaus ist eine der Kernbranchen der deutschen Industrie und ein Wegbegleiter etablierter Wirtschaftssektoren und zukünftiger Schlüsseltechnologien. Mit einem Fertigungsvolumen von circa 11,5 Milliarden Euro werden Werkzeuge und Formen zur Herstellung von Erzeugnissen für Automotive-, Luftfahrt- und Optikkomponenten sowie weitere Branchen produziert. Seitens der zu fertigenden Produkte besteht ein kontinuierlicher Trend ansteigender Qualitätsherausforderungen und durch die Globalisierung ein internationaler Wettbewerb, welcher mit einem signifikanten Lohn- und Kostendruck auf produzierende Unternehmen einhergeht. Um diesen Trends zu begegnen und die nationale Industrielandschaft zu stärken, sowie die ökonomisch-ökologische Ermöglichung einer resilienten Fertigungslandschaft zu realisieren, wird ein hoher Automatisierungsgrad angestrebt.

Die Feinbearbeitung, ergo das Entfernen von Vorbearbeitungsspuren und Einstellen einer definierten Bauteiloberflächengüte mittels spanender oder abtragender Verfahren, ist der letzte Bearbeitungsschritt bei der Herstellung von Werkzeugen und Formen. Dieser Schritt wird bis heute in bis zu 95% aller Erzeugnisse händisch, durch eigens für diese Tätigkeit qualifizierte Fachkräfte, ausgeführt. Die Bearbeitung kann circa 30 bis 50% der Gesamtbauteilfertigungskosten beanspruchen und zeichnet sich durch eine anstrengende und monotone Tätigkeit aus. Die Fachkraft ist hierbei unnötigen Gefahren durch Schleifstaubbelastung mitunter potenziell gesundheitsschädlicher Werkstoffe ausgesetzt.

Zu Automatisierung dieses Prozesses wurden bereits intensive Bestrebungen unternommen, welche zu Teilerfolgen geführt haben. Eine maschinelle Bearbeitung von gekrümmten Werkzeugstahloberflächen ist aufgrund einer mangelnden Anpassungsfähigkeit, kleinen Bauräumen, geringer Zerspanraten, sowie verfahrensbedingter Einschränkungen jedoch weiter nicht möglich.

Das kraftgeregelte Schleifen ist ein Automatisierungsansatz, welcher sich durch niedrige Investitionskosten, flexible Anwendbarkeit in Werkzeugmaschinen und mit Robotern sowie eine potenziell hohe Zerspanleistung auszeichnet. Der Stand der Technik forciert eine konstantkraftgeregelte Feinbearbeitung, bei der mithilfe einer Prozessregelung eine konstante, definierte Prozesskraft des Werkzeugs auf das Werkstück eingestellt wird. So wird eine Änderung der Kontaktzone im Werkzeugeingriff nicht berücksichtigt. Dies kann zu einem inhomogenen Schleifprofil führen, so dass eine vollständige Prozessautomatisierung nicht durchgeführt werden kann. Darüber hinaus werden durch das Fräsen kinematisch durch den Prozess und das Werkzeug bedingte Spuren auf dem Bauteil erzeugt, welche nach wie vor händisch entfernt werden müssen.

Ziel dieser Arbeit war es daher, ein neuartiges Verfahren zu entwickeln, welches eine Kontaktzonenänderung im Wirkspalt des Werkzeuges und Werkstückes mithilfe eines variationskraft- und bahnabstandsgeregelten Schleifprozesses berücksichtigt. Darüber hinaus sollte dem Prozess eine Schwingungsunterstützung hinterlegt werden, so dass durch die Oszillation das Auftreten kinematisch induzierter Bearbeitungsspuren minimiert oder gar vermieden wird. Schlussendlich mündet die Arbeit in der Entwicklung und Qualifizierung eines variationskraftgeregelten, schwingungsunterstützten Schleifsystems, welches beide Verfahren zusammenführt.

Zur Entwicklung der Variationskraftregelung erfolgte in Kapitel 5 zunächst die Einführung eines empirisch-analytischen Modells. Zur geometrischen Beschreibung des Druckspannungsverlaufs im Schneideneingriff eines stirnseitig wirkenden Schleifstiften erfolgte die Entwicklung des Scheibenmodells. So kann die Ausbildung eines v-förmigen Schleifprofils von elastischen Werkzeugen beschrieben werden. Prozessuntersuchungen auf variierend gekrümmten Oberflächen haben gezeigt, dass eine Variationskraftregelung die Einstellung einer konstanten Schleifprofiltiefe ermöglicht. Dies ist darin begründet, dass die Pressung in der Kontaktzone bei Änderungen der Zonengröße durch eine Kraftanpassung konstant gehalten wird. Nach PRESTON besteht ein proportionaler Zusammenhang zwischen dem Druck in dem Wirkspalt zwischen Werkzeug und Werkstück und dem resultierenden Abtrag bzw. der Schleifprofiltiefe. Des Weiteren wurde eine kontaktzonenabhängige Bahnabstandsregelung untersucht. Hintergrund ist, das starke Krümmungsänderungen Anpassungen des Werkzeugbahnabstands erfordern, welche durch den Modellansatz kompensiert werden. Der Werkzeugbahnabstand wirkt sich sowohl auf die Oberflächentopografie als auch die Schleifprofiltiefe aus, so dass Abweichungen durch eine Bahnabstandsanpassung kompensiert werden können. Durch Entwicklung einer Applikation wurde eine Eingabeoberfläche geschaffen, welche die direkte Einbindung der Variationskraftregelungssystematik in die Anwendung ermöglicht.

In Kapitel 6 wurde das Basiswissen in Bezug auf Prozesskinematik eines werkzeug- und werkstückseitig schwingungsangeregten Verfahrens mit stirnseitig wirkenden Schleifstiften entwickelt und untersucht. Das Verfahren erlaubt eine stirnseitige Schleifbearbeitung von Oberflächen und wurde mit Anregungsfrequenzen von 25 bis 50 Hz bei Oszillationshüben von 0,75 bis 3 mm untersucht. Durch die gewählten Oszillationsparameter konnte im Rahmen von Grundlagenuntersuchungen gezeigt werden, dass das Schwingungsverfahren Potenziale besitzt, kinematisch induzierte Schleifspuren zu minimieren oder gar zu vermeiden und dadurch ein einheitlich erscheinendes Schliffbild zu erzeugen. Die Wahl des Kornüberlagerungswinkels γ beeinflusst die erzeugte Oberflächentopografie. Das optische Erscheinungsbild wirkt im Vergleich zu einer konventionellen Bearbeitung auch bei höheren Bahnabständen homogen, so dass das Verfahren das Potenzial besitzt Bearbeitungszeiten zu reduzieren. Darüber hinaus konnte beobachtet werden, dass der Einfluss der Werkzeugorientierung auf die Oberflächenbeschaffenheit durch eine Schwingungsunterstützung reduziert werden kann. Eine Randzonenbetrachtung mittels STEM-Aufnahmen hat ergeben, dass das schwingungsangeregte Schleifen keinen Effekt auf die Gefügerandzone hat.

In Kapitel 7 erfolgte die Zusammenführung des in Kapitel 5 entwickelten Variationskraftregelungsansatzes und des in Kapitel 6 entwickelten Schwingungsprozesses zu einem mit einem 6-Achs-Knickarmroboter geführten werkzeugseitig angeregten Schwingungssystem. Die Entwicklung diente dazu prototypisch die in Kapitel 6 auf ebenen Flächen beobachteten Vorteile des Verfahrens auf gekrümmte Werkzeugoberflächen zu übertragen. Anhand einer schleiftechnischen Bearbeitung des Demonstrators ist der Übertrag einer translatorisch auf den Schleifstift wirkenden Schwingungskomponente gelungen. Im Vergleich zu einer konventionellen Schleifbearbeitung konnten Bearbeitungsspuren reduziert werden.

Die gewonnenen Erkenntnisse können zur Erhöhung des Automatisierungsgrades im Rahmen der Feinbearbeitung stark variierend gekrümmter Oberflächen verwendet werden. Darüber hinaus kann insgesamt eine Anpassung der Pressung im Schneideneingriff während des Prozesses zu einer gleichmäßigeren Schleifprofiltiefe führen, so dass Nachbearbeitungsschritte minimiert und die Bauteilqualität verbessert werden können. Neben einer Anpassung der Anpresskraft und des Werkzeugbahnabstands kann in Zukunft weiter eine Variation der Schnittgeschwindigkeit in Betracht gezogen werden. Das entwickelte Scheibenmodell als Lösungsansatz zur Beschreibung v-förmiger Bearbeitungsprofile kann auf weitere Anwendungen, zum Beispiel den Einsatz von flexiblen Schleiftellern oder Polierwerkzeugen erweitert und untersucht werden.

Das entwickelte Schwingungsunterstützungsverfahren bietet das Potenzial manuelle Nachbearbeitungsschritte zu reduzieren oder gar zu substituieren und eine gezielte, funktionale Oberflächenbeschaffenheit, einzustellen. Durch eine Erhöhung des Werkzeugbahnabstands bei gleichbleibendem Schliffbild besteht zudem das Potenzial Fertigungszeiten zu verkürzen. Weitere Schritte sind in einer Weiterentwicklung des Verfahrens hin zu einer technologischen Reife zu sehen, welche einem Übertrag in die Industrie genügt. So muss eine Anpassung des Verfahrens auf die kinematischen Randbedingungen einer Werkzeugmaschine erfolgen, welche eine maschinenintegrierte, schwingungsangeregte Feinbearbeitung von variierend gekrümmten Oberflächen ermöglicht. Die mathematisch formulierte Kinematik bietet zudem den Grundstein für eine Analyse des Verfahrens. So können beispielsweise durch die Anwendung der LA PLACE-Transformation Spektralbereiche der Funktionen analysiert und ggf. auftretende Überlagerungseffekte und Muster (z. B. »MOIRÉ-Effekt«) identifiziert und analysiert werden.

Aufbauend auf dieser Arbeit sollte zudem im Rahmen zukünftiger Untersuchungen das schwingungsangeregte Schleifen auf Polierverfahren übertragen und untersucht werden. Aufgrund der beim Polieren oftmals niedriger eingesetzten Schnittgeschwindigkeiten kann neben einer gezielten Einstellung sich überlagernder Korneindringbahnen theoretisch ein intermittierender Schnitt erreicht werden. Das hierdurch beeinflusste Zerspanvehalten könnte einen positiven Einfluss auf die zu erreichende Oberflächenrauheit haben. Des Weiteren ist eine technologische Weiterentwicklung des Verfahrens notwendig. So kann aktuell das Verfahren nicht auf Werkzeugmaschinen übertragen werden. Aktuelle Digitalisierungstrends und Entwicklungen im Bereich von Spindelschnittstellen, welche sowohl Energie und Daten auf ein eingespanntes Werkzeug übertragen (»HSK-i«), werden in Zukunft neue Möglichkeiten für die Anwendbarkeit eines solchen Schwingungsunterstützungsverfahrens bieten.

9 Literaturverzeichnis

Bibliography

[ABB15] Datenblatt IRB 4400 Industrieroboter, 2015

[ADIB13] Adibi, H.; Rezaei, S. M.; Sarhan, A. A.: Analytical modeling of grinding wheel loading phenomena. In: The International Journal of Advanced Manufacturing Technology. Jg. 68, 2013, Nr. 4, 473–485

[ALFR20] Alfred Zedtwitz: VDMA Präzisionswerkzeuge Jahrespressekonferenz, München. Veranstaltung vom 08.12.2020)

[ALZM22] Alzmetall Werkzeugmaschinenfabrik und Gießerei Friedrich GmbH & Co. KG: Bearbeitungszentrum GS1000/5-FDT. URL: https://www.alzmetall.de/alzmetall/index.php?id=ggs1000-5-fdt 05.12.2022.

[ANDR12] Andrecht, D.; Behrens, B.; Driemeyer Wilbert, A.: Pilotprojekt: Robotergestützte Feinbearbeitung von Werkzeugen und Formen, Aachen, 2012

[ARCH53] Archard, J. F.: Contact and Rubbing of Flat Surfaces. In: Journal of Applied Physics. Jg. 24, 1953, Nr. 8, 981–988

[ARGM97] Argmann, K.: Polierverfahren für Spritz- und Druckgiesswerkzeuge. In: Werkzeug- und Formenbau. Jg. 9, 1997, Nr. 6, 2–8

[ARMB06] Armbruster, H.; Kirner, E.; Kinkel, S.: Neue Kundengruppen für Industrieroboter. Wo liegen unausgeschöpfte Anwendungspotenziale für Roboter im deutschen verabeitenden Gewerbe. 2006, Nr. 38, 1–12

[ARTI22] ARTIFEX Dr. Lohmann GmbH & Co. KG: Serie Rplus - Schleifmittel in Gummibindung. URL: https://artifex-abrasives.de/werkzeuge/die-ausdauernde-serie-rplus 30.08.2022.

[BAJD09] Bajd, R.; Mihelj, M.; Lenarcic, J.; Stanovnik, A.; Munih, M. (eds.): Robotics. 43 ed., New York: Springer, 2009

[BEND21] Bender, B.; Gericke, K.: Pahl/Beitz Konstruktionslehre. Methoden und Anwendung erfolgreicher Produktentwicklung. 9. Aufl. 2021, Berlin, Heidelberg: Springer Berlin Heidelberg, 2021

[BERG20] Bergs, T., 2020WZL-Direktor Prof. Thomas Bergs über die Zukunft der Fertigungstechnik. In: Industrieanzeiger online. 28.04.2020. Interview. URL: https://industrieanzeiger.industrie.de/technik/fertigung/wzl-direktor-prof-thomas-bergs-ueber-die-zukunft-der-fertigungstechnik/

[BLEI12] Bleicher, F., Bernreiter, J.: Interaktion Maschine – Prozess durch Mechatronik: Ressourceneffiziente Technologien für den Powertrain. Auerbach: Verl. Wiss. Scripten, 2012, S. 195-211

[BLEI16] Bleicher, F.; Brier, J.: Schwingungsunterstützte Schleifbearbeitung. (Reihe: Schweizer Schleif-Symposium, Zürich. Veranstaltung vom 19.01.2016 - 20.01.2016)

[BLET19] Bletek, T. J.: Oberflächenintegrität beim Ultrapräzisionsschleifen transparenter polykristalliner Keramiken. Dissertation. Apprimus Verlag; IIF - Institut für Industriekommunikation und Fachmedien GmbH, Aachen, 2019

[BÖHL16] Lieferprogramm - Kunststoffformenstähle, Düsseldorf, 2016

[BOHN18] Bohne, B.: Entwicklung eines Modells zur Beschreibung der Bewegungsabläufe manueller Polierprozesse auf Basis der Fraktal-Theorie. Dissertation. Apprimus Wissenschaftsverlag, Aachen, 2018

[BOOS17] Boos, W.; Arntz, K.; Johannsen, L.; Prümmer, M.; Wollbrink, M.; Wilms, M.; Horstkotte, R.: Erfolgreich Automatisieren im Werkzeugbau. 1 ed., Aachen, 2017

[BÖß07] Böß, V.: Werkzeugwege für das Bandschleifen von Freiformflächen, Garbsen: PZH Produktionstechn. Zentrum, 2007

[BOTZ09] Botzian, A.; Argmann, K.: Moderne Wege zur Hochglanz-Politur. 1 ed., Bergisch-Gladbach, 2009

[BREC10] Brecher, C.; Guralnik, A.; Hannig, S.; Klein, W. H.: Adaptronik in Schleifmaschinen: : Prozessregelung über hochdynamische Aktoreinheiten: 3rd European Conference on Grinding. 1. Aufl., Aachen: Apprimus-Verl., 2010, S. 1-24

[BRIN11] Brinksmeier, E.; Gläbe R.; Klocke, F.; Lucca, D. A.: Proces Signatures - an Alternative Approach to Predicting Functional Wokrpiece Properties. In: Procedia Engineering. 2011, Nr. 19, 44–52

[BRIN14] Brinksmeier, E.; Klocke F.; Lucca, D. A.; Sölter, J.; Meyer, D.: Process Signatures - a new approach to solve the inverse surface integrity problem in machining, 2nd CIRP Conference on Surface Integrity (CSI) processes. In: Procedia CIRP. 2014, 429–434

[BRIN18] Brinksmeier, E.; Reese, S.; Klink, A.; Langenhorst, L.; Lübben T.; Meinke, M.; Meyer, D.; Riemer, O.; Sölter, J.: Underlying Mechanism for Developing Process Signatures. In: Nanomanufacturing and Metrology. 2018, 193-208

[BRUK22] Bruker Alicona: Infinite Focus - Optisches 3D-Oberlächenmessgerät für Form und Rauheit 05.12.2022.

[BULL13] Bulla, B.: Ultrapräzisionszerspanung von Nanokorn-Hartmetall mit monokristallinen Diamantwerkzeugen. 1. Aufl., Aachen: Apprimus-Verl., 2013

[CARL12] Carl Zeiss Microscopy: Datenblatt des NEON 40 ESB Crossbeam FIB-SEM 2012.

[DAIW22] Daiwa Kasai Kogyo Co., Ltd: Rubber based Mounted Points - CM Type. URL: https://www.daiwa-rabin.co.jp/digitalcatalog/pdf_en/daiwa_e_all.pdf 09.12.2022.

[DAMB05] Dambon, O.: Das Polieren von Stahl für den Werkzeug- und Formenbau. Dissertation. RWTH Aachen, Aachen, 2005

[DENK03] Denkena, B.; Lütjens, G.; Böß, V.: Feinbearbeitung von Werkzeugen und Formen. Automatisiertes Schleifen und Bandschleifen von Freiformflächen im Praxiseinsatz. In: wt Werkstattstechnik online. Jg. 93, 2003, Nr. 11, S. 729-734

[DENK07] Denkena, B.; Hahmann, D.: Ultraschallschleifen dünnwandiger Bauteile. In: wt Werkstattstechnik online. Jg. 97, 2007, Nr. 11, S. 862-867

[DEUT14] Kunststoffformenstahl, Witten, 2014

[DIN02] DIN EN ISO 1302 (2002). Geometrische Produktspezifikation (GPS), Berlin: Beuth Verlag GmbH

[DIN10] DIN EN ISO 4287 (2010). Geometrische Produktspezifikation (GPS) - Oberflächenbeschaffenheit: Tastschnittverfahren, Berlin: Beuth Verlag GmbH

[DIN12] DIN EN ISO 25178-2 (2012). Geometrische Produktspezifikation (GPS) - Oberflächenbeschaffenheit - Flächenhaft, Berlin: Beuth Verlag GmbH

[DIN66] DIN 4766 (1966). Herstellverfahren und Rauheit von Oberflächen, Berlin: Beuth Verlag GmbH

[DIN82] DIN 4760 (1982). Gestaltabweichungen, Berlin: Beuth Verlag GmbH

[DIN90] DIN 4768 (1990). Ermittlung der Rauheitskenngrößen Ra, Rz, Rmax mit elektrischen Tastschnittgeräten, Berlin: Beuth Verlag GmbH

[DIN98] DIN EN ISO 3274 (1998). Geometrische Produktspezifikationen (GPS), Berlin: Beuth Verlag GmbH

[DONG95] Dong, F.-G.; Takeushi, Y.; Askawa, N.: Dexterous polishing of overhanging sculptured surfaces with a 6-axis control robot. In: Proceedings of 1995 IEEE International Conference on Robotics and Automation. 1995, Nr. 2, 2090-2095

[DRIE12] Driemeyer Wilbert, A.; Behrens, B.; Dambon, O.: Robot assisted manufacturing system for high gloss finishing of steel molds. In: Intelligent Robotics and Applications. 2012, pp. 673-685

[DRIE15] Driemeyer Wilbert, A.; Behrens, B.; Zymla, C.; Dambon, O.; Klocke, F.: Robotic finishing process – An extrusion die case study. In: CIRP Journal of Manufacturing Science and Technology. Jg. 11, 2015, S. 45-52

[DRIE18] Driemeyer Wilbert, A.: Automated zonal finishing process - design, modeling and optimization. Dissertation. Apprimus Verlag; IIF - Institut für Industriekommunikation und Fachmedien GmbH, Aachen, 2018

[DUNN08] Dunn, C. R.; Walker, D. D.: Pseudo-random tool paths for CNC sub-aperture polishing and other applications. In: Optics express. Jg. 16, 2008, Nr. 23, S. 18942-18949

[EVER98] Eversheim, W.; Klocke, F.: Werkzeugbau mit Zukunft. Strategie und Technologie, Berlin, Heidelberg: Springer, 1998

[FALL00] Fallböhmer, P.; Rodríguez, C. A.; Özel, T.; Altan, T.: High-speed machining of cast iron and alloy steels for die and mold manufacturing. In: Journal of Materials Processing Technology. Jg. 98, 2000, Nr. 1, S. 104-115

[FALL96] Fallböhmer, P.; Altan, T.; Tönshoff, H.-K.; Nakagawa, T.: Survey of the die and mold manufacturing industry - practices in Germany, Japan, and the United States. In: Journal of Materials Processing Technology. Jg. 59, 1996, 1-2, S. 158-168

[FELS07] Felsch, T.: Einsatz des Roboters als Werkzeugmaschine. Bearbeiten mit Industrierobotern. URL: http://www.iff.fhg.de/de/iffdbde/Produkt_detail.php?ProduktId=58 17.03.2008.

[FEST22a] Festo SE&Co. KG: Magnetventile MH2/MH3/MH4, Schnellschaltventile. URL: https://www.festo.com/cat/de_de/data/doc_de/PDF/DE/MH2TO4_VO_DE.PDF 05.12.2022.

[FEST22b] Festo SE & Co. KG: Proportional-Druckregelventile VPPM. URL: https://www.festo.com/cat/en-gb_gb/data/doc_DE/PDF/DE/VPPM-G_DE.PDF 15.12.2022.

[FEST22c] Festo SE&Co. KG: Fluidic Muscle DMSP/MAS. URL: https://www.festo.com/cat/de_de/data/doc_de/PDF/DE/DMSP-MAS_DE.PDF 05.12.2022.

[FOIT09] Foitzik, B.: Roboter schleifen 80 Meter lange Flügel effizienter. In: Produktion. Jg. 15, 2009, S. 12

[FRAU15] Fraunhofer ISE: Kühlung von Formwerkzeugen durch bionische Methoden. URL: https://www.ise.fraunhofer.de/de/forschungsprojekte/bionische-werkzeugtemperierung.html 05.12.2022.

[GEHR93] Gehring, V.: Numerisch gesteuertes Formschleifen von gekrümmten Werkstückoberflächen. Zugl.: Hannover, Univ., Diss., 1993. VDI-Verlag, Düsseldorf, 1993

[GOOS17] Goos, R.; Ranke S.; Jathe, R.; Röer, P.; Salerno R.; Floret, N.: Bauvorschriften für Werkzeuge der Stanz- und Umformtechnik. URL: https://www.pauli-ense.de/media/pauli_bauvorschriften_nr_0104_ueberarbeitung_stand_01.10.2017.pdf 30.08.2022.

[GRAN15] Grandguillaume, L.; Lavernhe, S.; Quinsat, Y.; Tournier, C.: Mold Manufacturing Optimization: A Global Approach of Milling and Polishing Processes. In: Procedia CIRP. Jg. 31, 2015, S. 13-18

[GRES19] Gressner, A. M.; Arndt, T. (eds.): Lexikon der Medizinischen Laboratoriumsdiagnostik, Berlin, Heidelberg: Springer, 2019

[GREW92] Grewe, H.; Grewe, H. (eds.): Reibung und Verschleiß. Vortragstexte eines Symposiums der Deutschen Gesellschaft für Materialkunde, 1992, Oberursel: DGM Informationsgeselschaft, 1992

[GROE08] Groenbaek, J.: RAP-Robot Assisted Polishing. Roboterunterstütztes Polieren von Umformwerkzeugen, 2008

[GRUB91] Grube, G.: Schleifen mit Industrierobotern. Freiformflächen, Köln: Verl. TÜV Rheinland, 1991

[GRUN21] Grunwald, T.: Modellierung des Werkzeugverschleißes bei der Quarzglasumformung. 1 ed., Aachen: Apprimus-Verl., 2021

[GULL15] Gull, M.: Ultraschallunterstützte Innenrundbearbeitung von sprödharten Werkstoffen durch Seitenquer- und Umfangsquerschleifen. ETH Zurich, 2015

[GÜVE97] Güvec, L.; Srinivasan, K.: An overview of robot-assisted die and mold polishing with emphasis on process modeling. In: Journal of Manufacturing Systems. Jg. 16, 1997, Nr. 1, S. 48-58

[HÄHN18] Hähnel, S.; Pini, F.; Leali, F.; Dambon, O.; Bergs T.; Bletek, T.: Reconfigurable robotic solution for effective finishing of complex surfaces. In: 2018 IEEE 23rd International Conference on Emerging Technologies and Factory Automation (ETFA), Turin. 2018, 1285-1290

[HÄHN19] Hähnel, S.; Grunwald T.; Bergs, T.; Pini, F.; Leali, F.: Vibration-Assisted Face Grinding of Mould Steel. ADM 2019 Conference. In: International Conference of the Italian Association of Design Methodes and Tools for Industrial Engineering. Jg. 2019, 2019, S. 291-303

[HAHN75] Hahn, R. S.: Neue Entwicklungen beim Genauschleifen. In: wt Werkstattstechnik online. Jg. 65, 1975, Nr. 8, S. 453-461

[HAMB] Hambücker, S.: Technologie der Politur sphärischer Optiken mit Hilfe der Synchrospeed-Kinematik. Dissertation. RWTH Aachen, Aachen:

[HAMM98] Hammann, G.: Modellierung des Abtragsverhaltens elastischer, robotergeführter Schleifwerkzeuge, Heidelberg, Berlin: Springer, 1998

[HEID14] Heidrich, C.: Modellierung des Werkzeugverschleißes beschichteter Zerspanwerkzeuge mittels der FEM-Simulation. Masterarbeit. RWTH Aachen, Aachen, 2014

[HEID21] Heidenhain: Die neuen Standardzyklen für das Koordinatenschleifen. URL: https://www.heidenhain.de/service/downloads/mediathek/tnc-640-die-neuen-standardzyklen-fuer-das-koordinatenschleifen 10.10.2021.

[HERT81] Hertz, H.: Über die Berührung fester elastischer Körper. In: Journal für die reine und angewandte Mathematik. Jg. 92, 1881, S. 156-171

[HESE09] Heselhaus, M.: Unidirektionale schwingungsunterstützte Ultrapräzisionszerspanung eisenhaltiger Werkstoffe mit definierter Schneidteilgeometrie, Aachen: Apprimus-Verl., 2009

[HIA21] Hi.automize GmbH: iCTS-The Intelligent Compliant Tooling System. URL: https://www.hi-automize.de/cth-one 10.12.2021.

[HILG19] Hilgers, R.-D.; Heussen, N.; Stanzel, S.: Standardabweichung: Lexikon der Medizinischen Laboratoriumsdiagnostik. Berlin, Heidelberg: Springer, 2019, S. 2206

[HÖCH22] Höchsmann: Schleifbänder oszillierend. URL: https://wtp.hoechsmann.com/de/lexikon/19105/schleifbander_oszillierend 30.08.2022.

[HSM22] HSM Stahl- und Metallhandel GmbH: Werkstoffdatenblatt 1.2379 / X153CrMoV12. Werkzeugstahl, Kaltarbeitsstahl. URL: https://www.hsm-stahl.de/fileadmin/user_upload/datenblatt/HSM_Datenblatt_1.2379.pdf 05.10.2022.

[HUIS02] Huissoon, J. P.; Ismail, F.; Jafari, A.; Bedi, S.: Automated Polishing of Die Steel Surfaces. In: The International Journal of Advanced Manufacturing Technology. Jg. 19, 2002, Nr. 4, S. 285-290

[HUSM19] Husmann, S.; Stemmler, S.; Hähnel, S.; Vogelgesang, S.; Abel, D.; Bergs, T.: Model Predictive Force Control in Grinding based on a Lightweight Robot. In: IFAC-PapersOnLine. Jg. 52, 2019, Nr. 13, S. 1779-1784

[INST03] Proceedings / 2003 IEEE International Conference on Robotics and Automation. September 14 - 19, 2003, the Grand Hotel, Taipei, Taiwan, Piscataway, NJ: IEEE Service Center, 2003

[INTE22] InterCAM-Deutschland GmbH: Mastercam CAD/CAM software. URL: https://www.mastercam.de/ 30.08.2022.

[ISEL22] Spindelmotor iSA 750. URL: https://www.isel.com/de/spindelmotor-isa-750-werkzeugwechsel-manuell.html 30.08.2022.

[JAWA93] Jawahir, I. S.; van Luttervelt, C. A.: Recent Developments in Chip Control Research and Applications. In: CIRP Annals - Manufacturing Technology. 1993, Nr. 42, 659-693

[JERM16] Jermolajev, S.; Epp, J.; Heinzel, C.; Brinksmeier, E.: Material modifications caused by thermal and mechanical load during grinding. In: Procedia CIRP. 2016, Nr. 45, 43-46

[KAPI98] Kapitza, U.: Bandschleifen und Polieren mit Robotern. In: Magazin für Oberflächentechnik. Jg. 52, 1998, S. 614-615

[KEFE17] Keferstein, C. P.; Marxer, M.; Bach, C.: Fertigungsmesstechnik. Alles zu Messunsicherheit, konventioneller Messtechnik und Multisensorik, Wiesbaden: Springer Verlag, 2017

[KIRC07] Kirchner, E.: Leistungsübertragung in Fahrzeuggetrieben. Grundlagen der Auslegung, Entwicklung und Validierung von Fahrzeugagetrieben, Berlin, Heidelberg: Springer-Verlag, 2007

[KLEI15] Klein, T. B.: Prozessstrategien beim NC-Formschleifen mit Schleifstiften. Dissertation. Fraunhofer-Institut für Produktionsanlagen und Konstruktionstechnik; Technische Universität Berlin, 2015

[KLOC04] Klocke, F.; Bresseler, B.; Weber, A.: Ultraschallunterstütztes Schleifen. Chancen und Grenzen der Technologie am Beispiel der Zerspanung von Glas und Glaskeramik. In: wt Werkstattstechnik online. Jg. 94, 2004, Nr. 6, S. 258-262

[KLOC10] Klocke, F. (ed.): 3rd European Conference on Grinding. ECG, European Conference on Grinding 2010 ; Aachen, 24. - 25. November 2010. 1. Aufl., Aachen: Apprimus-Verl., 2010

[KLOC14] Klocke, F.; Dambon, O.; Andrecht, D.; Driemeyer Wilbert, A.; Kretschmer, A.: Roboterbasierte Feinbearbeitung von Stahlwerkstoffen. Lösungen für den Werkzeug- und Turbomaschinenbau. In: wt Werkstattstechnik online. Jg. 104, 2014, 11/12, S. 747-762

[KLOC16] Klocke, F.; Döbbeler, B.; Buchkremer, S.: On the Applicability of the Concept of Process Signatures to Hard Turning. In: Procedia CIRP. 2016, 7-10

[KLOC17a] Klocke, F.: Fertigungsverfahren 2. Zerspanung mit geometrisch unbestimmter Schneide. 5. Auflage, Berlin: Springer Vieweg, 2017

[KLOC17b] Klocke, F.: Fertigungsverfahren 4. Umformen. 6. Auflage, Berlin, Heidelberg: Springer Vieweg, 2017

[KÖNI21] Königsreuther, P.: Nur makellose Spritzgießwerkzeuge bringen Top-Leistungen. URL: https://www.maschinenmarkt.vogel.de/nur-makellose-spritz-giesswerkzeuge-bringen-top-leistungen-a-1043403/ 30.08.2022.

[KREI18] Kreilkamp, H.: Analyse der Einflüsse auf die Gestaltabweichung gepresster Glasoptiken beim nicht-isothermen Blankpressen. Dissertation. Fraunhofer-Institut für Produktionstechnologie IPT, 2018

[KRET18] Kretschmer, A.: Beitrag zur Modellierung des Schleifprozesses beim Einsatz von gummigebundenen Schleifscheiben. Dissertation. RWTH Aachen, 2018

[LACH12] Lacharnay, V.; Tournier, C.; Poulachon, G.: Design of experiments to optimize automatic polishing on 5-axis machine tool. In: International Journal of Machining and Machining Materials. 2012, 76-87

[LI08] Li, Y.; Hou, J.; Xu, Q.; Wang, J.; Yang, W.; Guo, Y.: The characteristics of optics polished with a polyurethane pad. In: Optics express. Jg. 16, 2008, Nr. 14, S. 10285-10293

[LILL88] Lilly, B. W.; Bailey, R. W.; Altan, T.: Automated Finishing of Dies and Moulds: A State of Art Review: Computer Aided Design and Manufacture of Dies and Molds. In: The American Society of Mechanical Engineers. 1988, 75-90

[LUO98] Luo, Q.; Ramarajan, S.; Babu, S. V.: Modification of the Preston equation for the chemical–mechanical polishing of copper. In: Thin Solid Films. Jg. 335, 1998, 1-2, S. 160-167

[MAHR22] Mahr Metering Systems GmbH: MarSurf LD 130 - Konturen- und Rauheitsmessgerät. URL: https://metrology.mahr.com/de/produkte/artikel/6720821-kombinierter-konturen-und-oberflaechenmessplatz-marsurf-ld-130 30.08.2022.

[MALK08a] Malkin, S.: Grinding technology. Theory and applications of machining with abrasives. 2. ed., New York, NY: Industrial Press, 2008

[MALK08b] Malkin, S.: Grinding technology. Theory and applications of machining with abrasives. 2. ed., New York, NY: Industrial Press, 2008

[MART92] Martin, K.: Abtragsmechanismen beim Abrasivverschleiß: Reibung und Verschleiß. Oberursel: DGM Informationsgeselschaft, 1992, 299-306

[MAYE06] Mayer, J.: Instrumentation: Transmission Electron Microscopy 2006.

[MEYE98] Meyerhoff, M.: NC-Programmierung für das kraftgesteuerte Bandschleifen von Freiformflächen. Als Ms. gedr, Düsseldorf: VDI-Verl., 1998

[MICR22] Micro-Epsilon Messtechnik GmbH & Co. KG: ILD-1420 Triangulationssensor. URL: https://www.micro-epsilon.de/displacement-position-sensors/laser-sensor/optoNCDT_1420_basic/ 30.08.2022.

[MÜHL96] Mühl, A.: Technologie und angepasste Maschinenkonzepte zum Schleifen von Konstruktionskeramik auf Koordinatenschleifmaschinen. Dissertation. Inst. für Werkzeugmaschinen und Fluidtechnik, Lehrstuhl für Werkzeugmaschinen, Dresden, 1996

[MÜLL14] Müller, A.: Polieren keramischer Knieimplantate mit nachgiebigen Diamantwerkzeugen, Garbsen: PZH-Verl. TEWISS - Technik und Wissen, 2014

[NAGA03] Nagata, F.; Watanabe, K.; Kusumoto, Y.; Tsuda, K.; Yasuda, K.; Yokoyama, K.; Mori, N.: New Finishing System for Metallic Molds Using a Hybrid MotiodForce Control, Taipei, Taiwan, 2003

[NAGA07] Nagata, F.; Hase, T.; Haga, Z.; Omoto, M.; Watanabe, K.: CAD/CAM-based position/force controller for a mold polishing robot. In: Mechatronics. Jg. 17, 2007, 4-5, S. 207-216

[NAGA13] Nagata, F.; Watanabe, K.: Controller design for industrial robots and machine tools. Applications to Manufacturing Processes. Woodhead Publishing, 2013

[NEHL92] Nehl, E., Meininger, A.: Maschinelle Feinbearbeitung im Großwerkzeugbau. In: VDI-Z, Jg. 1992S. 44-47

[NEUG12] Neugebauer, R. (ed.): Ressourceneffiziente Technologien für den Powertrain. International Chemnitz Manufacturing Colloquium, ICMC 2012; 2nd International Colloquium of the Cluster of Excellence eniPROD, Auerbach: Verl. Wiss. Scripten, 2012

[NGUY17] Nguyen, T.; Hsu, Q. C.: Study on Cutting Forces and Material Removal Rate in Hard Milling of SKD 61 Alloy Steel. In: Journal of the Chinese Society of Mechanical Engineers. Jg. 38, 2017, S. 41-51

[NOTO81] Automated Polishing Apparatus. Angemeldet durch Hitachi Ltd. Veröffentlichungsnummer: 4268999

[PESS09] Pessoles, X.; Tournier, C.: Automatic polishing process of plastic injection molds. In: Journal of Materials Processing Technology. Jg. 209, 2009, Nr. 7, 3665-3673

[PETE91] Petersen, H.: Grundlagen der statistischen Versuchsplanung, Landsberg/Lech: ecomed, 1991

[PFEI15] Pfeifer, T.: Production Metrology, Berlin, Boston, 2015

[POPP35] Popper, K.: Logik der Forschung. Zur Erkenntnistheorie der Modernen Naturwissenschaft, Vienna, s.l.: Springer Vienna, 1935

[PREC22] Precifast: CNC-Programmierung - M-Befehle. URL: https://www.precifast.de/cnc-programmierung-mit-g-code/#:~:text=M%2DBefehle%20(Schaltfunktionen)%3A,Zu%2D%20und%20Abschalten%20von%20Maschinenfunktionen. 30.08.2022.

[PRES27] Preston, F. W.: The theory and design of plate glass polishing machines. In: Journal of the Society of Glass Technology. Jg. 11., 1927, S. 214-256

[QI03] Qi, H. J.; Joyce, K.; Boyce, M. C.: Durometer Hardness and the Stress-Strain Behavior of Elastomeric Materials. In: Rubber Chemistry and Technology. Jg. 76, 2003, Nr. 2, S. 419-435

[QI16] Qi, J.; Zhang, D.; Li, S.; Chen, B.: A micro-model of the material removal depth for the polishing process. In: The International Journal of Advanced Manufacturing Technology. Jg. 86, 2016, 9-12, S. 2759-2770

[RASM88] Rasmussen, B.; Derby, S.: Design and Evaluation of Robotic End-Effectors for and Automated Die Finishing System. In: Proc. Symp. on Computer-Aided Design and Manufacture of Dies and Molds, ASME Annual Winter Mtg. NY,. 1988, 61-74

[REBE09] Rebeggiani, S.: Polishability of tool steels. Thesis for the degree of licentiate engineering. Chalmers University of Technology, Göteborg, Schweden, 2009

[REN19] Ren, L.; Zhang, G.; Zhang, L.; Zhang, Z.; Huang, Y.: Modelling and investigation of material removal profile for computer controlled ultra-precision polishing. In: Precision Engineering. Jg. 55, 2019, S. 144-153

[RÖDE21a] Röders GmbH: 5-Achs-Kombizentren von Röders liefern Präzision bis in den Sub-Mikrometer-Bereich. URL: https://industrieanzeiger.industrie.de/technik/fertigung/5-achs-kombizentren-von-roeders-liefern-praezision-bis-in-den-sub-%C2%B5m-bereich/#slider-intro-2 10.09.2021.

[RÖDE21b] Röders GmbH: Technologie für das Koordinatenschleifen. URL: https://roeders.de/maschinen/technologie-maschinen/koordinatenschleifen/ 13.09.2021.

[RÜBE01] Rübenach, O.: Schwingungsunterstützte Ultrapräzisionsbearbeitung optischer Gläser mit monokristallinen Diamantwerkzeugen. Dissertation. Shaker, Aachen, 2001

[RYUH06] Ryuh, B.-S.; Park, S. M.; Pennock, G. R.: An automatic tool changer and integrated software for a robotic die polishing station. In: Mechanism and Machine Theory. Jg. 41, 2006, Nr. 4, 415–432

[SCHE17] Scheid, H.: Elemente der Geometrie. 5. Aufl. 2017, Berlin, Heidelberg: Springer Spektrum, 2017

[SCHM22] Schmidt & Wezel GMBH: BIAX-Druckluftspindeln. URL: https://www.biax-germany.com/en/produkte.php?category=druckluftspindeln 20.05.2022.

[SCHÜ03] Schüppstuhl, T.: Beitrag zum Bandschleifen komplexer Freiformgeometrien mit dem Industrieroboter. Dissertation. TU Dortmund, Dortmund, 2003

[SEVA92] Automatisches Polieren mit CNC-Poliermaschinen. Prospekt und technische Beschreibung, 1992

[SOLF22] Solf, M.: Modellierung der Schleifkraft beim Kegelradschleifen. Dissertation. Rheinisch-Westfälische Technische Hochschule Aachen, 2022

[SRIN95] Srinivasan, K.: Force controller design and evaluation for robot-assisted die and mould polishing. In: Mechanical Systems and Signal Processing. Jg. 9, 1995, Nr. 1, S. 31-49

[STAH22] Stahl Handels GmbH E.Matz: Technisches Datenblatt - 1.2379 Kaltarbeitsstahl. URL: https://stahl-matz.de/pdfs/datenblaetter_kaltarbeitsstahl/Technisches_Datenblatt_1.2379.pdf 30.08.2022.

[STRE21] Strecon A/S: Technologie-Roboterpolieren. URL: http://www.strecon.com/de/technologien/roboterpolieren/ 13.09.2021.

[SUN16] Sun, J.; Qin, F.; Chen, P.; An, T.: A predictive model of grinding force in silicon wafer self-rotating grinding. In: International Journal of Machine Tools and Manufacture. Jg. 109, 2016, S. 74-86

[SUZU05] Suzuki, H.; Kawamori, R.; Miyabara, M.; Okino, T.; Hijikata, Y.; Yamamoto, Y.; Nakamoto, K.; Moriwaki, T.; Shibutani, H.: Ultra-Precision Finishing of Micro Aspherical Surface by Ultrasonic Vibration Assisted Polishing. In: Key Engineering Materials. Jg. 291-292, 2005, S. 349-354

[TAM99] Tam, H.; Lui, C.; Mok, A.: Robotic polishing of free-form surfaces using scanning paths. In: Journal of Materials Processing Technology. 1999, Nr. 95, 191-200

[TAWA08] Tawakoli, T.; Azarhoushang, B.; Rabiey, M.: Ultraschallunterstütztes Schleifen von nicht gehärtetem Stahl. In: Industrie-Diamanten-Rundschau: IDR. 2008, Nr. 3, 54-63

[TAWA10a] Tawakoli, T. (ed.): Moderne Schleiftechnologie und Feinstbearbeitung 2010, Villingen-Schwenningen: Hochschule Furtwangen Universtiy, Dissertation, 2010

[TAWA10b] Tawakoli T., A. B.: Integration der ultraschallunterstützten Zerspanung mit Blocksonotrode. (Reihe: 8. Seminar Moderne Schleiftechnologie und Feinstbearbeitung, Stuttgart. Veranstaltung vom 2010)

[TIMM90] Timmermann, S.: Automatisierung der Feinbearbeitung in der Fertigung von Hohlformwerkzeugen. Dissertation. Inst. für Werkzeugmaschinen und Betriebstechnik, Karlsruhe, 1990

[TONG19] Tong, X.; Wu, X.; Zhang, F.; Ma, G.; Zhang, Y.; Wen, B.; Tian, Y.: Mechanism and Parameter Optimization in Grinding and Polishing of M300 Steel by an Elastic Abrasive. In: Materials (Basel, Switzerland). Jg. 12, 2019, Nr. 3, S. 340

[TÖNS01] Tönshoff, H.-K.; Böß, V.; Urban, B.: Automatisiertes Schleifen von Hohlformen. In: wt Werkstattstechnik online. Jg. 91, 2001, Nr. 7, S. 422-427

[TÖNS02] Tönshoff, H.-K.; Denkena, B.; Böß, V.; Urban, B.: Automated finishing of dies and molds. In: Production Engineering. 2002, Nr. 2, S. 1-4

[TRAU15] Trauth, D.; Klocke, F.; Terhorst, M.; Mattfeld, P.: Physicochemical Analysis of Machine Hammer Peened Surface Structures for Deep Drawing: Determination of the Work of Adhesion and Spreading Pressure of Lubrication to Surface Structure. In: Journal of Tribology. Jg. 137, 2015, Nr. 2, S. 22301

[TRAU16] Trauth, D.: Tribology of machine hammer peened tool surfaces for deep drawing. Dissertation. RWTH Aachen; IIF - Institut für Industriekommunikation und Fachmedien GmbH, 2016

[TSAI03] Tsai, M. J.; Chang, J.-L.; Haung, J.-F.: Development of an automatic mold polishing system. In: IEEE International Conference on Robotics and Automation. IEEE ICRA 2003 Conference. Taipei, Taiwan. 14-19 Sept. 2003. Piscataway, NJ: IEEE Service Center, 2003, S. 3517-3522

[TSAI05] Tsai, M. J.; Chang, J.-L.; Haung, J.-F.: Development of an Automatic Mold Polishing System. In: IEEE Transactions on Automation Science and Engineering. Jg. 2, 2005, Nr. 4, S. 393-397

[TÜCK11] Tücks, R.; Zunke R.; Driemeyer Wilbert, A.: MoldFinish. Intelligentes Poliersystem zur Automatisierung der Endbearbeitung im Werkzeug- und Formenbau. Fraunhofer IPT, 2011

[TÜCK12] Tücks, R.: Automatisierte Feinbearbeitung von komplexen Werkzeugen und Formen aus Stahl. 1. Aufl., Aachen: Apprimus-Verl., 2012

[TURN18] Turney, D.: Für glänzende Noten: SYMPLEXITY-Roboter lernen, Werkstücke zu polieren. URL: https://redshift.autodesk.de/symplexity/ 13.09.2021.

[UHLM11] Uhlmann, E.; Borsoi Klein, T.; Hochschild, L.; Bäcker, C.: Influence of structuring by abrasive machining on the tribological properties of workpiece surfaces. 1st Cirp Conference on Surface Integrity (CSI). In: Procedia Engineering. 2011, Nr. 19, 363-370

[UHLM14] Uhlmann, E.; Borsoi Klein, T.; Koprowski, S.: Tilt angle effects in surface grinding with mounted points. In: Production Engineering. Jg. 8, 2014, Nr. 4, S. 431-442

[ULRI01] Ulrich, H.: Gesammelte Schriften, Bern: Haupt, 2001

[URBA09] Urban, B.: Kinematische und mechanische Wirkungen des Kugelkopffräsens, Garbsen: PZH Produktionstechn. Zentrum, 2009

[VDI11] VDI-Richtlinie 2062 (2011). Schwingungsisolierung. VDI-Verlag

[VDI93] VDI-Richtlinie 2221 (1993). Methodik zum Entwickeln und Konstruieren technischer Systeme und Produkte. VDI-Verlag

[VEEC12] Veeco Instruments Inc.: Wyco NT 1100 data sheet 2012.

[VOES18] Polieren im Formenbau, Kapfenberg, Österreich, 2018

[VOGT17] Vogt, C.: Systematische Optimierung von Schleifprozessen für sprödharte Werkstoffe. Dissertation, 2017

[WAGN15] Wagner, S.: Werkzeuge der Blechumformung. 3 ed., Stuttgart, 2015

[WALK04] Walker, D. D.; Beaucamp, A. T.; Binghama, R. G.; Brooksa, D.; Freeman, R.; Kim, S. W.; King, A.; McCavana, G.; Morton, R.; Riley, D.; Simms, J.: Precessions Aspheric Polishing: New Results from the Development Programme, 2004

[WANG09] Wang, G.; Wang, Y.; Xu, Z.: Modeling and analysis of the material removal depth for stone polishing. In: Journal of Materials Processing Technology. Jg. 209, 2009, Nr. 5, S. 2453-2463

[WANG19] Wang, B.; Dailami, F.; Matthews J.: Towards collaborative robotic polishing of mould and die sets. In: Procedia Manufacturing. 2019, Nr. 38, S. 1499-1507

[WEBE02] Weber, W.: Industrieroboter. Methoden der Steuerung und Regelung ; mit 33 Übungsaufgaben und einer CD-ROM, München, Wien: Fachbuchverl. Leipzig im Carl-Hanser-Verl., 2002

[WENZ06] Wenzel, C.: Lokale Korrekturpolitur von komplexen Werkzeugformeinsätzen aus Stahl. Dissertation. RWTH Aachen, Aachen, 2006

[WERN71] Werner, G.: Kinematik und Mechanik des Schleifprozesses. Werner, Günther, 1971

[WITT17] Wittel, H.; Jannasch, D.; Voßeik, J.; Spura, C.: Allgemeine und konstruktive Grundlagen. In Wittel, H. et al. (Hrsg.): Roloff/Matek Maschinenelemente. Aufl. Wiesbaden. Springer Fachmedien Wiesbaden, 2017

[WOLL21] Wollbrink, M.; Hähnel S.: Additiv-Bauteile in der Fertigung - eine ganzheitliche Betrachtung. In: JOT-Magazin. 2021, 56-57

[ZHAN02] Zhang, L.; Tam, H. Y.; Yuan, C.-M.; Chen, Y.-P.; Zhou, Z.-D.: An investigation of material removal in polishing with fixed abrasives. In: Proceedings of the Institution of Mechanical Engineers, Part B: Journal of Engineering Manufacture. Jg. 216, 2002, Nr. 1, S. 103-112

[ZHEN20] Zheng, L.; Chen, W.; Huo, D.: Review of vibration devices for vibration-assisted machining. In: The International Journal of Advanced Manufacturing Technology. Jg. 108, 2020, 5-6, S. 1631-1651

[ZWIC12] Zwick GmbH & co. KG: Produktinformation. Zwick 3110…17, Analoge Härteprüfgeräte nach Shore, 2012

[ZWIC14] Zwick GmbH & co. KG: Betriebsanleitung Härteprüfgeräte Zwick 3114/3115/3116/3117, 2014

10 Anhang

Appendix

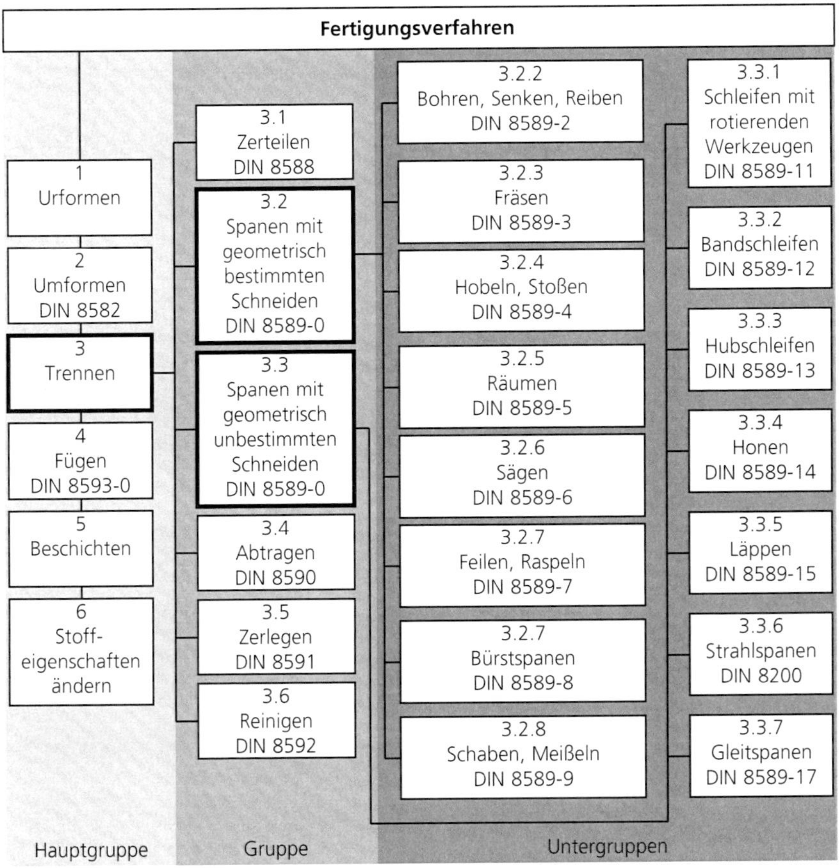

Abbildung 10-1: Fertigungsverfahren Schleifen nach DIN8589

In der Reihe **Ergebnisse aus der Produktionstechnik** zuletzt erschienen:

Hähnel, Sebastian:
Das variationskraftgeregelte, schwingungsunterstützte Schleifen von gekrümmten Werkzeugstahloberflächen mit gummigebundenen Schleifstiften
ISBN: 978-3-98555-225-2
Erscheinungsdatum: 22.07.2024

Kosel, Maximilian:
Prozess- und Maschinenentwicklung für das kontinuierliche, variotherme Heißprägen
ISBN: 978-3-98555-223-8
Erscheinungsdatum: 16.07.2024

Löffler, Bernd:
Additiv gefertigte Kunststoffwerkzeuge für das Tiefziehen von Feinblech
ISBN: 978-3-98555-211-5
Erscheinungsdatum: 27.05.2024

Schopen, Marco:
Datenbasierte hybride Analyse und Gestaltung von Geschäftsprozessen
ISBN: 978-3-98555-217-7
Erscheinungsdatum: 22.05.2024

Scholzen, Philipp:
Auslegung geräuschoptimierter pulvermetallurgischer Stirnradverzahnungen
ISBN: 978-3-98555-216-0
Erscheinungsdatum: 21.05.2024

Lender, Benjamin:
Datenbasierte Identifikation von Heuristiken für das Entwicklungsmanagement
ISBN: 978-3-98555-219-1
Erscheinungsdatum: 16.07.2024

Lukas, Gerret:
Gestaltungsmodell zur thermischen Auslegung additiver Prototypenwerkzeuge aus Kunststoff
ISBN: 978-3-98555-209-2
Erscheinungsdatum: 03.06.2024

Dackweiler, Jonas:
Planungseffizienz und -effektivität durch Plattformbasierte Fabrikplanung
ISBN: 978-3-98555-220-7
Erscheinungsdatum: 27.05.2024

Seelbach, Tobias:
Prädiktion der Maßhaltigkeit beim Räumen von Profilnuten
ISBN: 978-3-98555-213-9
Erscheinungsdatum: 21.05.2024

Fiedler, Falko:
Produkt- und prozessseitige Auslegung von bauteilintegrierten Vorrichtungsfunktionen
ISBN: 978-3-98555-206-1
Erscheinungsdatum: 02.04.2024

Edition Wissenschaft
Apprimus

Theling, Julian:

Auslegung von Planetengetrieben im elastischen Verzahnungsumfeld unter Berücksichtigung der Wechselwirkungen des Mehrfacheingriffes

ISBN: 978-3-98555-205-4
Erscheinungsdatum: 26.03.2024

Schukat, Esben:

Kapazitätsorientierte Auftragsfreigabe in matrixstrukturierten Montagesystemen

ISBN: 978-3-98555-189-9
Erscheinungsdatum: 20.02.2024

Metzmacher, Amelie Isabel:

Beschäftigungsfähigkeit im produzierenden Sektor – Entwicklung des Predictive Model of Industrial Employability

ISBN: 978-3-98555-201-6
Erscheinungsdatum: 13.02.2024

Olivier, Marcel:

Abtragmechanismen beim drahtfunkenerosiven Bearbeiten elektrisch leitfähiger Keramiken im kohlenwasserstoffbasierten Dielektrikum

ISBN: 978-3-98555-200-9
Erscheinungsdatum: 30.01.2024

Landwehr, Markus:

Modellierung und Vorhersage des eigenspannungsbedingten Bauteilverzugs bei der Fräsbearbeitung

ISBN: 978-3-98555-194-1
Erscheinungsdatum: 09.01.2024

Goergen, Fabian:

Analogieversuch zur Erzeugung von Zahnflankenbrüchen an Stirnrädern

ISBN: 978-3-98555-191-0
Erscheinungsdatum: 11.12.2023

Hohenstein, Steffen:

Multidirektionaler Aufbau in der additiven Fertigung von Kunststoffen

ISBN: 978-3-98555-203-0
Erscheinungsdatum: 05.03.2024

Ochel, Janis:

Datengetriebene Strukturierung von NC-Zerspanprozessen

ISBN: 978-3-98555-204-7
Erscheinungsdatum: 14.02.2024

Schulz, Malena:

Digital Twin Methodology for the Automated Fiber Placement with In-situ Consolidation of Thermoplastic Tape

ISBN: 978-3-98555-195-8
Erscheinungsdatum: 30.01.2024

Schweins, Julian:

Datengestützte Gestaltung des nachhaltigen Werkzeuglebenszyklus

ISBN: 978-3-98555-197-2
Erscheinungsdatum: 22.01.2024

Ecker, Christian:

Flexible Inbetriebnahme roboterbasierter Montagesysteme durch Prozessdemonstration

ISBN: 978-3-98555-189-7
Erscheinungsdatum: 11.12.2023

Padberg, Melanie:

Ansätze der inhärent sicheren Konstruktion modifizierbarer, cyberphysischer Produktionssysteme

ISBN: 978-3-98555-184-2
Erscheinungsdatum: 07.12.2023

Edition Wissenschaft
Apprimus

FSC
www.fsc.org
MIX
Papier | Fördert gute Waldnutzung
FSC® C083411

Zeitfracht Medien GmbH
Ferdinand-Jühlke-Straße 7
99095 Erfurt, Deutschland
produktsicherheit@kolibri360.de